我们一起解决问题

应用型本科
信管专业系列教材

大数据分析可视化

李宗伟◎主编
张艳辉 苑荣◎副主编

人民邮电出版社
北 京

图书在版编目（CIP）数据

大数据分析可视化 / 李宗伟主编. -- 北京 ：人民邮电出版社，2022.2（2023.11重印）
应用型本科信管专业系列教材
ISBN 978-7-115-58414-4

Ⅰ. ①大… Ⅱ. ①李… Ⅲ. ①可视化软件－数据处理－高等学校－教材 Ⅳ. ①TP31

中国版本图书馆CIP数据核字(2021)第269300号

内容提要

随着大数据时代的到来，可视化技术在越来越多的领域得到应用。什么是大数据可视化？常见的大数据可视化工具有哪些？如何实现大数据可视化？本书从大数据可视化的基本概念入手，介绍大数据的采集及预处理、大数据可视化的主要工具及使用相关工具进行可视化分析等方面的内容。

全书共8章。第1章～第3章主要介绍大数据可视化的基本概念、相关工具和大数据采集及预处理，第4章～第6章主要介绍基本图形制作、极坐标系和平行坐标系下各类图形制作及基本三维图形与地图制作，第7章～第8章主要介绍机器学习可视化图形制作及进阶图形制作。

本书既可以作为大数据管理与应用、信息管理与信息系统、电子商务等相关专业的入门教材或教学参考书，也可以作为数据分析相关从业人员的参考用书。

◆主　　编　李宗伟
　副 主 编　张艳辉　苑　荣
　责任编辑　陈　宏
　责任印制　胡　南
◆人民邮电出版社出版发行　　北京市丰台区成寿寺路11号
　邮编 100164　　电子邮件 315@ptpress.com.cn
　网址 https://www.ptpress.com.cn
　北京虎彩文化传播有限公司印刷
◆开本：787×1092　1/16
　印张：18.25　　2022年2月第1版
　字数：350千字　　2023年11月北京第6次印刷

定　价：89.00元

读者服务热线：(010) 81055656　印装质量热线：(010) 81055316

反盗版热线：(010) 81055315

广告经营许可证：京东市监广登字20170147号

前言

随着大数据时代的到来，可视化技术在越来越多的领域得到应用，成了帮助人们理解每天产生的海量数据的关键工具。然而，与大数据可视化技术的快速发展形成鲜明对比的是，相关教材尚不多见。在有限的教科书中，绝大部分都以某种工具为载体，对大数据可视化的具体技术展开讲解。

本书从大数据可视化的基本概念入手，介绍大数据的采集及预处理、大数据可视化的主要工具及使用相关工具进行可视化分析等方面的内容。本书基于翔实、丰富的数据，对如何实现可视化做了较为详尽的过程描述。此外，本书也对可视化工具的主要配置做了汇总和概括。

本书共 8 章，可以分为三个部分。

第一部分介绍基础概念，主要内容包括大数据可视化的基本概念、相关工具、大数据采集及预处理。第 1 章介绍大数据可视化的基本概念，说明了大数据可视化的用途，列举了常见图形及常见数据可视化方式，总结了大数据可视化的发展趋势，简要介绍了常见的大数据可视化工具。第 2 章介绍典型的大数据可视化工具，以 ECharts、R 的 Recharts 库和 Python 的 Pyecharts 工具包为例，介绍大数据可视化工具的安装与配置过程，并给出了简单图形绘制示例。第 3 章介绍数据类型，数据结构，大数据采集的概念、主要步骤及目前常用的公开数据源，大数据预处理的各个环节及常用的 ETL 工具。

第二部分介绍各类图形的制作，主要内容包括基本图形制作、极坐标系和平行坐标系下各类图形制作、基本三维图形与地图制作。第 4 章介绍基本图形的概念，提供了线状图、面积图、柱图、饼图、散点图、雷达图、漏斗图、仪表盘、盒式图和热力图等各类基本图形的绘制案例，同时结合搜集的实际数据，使用 ECharts、Pyecharts 和 Recharts 予以实现，并给出了大数据可视化工具的配置参数。第 5 章主要介绍极坐标系和平行坐标系这两种特殊的坐标系，以及极坐标系下线状图、散点图和柱图在 ECharts 和 Pyecharts 中的实现和应用。第 6 章介绍三维柱图、三维折线图、三维散点图、三维曲面图、基本地图、地理坐标系下热力图的制作，以及相关图形在 ECharts 和 Pyecharts 中的实现。

第三部分介绍一些大数据可视化的高级应用，主要内容包括机器学习可视化图形制作、进阶图形制作。第 7 章介绍机器学习的基础知识，重点讲解机器学习的经典模型、算法及相关可视化图形的实现方式。第 8 章介绍关系图和词云这两种进阶图形及其实现方式。

本书主要具有以下两个特点。

（1）系统。通过借鉴同类教材的成果，本书对“大数据分析可视化”这门课程的内容安排和结构设计做了有益的探索，全面、系统地介绍了大数据分析可视化的技术体系，及时地反映了当前大数据分析可视化的发展变化。

（2）务实。本书在内容编排上不仅注重可视化技术与工具的讲述，而且注重案例教学法，结合实务引入了大量的可视化图形制作案例，使学习过程更加生动直观，便于培养学生对大数据可视化技术的理解和应用能力。

本书的主编是李宗伟，副主编是张艳辉、苑荣，参与编写的人员还有田旭、童晓玲、李振宇和王泽凯，最后由李宗伟修改定稿。本书是全体编写人员共同努力的结果，是在应用型本科试点专业项目建设的支持下完成的。

在本书的编写过程中，编者查阅、参考了大量国内外公开、非公开的出版物与网络资料，其中大部分在参考文献中列出，还有部分材料限于篇幅未能在参考文献中一一列出，在此谨向给予编者思想借鉴、参考与启迪的学者、同仁表示由衷的敬意与感谢！由于编者水平有限及新兴课程的特殊性，加之时间紧迫，书中不当之处在所难免，恳请读者批评指正！

目 录

第1章

大数据可视化概述

1.1　大数据可视化的基本概念

随着以大数据、物联网、人工智能为代表的多项新兴技术的高速发展，人类社会迈入了大数据时代。使用适合的工具或方式对大数据进行可视化，帮助人们理解每天产生的数万亿条数据，越来越成为大数据分析的重要组成部分。

大数据可视化是指在对大数据进行搜集、整理、加工和分析的基础上，用图形和图表等方式呈现数据。从广义的角度来说，大数据可视化可视为大数据、信息科学与计算机视觉等多个领域交叉部分的统称。

大数据可视化有助于将数据整理成更易于理解的形式，描绘趋势并突出异常值，消除数据中的“噪声”并突出显示有用的信息。在自动化处理模型的基础上，可视化技术能够调动人的认知，有助于发现潜在的知识和隐藏的规律，这使它逐渐成为应用大数据的重要工具之一。可视化技术以视觉方式观察大数据原始状态背后的常规模式及异常、可能的模式，利用人们的视觉感知能力增强数据的呈现和表示，不仅可以更形象地表达数据内在的信息和规律，还可以增强数据的传播和应用效果。

在进行大数据可视化时，我们要考虑数据的特性，如时间和空间信息，以便于选择合适的方式进行可视化表达。

1.2 大数据可视化的主要用途

在制定业务策略和目标时，大数据可视化能以多种方式帮助决策者提高数据洞察力。大数据可视化的主要用途如下。

1. 使分析更深入

大数据可视化有助于利益相关者深入分析有关销售、营销策略和产品的报告。通过分析，他们可以专注在需要关注的领域，从而进一步增加企业的利润，提高企业的竞争能力。

2. 促进快速行动

可视化数据比表格、报告更容易理解。大数据可视化使决策者能够第一时间得到有关新数据的见解，并为实现业务增长采取必要的行动。

3. 识别模式

大数据可视化可以为人们提供更多的机会洞察数据背后的故事和规律，帮助他们识别出特定的模式。用户可以将注意力集中在数据中需要关注的特定领域，以便确定这些领域的重要性，进而推动业务发展。

4. 查找数据错误

数据存在错误或数据质量不佳的情况比较常见，大数据可视化可以帮助人们更快地将其识别出来，以便人们在分析过程中能进行相应的处理。

5. 提升商业洞察力

在当前竞争激烈的商业环境中，使用可视化技术发现数据的相关性是提升业务洞察力的关键。探索这些相关性对管理人员确定实现业务目标的正确路径非常重要。大数据可视化能够帮助管理人员提升商业洞察力。

6. 把握最新趋势

通过大数据可视化，人们可以发现业务发展的最新趋势，为客户提供高质量的产品，并在问题出现之前发现端倪，促使管理人员投入更多的精力紧跟最新趋势，为企业增加利润。

1.3　大数据可视化的常见图形及常见数据可视化方式

实现大数据可视化的主要困难之一是确定使用什么类型的图形表达数据。选择不适合的工具或简单地使用最常见的图形可能导致图形对数据的解释不到位甚至给人们造成误解。因此，运用大数据可视化的关键是要用有效和有趣的方式揭示数据背后的故事。

1.3.1　常见图形类型

（1）线状图

线状图用折线表示统计量的增加或减少，是最简单的图形之一。线状图中运用最多的是折线图。

在折线图中，数据类别沿横轴均匀分布，值数据沿纵轴均匀分布。折线图可以说明数据随时间的变化，横轴通常是一段时间，而纵轴是数量。例如，折线图可以说明一家公司各个月份的销售额或者一家工厂每天生产多少台机器。折线图主要包括基本折线图和堆积折线图。

（2）面积图

面积图又称区域图，用于强调数量随时间而变化的程度，可以引起人们对总体趋势的关注。面积图是对线状图的“改编”，用线状图中填充的线下面积来强调相关数据的重要性。

（3）柱图

柱图又称柱形图或柱状图，是一种以长方形的长度为变量的统计图表。柱图通过使用水平或垂直方向的柱子高度来显示不同类别的数值，柱图的一个轴代表正在比较的类别，而另一个轴代表对应的刻度值。柱图可以横置或纵置，横置时又称条图或条形图。

（4）饼图

饼图用于显示一个数据系列中各项的大小与各项总和的比例。饼图中的数据点显示为整个饼图的百分比。饼图是说明百分比的最佳选择，它能将每个元素显示为整体的一部分。换句话说，饼图能够以适当的比例清楚地显示出整体的构成。

（5）散点图

散点图是在回归分析中，描述数据点在平面直角坐标中分布情况的图形，用于表示因变量随自变量而变化的趋势。散点图主要用于寻找相关性。散点图主要分为基本散点图和气泡图。气泡图可以展示三个变量之间的关系。气泡图是对基本散点图的“改编”，其中每个点都显示为一个气泡，其面积除了表示轴上的位置信息，还有其他含义。由于轴内空间有限，气泡的大小受到限制，因此，并不是所有的数据都适合采用这种可视化方式。

（6）仪表盘

仪表盘是向企业展示度量信息和关键业务指标（Key Performance Indicator，KPI）现状的一种数据工具，一般商业智能都拥有这种实现大数据可视化的模块。它用量规来说明间隔的距离，通常表示为一个类似于时钟的仪表或类似于液体温度计的管式仪表。多个仪表可以相邻显示，以便说明多个间隔之间的差异。

（7）热力图

热力图是通过使用不同的标志将图或页面上的区域按照受关注程度的不同加以标明并展现的一种图形，一般采用颜色的深浅、点的疏密呈现比例。热力图基本上是一个彩色编码矩阵，矩阵每个单元格的不同颜色表示该单元格的相对值。

（8）地图

企业的大部分数据都有一个位置元素，这使得用地图说明这些数据变得非常容易。地图可视化的一个例子是绘制每个地区的顾客购买数量，每个地区都用阴影表示，购买量较少的地区将显示较浅的阴影，而购买量较多的地区将显示较深的阴影。位置信息对企业管理层非常有价值，这使地图成为一种重要的大数据可视化工具。

1.3.2　常见数据可视化方式

（1）时间序列数据可视化

时间序列数据是在不同时间收集到的数据，用于描述现象随时间变化的情况。时间序列数据需要满足两个条件：线性和一维。时间序列数据可视化通常以独立或相互重叠的线为特征，用户需要标注开始和结束的时间。

时间序列数据可视化的常见图形包括线状图、散点图、时间序列图等。

（2）层级数据可视化

层级数据着重表现个体之间的层次关系，具有自底向上或自顶向下的层级结构。层级结构作为最常见的信息结构之一，常用于描述计算机文件系统、图书馆馆藏目录、系图谱、组织结构关系和面向程序的类之间的继承关系等。这类图的缺点是比较复杂、难以阅读。

层级数据可视化的常见图形包括甜甜圈图、系统图等。

（3）网络数据可视化

多个数据集之间通常可以用网络数据可视化来展示它们的关系。

网络数据可视化的常见图形包括矩阵图、点线图、词云等。

（4）多维数据可视化

处理多维数据时常常使用多维数据可视化的方式。多维数据可视化是指通过一些方法将高维的数据展示在二维的平面中。多维数据可视化图形往往具有很好的视觉效果。

多维数据可视化的常见图形包括柱图、散点图、维恩图、堆栈图等。

（5）地理空间数据可视化

地理空间数据是直接或间接关联着地球上某个空间位置的数据。地理空间数据可视化可以融合地理空间数据，通过地图等形式将数据和信息表达出来，如表达一段时间内的销售情况、企业的市场渗透情况等。

地理空间数据可视化的常见图形包括热力图、流向图等。

1.4　大数据可视化的发展趋势

在大数据时代，大规模、多维度和非结构化数据每日层出不穷，要想将这样的数据以可视化的形式完美地展示出来，需要结合地理信息系统（Geographic Information System，GIS）空间数据可视化技术和数据实时渲染技术。结合相关技术能够实现数据实时图形的可视化、场景化和交互化，让使用者更直观地理解数据。目前，大数据可视化的发展趋势主要体现在以下四个方面。

1. 数据“讲故事”的能力日益加强

大数据可视化的概念正无处不在，但是仅仅做到可视化是不够的，还要朝着“讲故事”的方向发展。现在，大数据可视化更多的功能是“讲故事”，数据内容是定制的，且易于理解。

2. 数据新闻正在成为主流

随着数据可访问性的增强及强大的可视化和分析工具的出现，媒体机构发布的数据新闻越来越多。大数据可视化技术在新闻报道领域日益受到重视。数据新闻内容的充分性和广阔的覆盖面会吸引越来越多的编辑和记者使用可视化技术。

3. 人工智能的支持

人工智能正在渗透各个领域和行业，并扮演越来越重要的角色。人工智能可以为企业提供有力的帮助，基于人工智能的大数据可视化可以帮助企业及时发现应该查看的数据。这些数据包括能够产生更好结果的关键见解，人们结合机器学习和自然语言处理（Natural Language Processing，NLP），能从中得出重要的结论。

4. 移动端体验不断提高

目前，面向移动端的大数据可视化越来越流行，许多供应商正在努力使桌面体验适应移动需求。因此，使用智能手机等终端提供良好的大数据可视化体验，进而吸引移动用户是大数据可视化的发展趋势之一。

1.5 常见的大数据可视化工具

1.5.1 大数据可视化工具的主要特征

传统的数据可视化工具仅通过组合数据并将其以不同的方式展现给用户来发现数据之间的关联。随着云计算的发展和大数据时代的来临，数据可视化已经不再局限于使用传统工具对数据进行抽取、归纳和展现。新的大数据可视化工具必须满足信息爆炸时代的需求，必须能够快速地收集、筛选、分析、归纳和展现决策者所需的数据，同时根据新增的数据进行实时更新。因此，新的大数据可视化工具必须具备以下特性。

（1）实时性：大数据可视化工具通过快速收集和分析数据并对数据进行实时更新来应对大数据时代数据量的爆炸式增长。

（2）操作简单：大数据可视化工具具有开发迅速、操作简单的特征，能适应互联网时代多变的信息。

（3）展现方式更丰富：大数据可视化工具必须具有更多样的数据展现方式，可以充分满足可视化的多维度要求。

（4）支持多种数据集成方式：除了数据库，大数据可视化工具还要支持团队数据协作、数据仓库和文本等，且保证这些数据能够通过互联网被展现出来。

1.5.2　大数据可视化主要工具介绍

1. ECharts

ECharts 是由百度开发的开源的大数据可视化工具，具有交互性好、图表设计精巧的优点，得到了众多开发者和用户的认可。ECharts 兼容主流浏览器（如 Internet Explorer 8/9/10/11、Chrome、Firefox、Safari 等），可以运行在个人计算机和移动设备上，是一款非常优秀的可视化前端框架。

ECharts 支持线状图、柱图、散点图、饼图、雷达图、地图、仪表盘、漏斗图等，同时提供标题、详情气泡、图例、值域、数据区域、时间轴、工具箱等可交互组件，支持多图形、组件的联动和混搭展现。

2. R 语言

R 语言作为一种编程语言和软件环境，可以为用户提供统计分析、图形表示和报告服务。R 语言允许使用函数的模块化编程、分支和循环。 R 语言能够与 C、C++、.Net、Python 或 FORTRAN 语言编写的过程集成以提高其运行效率。R 语言可以在 GNU 通用公共许可证下免费获得，并为各种操作系统（如 Linux、Windows 和 Mac）提供预编译的二进制版本。

R 语言是一种开发良好、简单有效的编程语言，包括条件、循环、用户定义的递归函数以及输入和输出设施；R 语言具有高效的数据处理和存储功能；R 语言提供了一套用于数组、列表、向量和矩阵计算的运算符；R 语言为数据分析提供了大型、一致和集成的工具集合；R 语言可以提供直接在计算机或纸张上打印的图形设施来用于数据分析和显示。

R 语言有两大独立的绘图系统——基础绘图系统和 Grid 绘图系统。基础绘图系统直接在图形设备上画图，主要涵盖简单、快速和具有探索性的图形；而 Grid 系统将界面分成矩形区域，每个区域有自己独立的坐标体系，这些坐标体系可以相互嵌套，使Grid系统可以画出更加复杂的图形。

R语言是通过一个个的库（Package，又称工具包）来实现一系列功能的。基础绘图系统依赖于graphics包。基于Grid系统的包有grid、lattice和ggplot等。具体内容如下。

（1）ggplot2

ggplot2包是R语言用于绘图的一个扩展包，它在作图时可以将一个作图任务分解为若干个子任务，人们只要完成各个子任务就可以完成作图。它在制作常用的图形时，只需要两个步骤：首先将图形所需的数据输入函数ggplot()，然后调用相应函数geom_xxx()来确定图形类型，如散点图、盒形图等。

如果需要进一步控制图形细节，如表现方式、图例、配色等，只需要调用其他函数。

与R语言的其他作图系统相比，ggplot2的作图有规律可循，其制作的图形可以达到出版印刷要求。除了可以按照既定模式画出常见的图形，它也能很轻松地将不同种类的图形组合在一起，或者设计出更新颖的图形。

（2）Recharts

Recharts提供了ECharts的4.0版本的R语言接口，提供的图形展示接口包括地图（eMap）、柱图（eBar）、折线图（eLine）、雷达图（eRadar）、散点图（ePoints）、漏斗图（eFunnel）和饼图（ePie），同时计划逐一实现力导向图（eForce）、时间序列散点图（ePoints_Time series）、矩阵树图（eTree）、平行坐标图（eParallel）和桑基图（eSankey）。

3. Python

Python是一种易于学习、功能强大的编程语言。它具有高效的高层数据结构和简单有效的面向对象的编程方法。Python优雅的语法和动态类型，加上它的解释性质，使它成为大多数平台上多个领域脚本编写和快速应用程序开发的理想语言。

Python解释器和扩展的标准库可以从Python网站免费获得。Python解释器很容易扩展，可以使用C语言或C++语言实现新函数和数据类型（或C语言调用的其他语言）。Python也适合作为可定制应用程序的扩展语言。Python是一种高层次的，结合解释性、编译性、互动性和面向对象的脚本语言。

Python 是一种解释型语言，这意味着在开发过程中没有编译这个环节，类似于 PHP 和 Perl 语言。Python 是面向对象的语言，这意味着 Python 支持面向对象的风格或代码封装于对象的编程技术。Python 是初学者的语言，这意味着 Python 对初级程序员而言很友好，它支持广泛的应用程序开发，如从简单的文字处理到浏览器再到游戏。具体内容如下。

（1）Matplotlib

Matplotlib 是用于大数据可视化最流行的 Python 库之一。Matplotlib 是一个综合性的库，用于在 Python 中创建静态、动画和交互式可视化图形。Matplotlib 是用 Python 编写的，可以和 Python 的数值数学扩展包 NumPy 一起使用。Matplotlib 最重要的特性之一是它能够很好地处理许多操作系统和图形后端。Matplotlib 支持几十种后端和输出类型，这意味着无论使用哪种操作系统或希望使用哪种输出格式，Matplotlib 都可以实现。这种跨平台、人人共享的特点是 Matplotlib 的一大优势。

（2）Seaborn

Seaborn 是一个基于 Matplotlib 的 Python 数据可视化库。它提供了一个高层次的界面来绘制有吸引力和信息丰富的统计图形。Seaborn 提供了一个可以快速探索、分析数据不同特征的 API①，它建立在 Matplotlib 之上，并与 pandas 数据结构紧密集成。

Seaborn 的目标是使可视化成为探索和理解大数据的核心部分。它可以用于检查多个变量之间的关系，专门支持使用分类变量来显示观察值或汇总统计数据，可以用于可视化单变量或双变量分布及在数据子集之间进行比较，可以用于不同类型因变量线性回归模型的自动估计与作图及复杂数据集整体结构的查看。

（3）Pyecharts

Pyecharts 结合了 Python 和百度开源的 ECharts。它具有以下特点：可集成至 Flask、Django 等主流 Web 框架；相较于 Matplotlib 等传统的数据可视化库，语法更加简洁，更加注重数据的呈现方式而非图形细节。它包含原生的百度地图，可以很方便地绘制地理可视化图形。

① API 是操作系统留给应用程序的一个调用接口，应用程序通过调用操作系统的 API 而使操作系统去执行应用程序的命令。

1.6 小结

随着大数据时代的到来，大数据可视化变得越来越重要。本章在介绍大数据可视化基本概念的基础上，说明了大数据可视化的用途，列举了常见图形类型及常见数据可视化方式，总结了大数据可视化的发展趋势，最后介绍了常见的大数据可视化工具，如 ECharts、R 语言、Python 等。

1.7 习题

1. 什么是大数据可视化？请描述大数据可视化的概念。
2. 大数据可视化具有哪些用途？
3. 大数据可视化的发展趋势有哪些？
4. 大数据可视化的常见图形类型有哪些？
5. 请列举本章介绍的常见的大数据可视化工具。

第2章 可视化分析工具的安装与配置

2.1 下载与配置 ECharts

2.1.1 下载 ECharts

ECharts 官方网站提供了三种下载及安装方式，用户可以根据自身需要选择。

方法一：从下载的源代码或编译产物安装。选择版本，从镜像网站下载源码或者从 GitHub 下载编译产物。

方法二：从 npm 安装，在 Windows 的命令提示符窗口输入以下代码，若无报错，则说明安装正常完成。

```
npm install echarts
```

方法三：在官网选择需要的模块，如打包的图表、坐标系、组件及其他选项，在线定制下载。

2.1.2 配置 ECharts

下载 ECharts 文件后，在网页中加入 echart.js 文件就生成了 ECharts 的开发环境，配置 html 文件脚本示例如下，首先加载 echarts.min.js，将 html 文件保存在 echarts.min.js 文件所在目录中。

```
<!DOCTYPE html>
```

```
<html>
<head>
    <meta charset="utf-8">
    <title>ECharts</title>
    <script src="echarts.min.js"></script>
</head>
```

为 ECharts 准备一个 DOM，指定大小（宽和高），基于准备好的 DOM，初始化 ECharts 实例，最后使用函数 myChart.setOption(option) 显示指定的配置项和数据，相关代码如下。

```
<body>
    <div id="main" style="width: 1000px;height:600px;"></div>
    <script type="text/javascript">
        var myChart = echarts.init(document.getElementById('main'));
        var option={
            backgroundColor: '#2c343c',
            textStyle: {
                        color: 'rgba(255, 255, 255, 0.3)'
                    },
            series : [
                {
                    name: '访问来源',
                    type: 'pie',
                    radius: '55%',
                    data:[
                        {value:400, name:'搜索引擎'},
                        {value:335, name:'直接访问'},
                        {value:310, name:'邮件营销'},
                        {value:274, name:'联盟广告'},
                        {value:235, name:'视频广告'}
                    ],
                    roseType: 'angle',
                    itemStyle: {
```

```
                    emphasis: {
                        shadowBlur: 200,
                        shadowColor: 'rgba(0, 0, 0, 0.5)'
                    }
                },
                label: {
                    normal: {
                        textStyle: {
                            color: 'rgba(255, 255, 255, 0.3)'
                        }
                    }
                },
                labelLine: {
                    normal: {
                        lineStyle: {
                            color: 'rgba(255, 255, 255, 0.3)'
                        }
                    }
                }
            }
        ]
    }
    myChart.setOption(option);
  </script>
</body>
</html>
```

将文件保存为 test.html，在浏览器中打开，效果如图 2-1 所示。

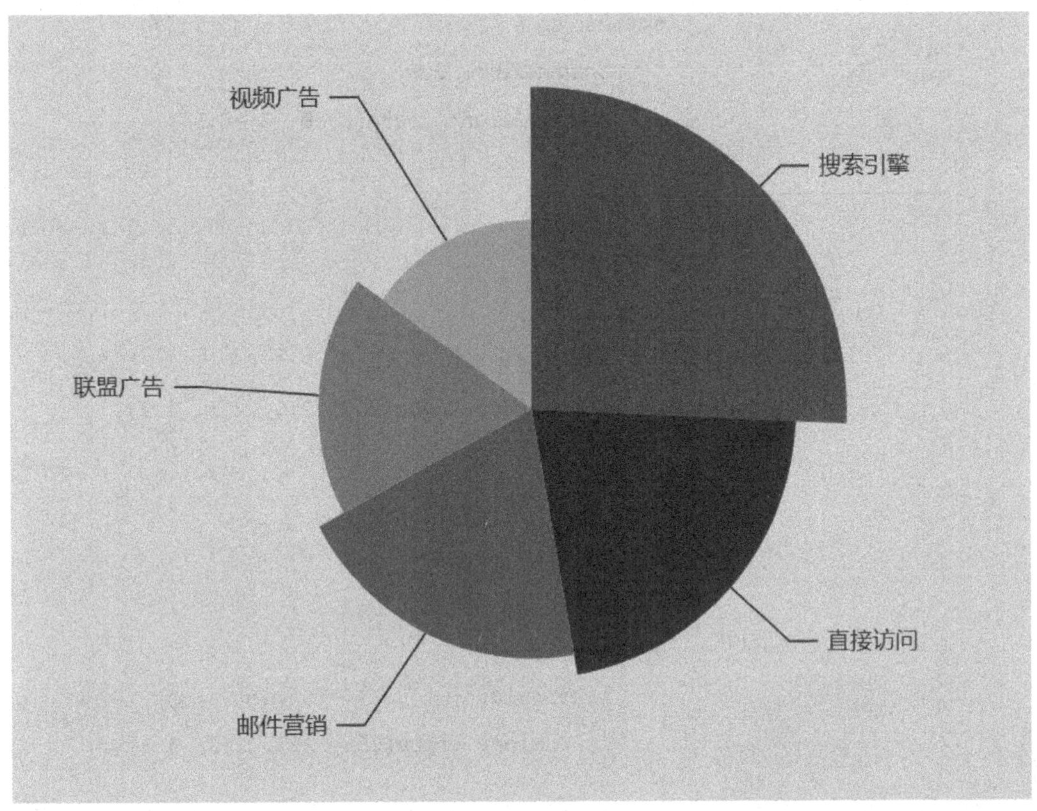

图 2-1　ECharts 图形示例

ECharts 配置参数如表 2-1 所示。

表 2-1　ECharts 配置参数

参数	解释
title	图表标题
id	默认不指定。若指定则可用于在 option 或者 API 中引用组件
show	是否显示标题组件，若为 true 则显示，反之则不显示
text	主标题文本，可用 '\n' 进行换行
link	主标题文本超链接
target	指定窗口打开主标题链接，'self' 即当前窗口打开，'blank' 即新窗口打开
textstyle	用于设定主标题文字的颜色、字体风格、粗细、大小、字体样式、行高、宽度、颜色等属性
subtext	副标题属性，设置属性与主标题一致
textAlign	主标题和副标题的水平对齐
textVerticalAlign	主标题和副标题的垂直对齐
padding	标题内边距

（续表）

参数	解释
BackgroundColor	标题背景色，默认透明
borderColor	标题的边框颜色
legend	图例组件
type	图例的类型，可包含 'plain'（普通图例）和 'scroll'（可滚动翻页的图例）
orient	图例列表的布局朝向，可选 'horizontal' 或 'vertical'
formatter	用来格式化图例文本，支持字符串模板和回调函数两种形式
data	图例的数据数组，可设置图形或文本
Grid	直角坐标系内绘图网格。单个 grid 内最多可以放置上下两个 x 轴，左右两个 y 轴
containLabel	grid 区域是否包含坐标轴的刻度标签
tooltip	本坐标系特定的 tooltip 设定，可以对 tooltip 进行一系列的设置
dataZoom	区域缩放，可包含以下三种：内置型数据区域缩放组件（dataZoomInside）、滑动条型数据区域缩放组件（dataZoomSlider）和框选型数据区域缩放组件（dataZoomSelect）
axisPointer	坐标轴指示器。坐标轴指示器是指示坐标轴当前刻度的工具
snap	坐标轴指示器是否自动吸附到点上
label	坐标轴指示器的文本标签
lineStyle	当坐标轴指示器的 type 为 'line' 时有效
toolbox	工具栏，有导出图片、数据视图、动态类型切换、数据区域缩放和重置五个工具
feature	各工具配置项
tooltip	工具箱的 tooltip 配置，配置项同 tooltip。默认不显示，可以在需要特殊定制文字样式（尤其是想用自定义层叠样式表控制文字样式）的时候开启 tooltip
brush	区域选择组件
toolbox	使用在 toolbox 中的按钮
brushLink	不同系列间，选中的项可以联动
inBrush	定义在选中范围中的视觉元素
outOfBrush	定义在选中范围外的视觉元素
dataset	数据集
source	原始数据，一般来说，原始数据表达的是二维表
dimensions	使用 dimensions 定义 series.data 或者 dataset.source 的每个维度的信息
textStyle	全局的字体样式，可以设置字体大小、粗细、风格、颜色等属性

2.2 下载与安装 R 软件、Rstudio 和 Recharts

2.2.1 下载与安装 R 软件

打开 R 语言官方网站，单击“download R”链接，如图 2-2 所示，进入 China 分类，选择镜像地址并单击，根据自己的操作系统选择合适的版本。

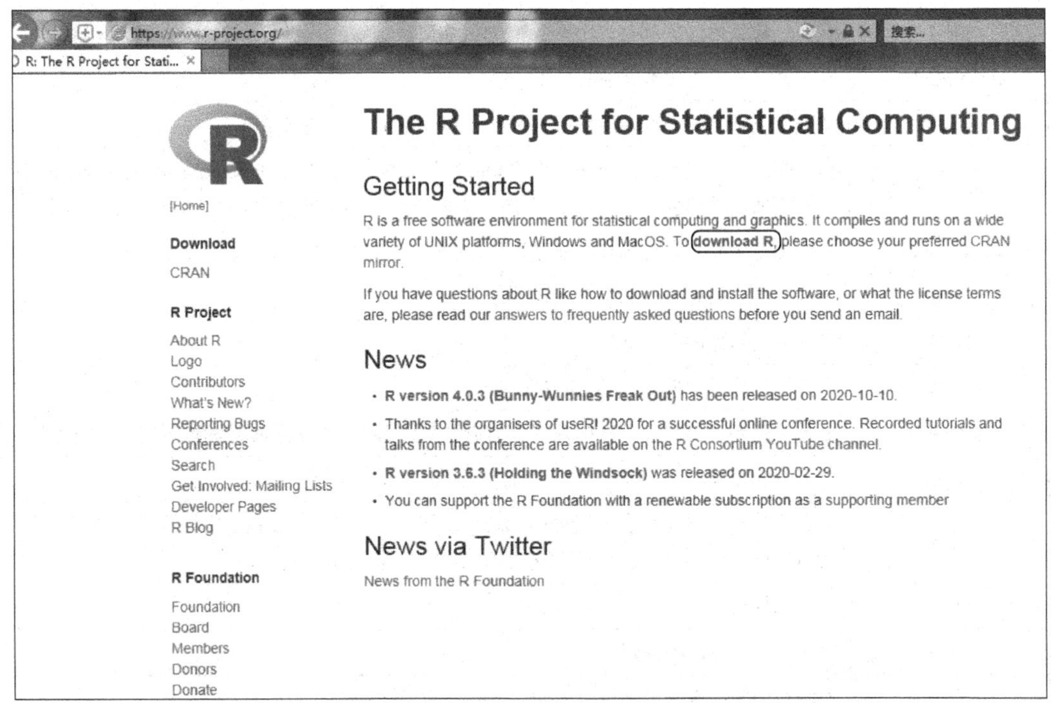

图 2-2　R 语言官方网站

此处以 Windows 操作系统为例，单击“Download R for Windows”链接后，选择 base 包，如图 2-3 和图 2-4 所示。

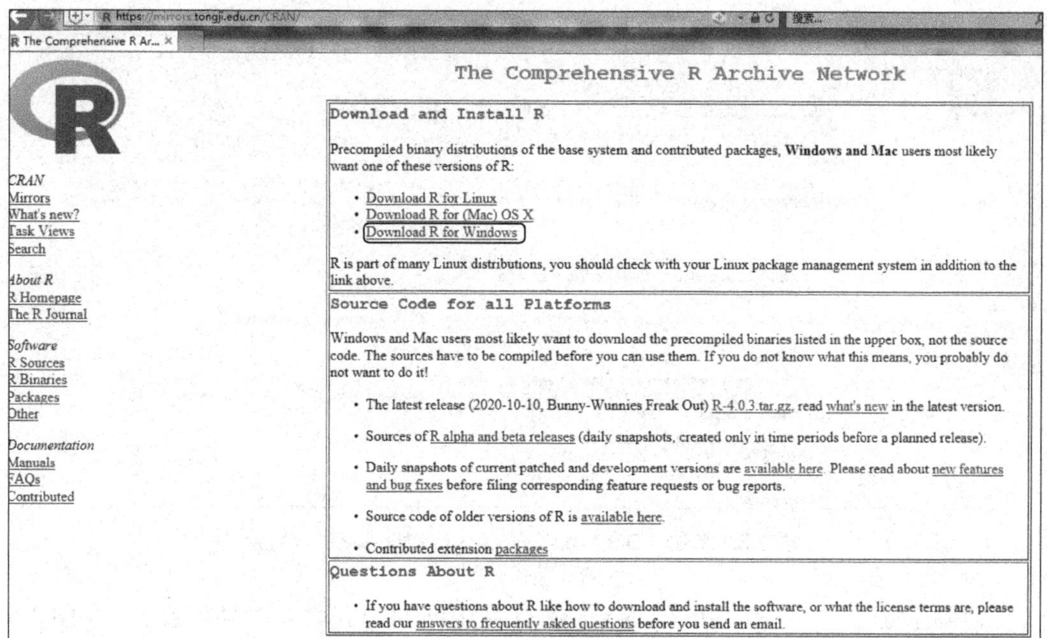

图 2-3　进入镜像网站进行下载

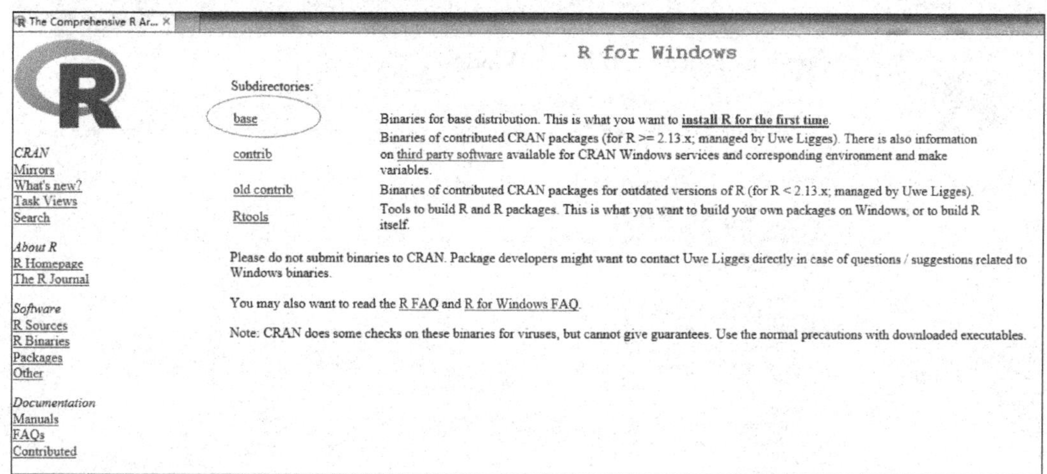

图 2-4　选择 base 包

单击“Download R 4.0.3 for Windows”链接，如图 2-5 所示。

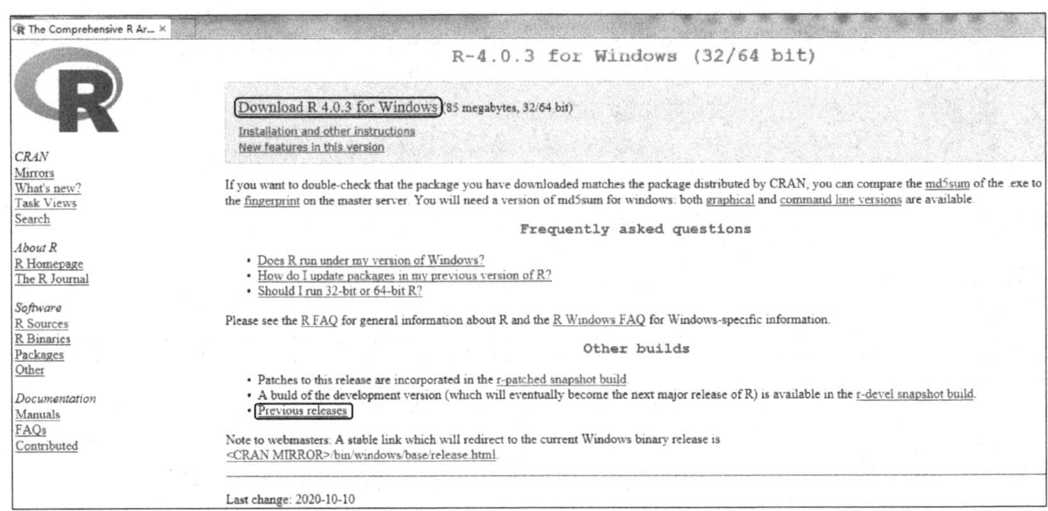

图 2-5　单击“Download R 4.0.3 for Windows”链接

值得注意的是，单击“Previous releases”链接即可以获取 R 的早期版本，如图 2-6 所示。

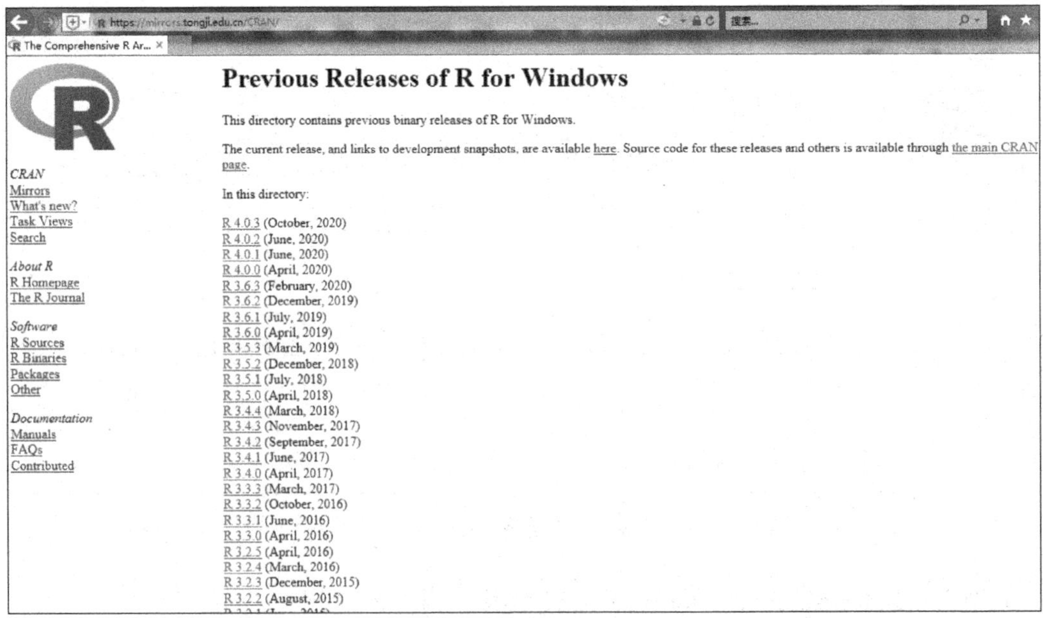

图 2-6　获取 R 的早期版本

下载的文件是可执行文件（exe 文件），可以直接双击进行安装，一直单击“下一步”按钮，直到安装完毕。

2.2.2　下载与安装 Rstudio

在 R 语言自带的环境中操作可能不太方便，而 Rstudio 作为一款 R 语言的开发环境，因其具有可视化等功能，很好地解决了这个问题。接下来详细介绍 Rstudio 软件的下载与安装。

Rstudio 官方网站如图 2-7 所示。

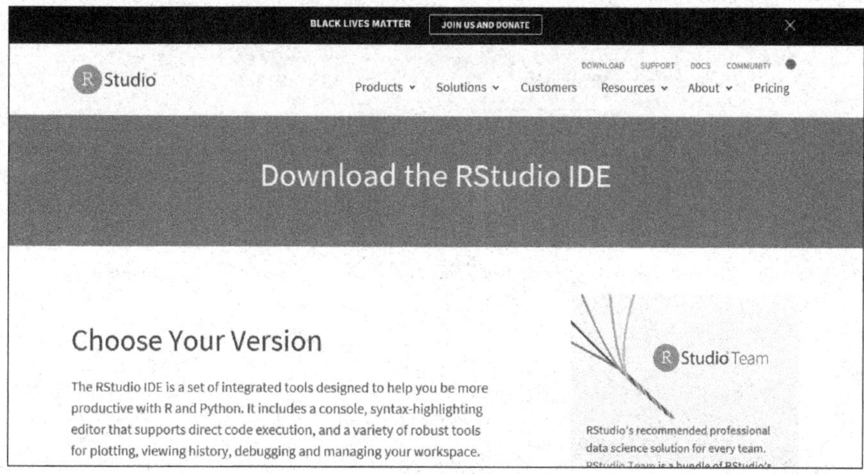

图 2-7　Rstudio 官方网站

Rstudio 官网主页显示了不同的 Rstudio 版本，包括收费版和免费版，这里选择免费（Free）版本，单击“DOWNLOAD”按钮进行下载，如图 2-8 所示。

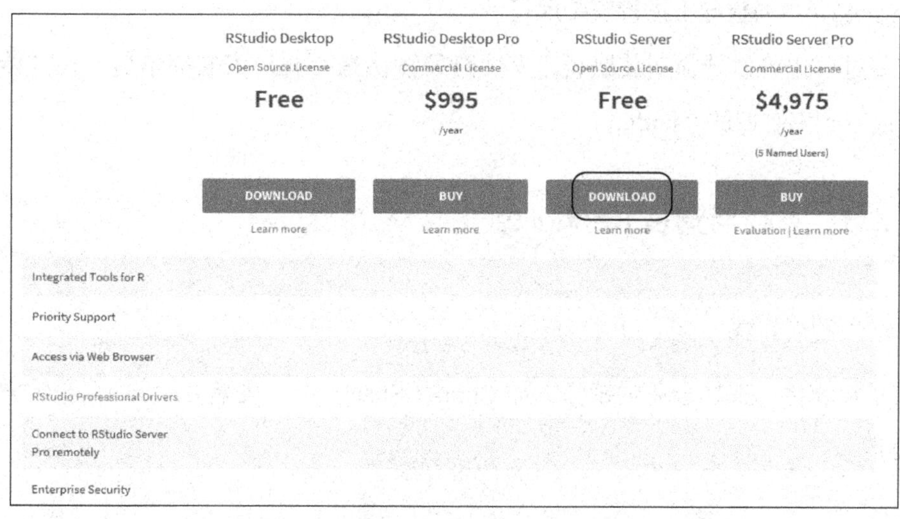

图 2-8　选择免费版本

单击“DOWNLOAD”按钮后，页面自动跳转到最下方，显示出针对多种操作系统的不同版本，以及不同的安装包格式（exe、zip 等）。这里我们选择“Windows 10/8/7”版本，如图 2-9 所示。

All Installers

Linux users may need to import RStudio's public code-signing key prior to installation, depending on the operating system's security poli

RStudio requires a 64-bit operating system. If you are on a 32 bit system, you can use an older version of RStudio.

OS	Download	Size	SHA-256
Windows 10/8/7	RStudio-1.3.1093.exe	171.62 MB	62b9e60a
macOS 10.13+	RStudio-1.3.1093.dmg	148.66 MB	bdc4d3a4
Ubuntu 16	rstudio-1.3.1093-amd64.deb	124.33 MB	72f05048
Ubuntu 18/Debian 10	rstudio-1.3.1093-amd64.deb	126.80 MB	ff222177
Fedora 19/Red Hat 7	rstudio-1.3.1093-x86_64.rpm	146.96 MB	ed1f6ef8
Fedora 28/Red Hat 8	rstudio-1.3.1093-x86_64.rpm	151.05 MB	01a978f3
Debian 9	rstudio-1.3.1093-amd64.deb	127.00 MB	a747f9f9
SLES/OpenSUSE 12	rstudio-1.3.1093-x86_64.rpm	119.43 MB	5016cbcf
OpenSUSE 15	rstudio-1.3.1093-x86_64.rpm	128.40 MB	cf47e32d

图 2-9 选择版本

单击相应的链接后，就开始下载 Rstudio 软件了。下载完成后，双击 exe 文件，在 Rstudio 安装向导的指导下进行安装即可。

安装过程中可以选择安装路径，安装路径默认是 C 盘。安装完毕后，在开始菜单中便可以看到安装好的 Rstudio。

2.2.3 下载与安装 Recharts

1. Recharts 下载

打开 R 软件，选择合适的镜像，如 China（Shanghai），安装 devtools，安装方法如图 2-10 所示。

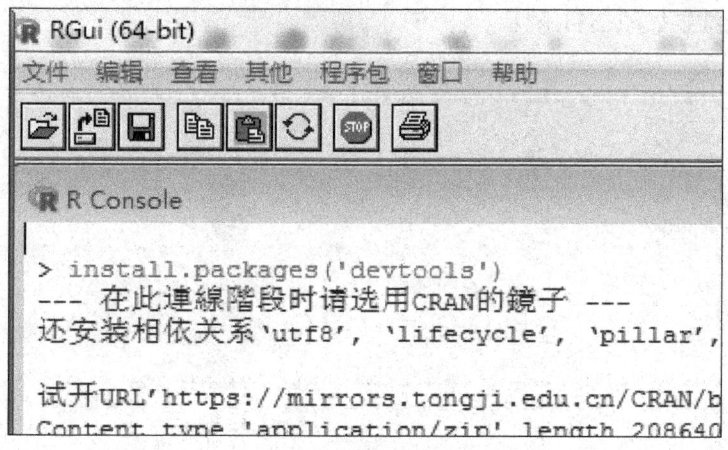

图 2-10　安装 devtools

在 R 软件中执行如下命令，安装 Recharts。

```
library(devtools)
install_github("madlogos/recharts")
```

然后在 R 软件中运行代码调用 Recharts 库，不报错即说明安装成功。

2. 官网示例

现在使用 Recharts 画一个关于 Iris 数据的散点图，以丁香花花萼的宽为 x 轴，以花瓣的宽为 y 轴，代码如下。

```
library(recharts)
g <- iris %>% echartR(x = Sepal.Width, y = Petal.Width, series = Species,
type = 'scatter')

g %>%
setTitle(title = 'Iris data set', subtitle = 'by: R. A. Fisher') %>%
setLegend(selected = 'setosa', textStyle = list(color = 'lime')) %>%
setDataZoom() %>%
setXAxis(min = 0) %>%
setYAxis(min = 0) %>%
addMarkLine(data = data.frame(type = 'average', name1 = 'Avg')) %>%
addMarkPoint(series = 1, data = data.frame(type = 'max', name = 'Max'))
```

代码运行结果如图 2-11 所示。

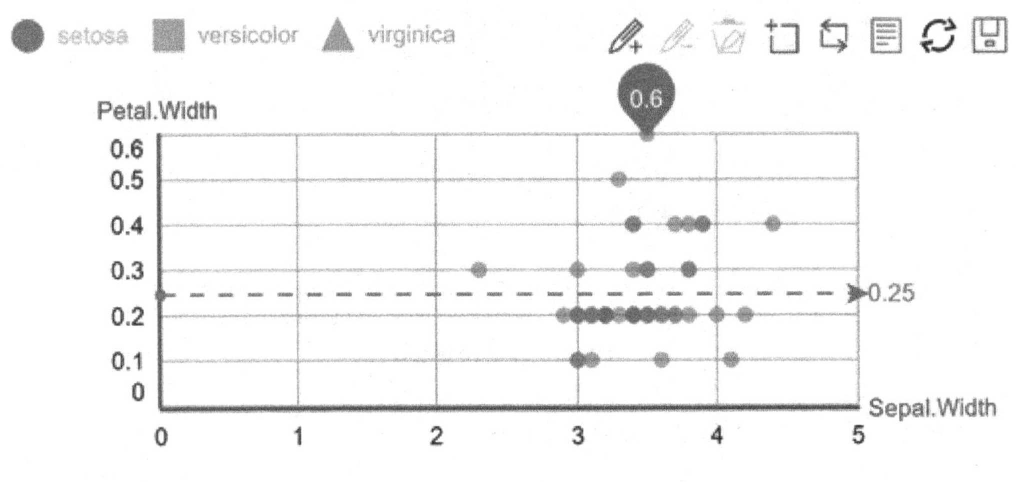

图 2-11　Recharts 散点图

上述示例代码中的“%>%”为管道操作符，magrittr 包是一个高效的管道操作工具包。管道可以让数据或表达式的传递更高效，使用操作符“%>%”可以直接把数据传递给下一个函数调用或表达式。

3. Recharts 的配置

Recharts 配置参数如表 2-2 所示。

表 2-2　Recharts 配置参数

参数	解释
setTitle	设置标题
setLegend	设置图例
setDataZoom	添加缩放漫游控件（初始时不显示）
setXAxis、setYAxis	调整坐标轴，可指定 x 和 y 坐标交叉点
addMarkLine	标注线。两个数据系列时分别添加各自的均数标注线
addMarkPoint	给指定数据系列标注最大值

2.3　Windows 中 Python 的安装与配置

2.3.1　在 Windows 中安装 Python

在 Windows 操作系统中安装 Python 的方式有两种：一种是通过 Anaconda 安装，它提供了 Python 的科学计算环境，自带 Python 及常用的库；另一种是标准安装方式，即直接下载安装包进行安装。

下面详细介绍这两种安装方式，用户可根据需要选择。

1. 安装 Anaconda

Anaconda 的部分版本是收费的，这里选择安装 Anaconda 的个人版本，选择 Windows 版本的安装包即可，如图 2-12 所示。

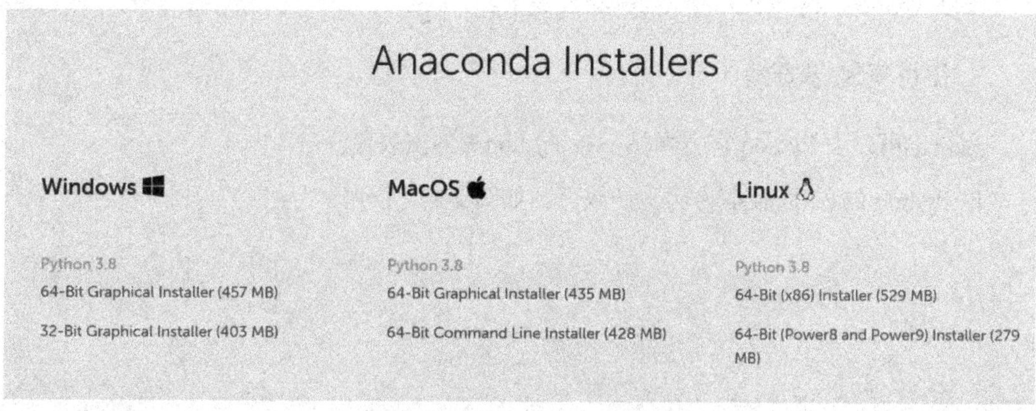

图 2-12　Anaconda 下载页面

下载好安装包后将其打开，安装向导提供两个选项，如图 2-13 所示。

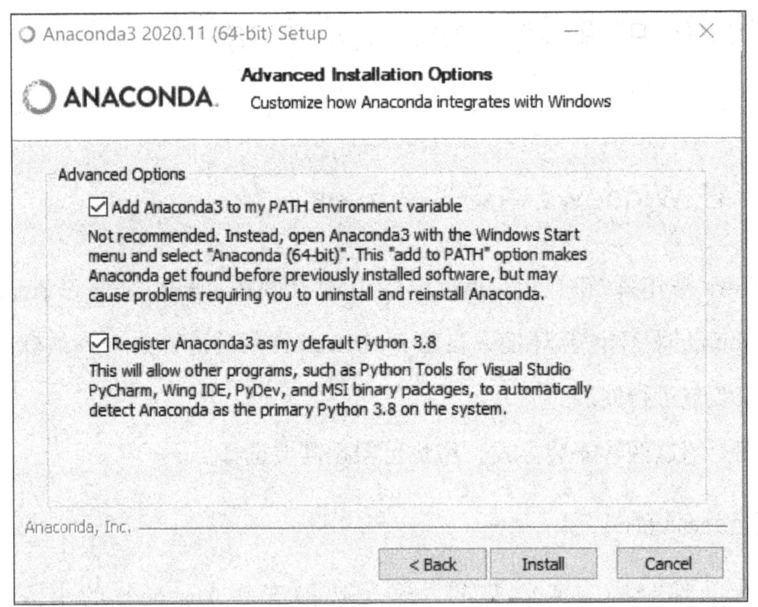

图 2-13　安装选项

安装完成后，Python 3 的环境就配置好了。

2. 使用安装包安装

用户也可以去 Python 官方网站下载 Python 3 的安装包。

以 Python 的 3.9.0 版本为例，下载页面如图 2-14 所示。

Release version	Release date		Click for more
Python 3.9.0	Oct. 5, 2020	Download	Release Notes
Python 3.8.6	Sept. 24, 2020	Download	Release Notes
Python 3.5.10	Sept. 5, 2020	Download	Release Notes
Python 3.7.9	Aug. 17, 2020	Download	Release Notes
Python 3.6.12	Aug. 17, 2020	Download	Release Notes
Python 3.8.5	July 20, 2020	Download	Release Notes
Python 3.8.4	July 13, 2020	Download	Release Notes

View older releases

图 2-14　Python 不同下载版本

如果使用 64 位 Windows 操作系统，可以下载 Windows x86-64 executable installer；如果使用 32 位 Windows 操作系统，可以下载 Windows x86 executable installer。

下载完成后配置环境变量，如图 2-15 所示，可以选中“Add Python 3.9 to PATH”复选框来简化环境变量的配置。

图 2-15　安装向导

用户也可以自行配置环境变量。以 Windows 10 操作系统为例，假设安装 Python 3 的路径为“C:\Python39”，复制该路径，随后右击“计算机”，选择“属性”选项，弹出“属性”窗口，如图 2-16 所示。

图 2-16　系统属性

单击左侧的“高级系统设置”选项，在弹出的对话框中单击“环境变量”按钮，如图 2-17 所示。

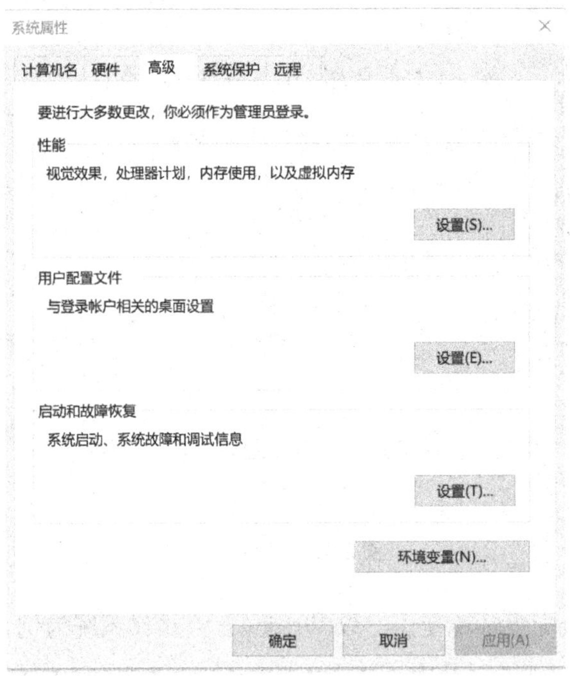

图 2-17　单击“环境变量”按钮

弹出“环境变量”对话框，在“系统变量”列表中选择“Path”变量，单击“编辑”按钮，如图 2-18 所示。

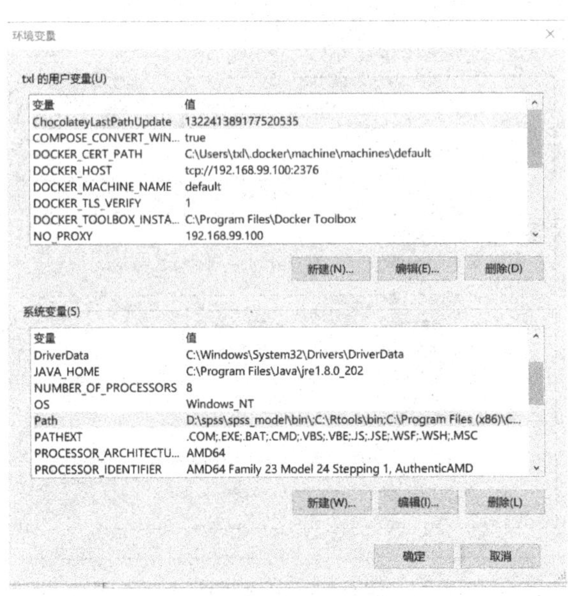

图 2-18　选择环境变量

弹出“编辑环境变量”对话框，单击右侧的“新建”按钮，新建一个条目，将复制的地址“C:\python39”粘贴进去。此路径就是 Python3 的安装目录，用户可以自行替换。然后把“C:\python39\Script”也复制进去，如图 2-19 所示。

图 2-19　编辑环境变量

最后，单击“确定”按钮便完成了环境变量的配置。

完成上述步骤之后，可以通过命令测试一下 Python 安装是否成功，打开命令提示符窗口，输入“python”并按回车键，测试能否成功调用 Python。测试结果如图 2-20 所示。

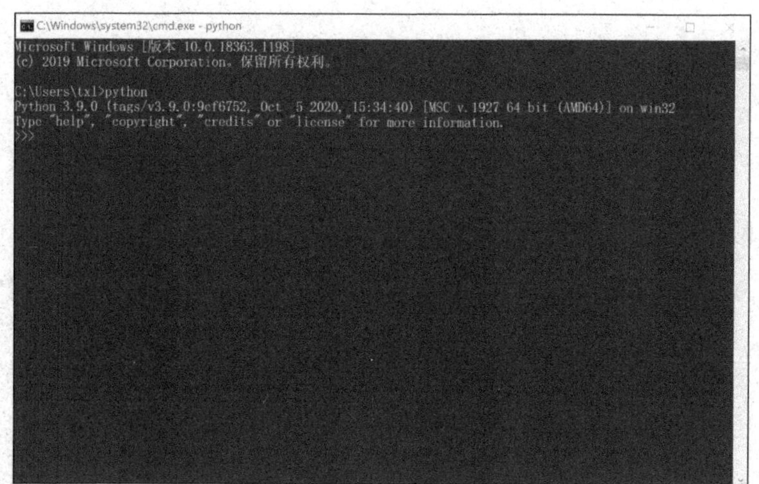

图 2-20　测试验证图

如果出现了图 2-20 所示的结果或类似的结果，就说明 Python 已经安装成功。

2.3.2 安装 Pyecharts

1. 安装 Pyecharts

在命令提示符窗口运行如下命令，即可完成 Pyecharts 模块的安装。

```
pip install pyecharts
```

2. 官网示例

现在使用 Pyecharts 画一个柱图，以商品为 x 轴，以销量为 y 轴。其中，bar.render() 会生成本地 html 文件，而且默认会在当前目录生成 render.html 文件。用户也可以传入路径参数，如 bar.render("mycharts.html")，具体代码如下。

```
from pyecharts.charts import Bar
bar = Bar()
bar.add_xaxis([" 衬衫 ", " 羊毛衫 ", " 雪纺衫 ", " 裤子 ", " 高跟鞋 ", " 袜子 "])
bar.add_yaxis(" 商家 A", [5, 20, 36, 10, 75, 90])
bar.render()
```

代码运行结果如图 2-21 所示。

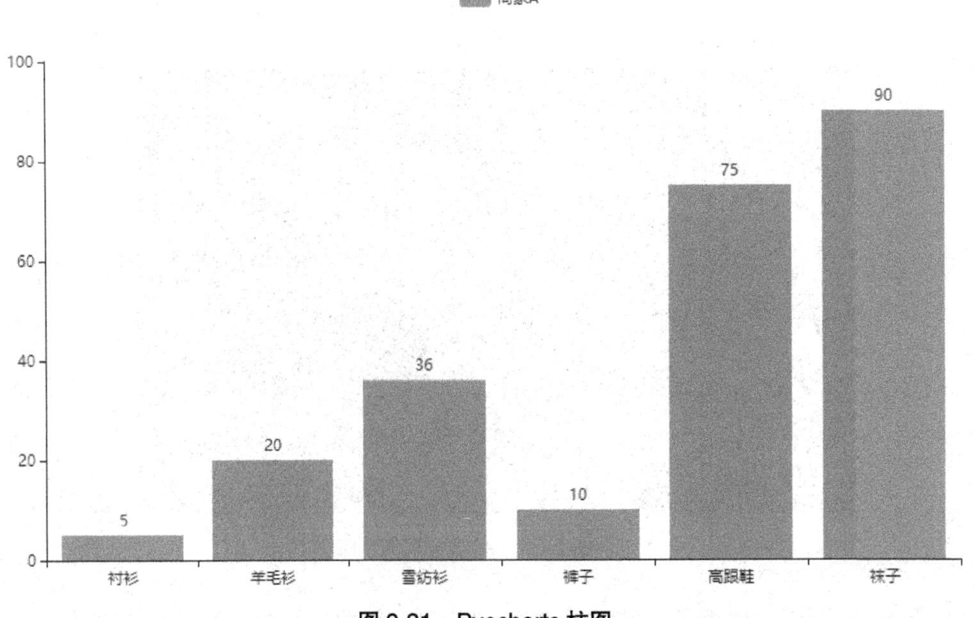

图 2-21　Pyecharts 柱图

3. Pyecharts 的配置

Pyecharts 配置参数如表 2-3 所示。

表 2-3　Pyecharts 配置参数

参数	解释
TitleOpts	标题配置项
link	主标题跳转 URL 链接，可选值：'self' 或 'blank'
padding	标题内边距，单位为 px
gap	主副标题之间的间距
LegendOpts	图例配置项
type	图例的类型，可选值：'plain' 或 'scroll'
orient	图例列表的布局朝向，可选值：'horizontal' 或 'vertical'
TooltipOpts	提示框配置项
trigger	触发类型，可选值：'item'、'axis' 或 'none'
trigger_on	提示框触发的条件，可选值：'mousemove'、'click'、'mousemove|click' 或 'none'
position	提示框浮层的位置，默认不设置时位置会跟随鼠标的位置，可包括绝对位置和相对位置
formatter	标签内容格式器，支持字符串模板和回调函数两种形式
DataZoomOpts	区域缩放配置项
type	组件类型，可选值："slider" 或 "inside"
range_start	数据窗口范围的起始百分比，范围是 0～100，表示 0%～100%
range_end	数据窗口范围的结束百分比，范围是 0～100
start_value	数据窗口范围的起始数值。如果设置了 start 则 startValue 失效
end_value	数据窗口范围的结束数值。如果设置了 end 则 endValue 失效
orient	布局方式是横还是竖，可选值：'horizontal' 或 'vertical'
AxisOpts	坐标轴配置项
type	坐标轴类型，可选值：'value'——数值轴，适用于连续数据；'category'——类目轴，适用于离散的类目数据；'time'——时间轴，适用于连续的时序数据；'log'——对数轴
inverse	是否反向坐标轴
gap	坐标轴名称与轴线之间的距离
rotate	坐标轴名字旋转，角度值
AxisTickOpts	坐标轴刻度配置项
inside	坐标轴刻度是否朝内，默认朝外
length	坐标轴刻度的长度
linestyle	坐标轴线风格配置项

（续表）

参数	解释
ToolboxOpts	工具箱配置项
orient	工具栏 icon 的布局朝向，可选值：'horizontal' 或 'vertical'

2.4 小结

可视化分析工具提供了一种简单的方法来创建大型数据集的可视化图形。通过易于使用的数据可视化功能及对用户友好的报表、图形等，用户能够提升自身的数据洞察力。本章选择了典型的可视化分析工具，以 ECharts、R 软件的 Recharts 库和 Python 的 Pyecharts 包为例，说明了可视化工具的安装与配置过程，并提供了简单图形绘制示例。

2.5 习题

1. 请下载并配置 ECharts，完成基本可视化图形绘制。
2. 下载及安装 R 软件和 Recharts 库，完成官网示例图形绘制。
3. 下载及安装 Python 和 Pyecharts 包，完成官网示例图形绘制。
4. 请了解蚂蚁集团的数据可视化解决方案。
5. 除了本章介绍的可视化工具，还有哪些常见的可视化工具？

第3章

大数据采集及预处理

3.1 数据类型

一般来说，数据主要分为三种类型：结构化数据、非结构化数据和半结构化数据。如果继续细分大数据分析涉及的数据类型，则可以分为结构化数据、非结构化数据、地理数据、实时媒体数据、自然语言数据、时间序列数据、事件数据、网络数据和链接数据等。

3.1.1 结构化数据

结构化数据是可以用固定格式存储、访问和处理的数据，一般存储在行和列中，主要以数值的方式存在。这类数据约占当今总数据的 10%，可通过数据库管理系统访问。结构化（或传统）数据的来源主要包括政府机构创建的官方登记册（用于记录个人、企业和其他数据）及各行业传感器收集的过程数据。目前，传感器数据是使用最频繁的数据之一。例如，工厂会安装传感器监测运动、温度、位置、光、振动、压力、液体和流量。

3.1.2 非结构化数据

非结构化数据是形式或结构未知的数据，主要包括文本、图像、视频、文档等，也可以是客户投诉、合同或内部电子邮件等。这类数据约占当今总数据的 90%。社交媒体（如 Facebook 和 Twitter）的爆发式增长是非结构化数据形成的主要原因。非结构化数据不能用传统的关系数据库存储，因为存储如此多样和复杂的数据需要使用特殊的存储系统，这种系统通常称为 NoSQL 数据库，如 MongoDB 和 CouchDB。非结构化数据的重要性在于其嵌入的相互关系，社交媒体产生的数据不同于其他数据的原因在于其更加个性化。

非结构化数据规模宠大，但从中获取价值十分困难。如今，企业拥有大量可用的数据，但很难直接从中获取价值，主要因为这些数据是原始形式或非结构化的。

3.1.3 半结构化数据

半结构化数据包含以上两种数据。有时可以把半结构化数据看作某种形式的结构化数据，但实际上它并不是用关系型数据库管理系统中的表来定义的。

3.1.4 地理数据

地理数据是由地理信息系统生成的，与道路、建筑物、湖泊、地址、人员、工作场所和运输路线有关的数据。这类数据链接了地点、时间和属性（即描述性信息）。与传统的数据源（如纸质地图、书面报告等）相比，数字化的地理数据具有巨大的优势，因为它们易于复制、存储和传输。更重要的是，它们易于转换、处理和分析。这些数据在城市规划和监测环境影响等领域可以发挥很大的作用。

3.1.5 实时媒体数据

实时媒体数据是实时流媒体或存储的媒体数据。实时流媒体的特殊性在于所产生的数据量大，容易导致存储和处理混乱。媒体数据的主要来源是视频网站，如 YouTube、Flicker 和 Vimeo 等，它们产生大量的视频、图片和音频；另一个重要的来源是视频会议（或视觉协作），它允许两个或多个地点同时进行双向视频和音频传输。

3.1.6 自然语言数据

自然语言数据是人类生成的语言形式的数据。这些数据在抽象程度和数据质量方面有所不同。自然语言数据的来源包括语音捕捉设备、电话、移动电话和物联网，这些设备之间会发生大量的文本通信。

3.1.7　时间序列数据

时间序列数据是一系列数据点（或观测值），通常由一段时间间隔内的连续测量数据组成。其用途是发现趋势和异常，识别背景和外部影响，并将个人与群体进行比较或在不同时间对个人进行比较。时间序列数据可以分为两种：（1）连续时间序列数据，在每一时刻都有一个观测值；（2）间隔时间序列数据，如海洋潮汐、太阳黑子计数、股票价格指数及一年中每个月的失业率等。

3.1.8　事件数据

事件数据是外部事件与时间序列匹配生成的数据。用户往往需要从看似普通的事件中识别出重要的事件。例如，用户可以收集和分析与车辆碰撞或事故相关的信息，以了解车辆在事故发生之前、期间和之后的情况。事件数据由三个主要信息组成：（1）动作，即事件本身；（2）时间戳，事件发生的时间；（3）状态，描述与此事件相关的所有其他信息。

3.1.9　网络数据

网络数据是社交网络（如 Facebook 和 Twitter）、信息网络（如万维网）、生物网络（如生化、生态和神经网络）及技术网络（如互联网、电话和交通网络）生成的数据。网络数据表示为通过一种或多种关系连接的节点。在社交网络中，节点代表人。在信息网络中，节点代表数据项（如网页）。在生物网络中，节点可能代表神经细胞。在技术网络中，节点可以代表互联网设备（如路由器和集线器）或电话交换机。

3.1.10　链接数据

链接数据是基于万维网技术（如 HTTP、RDF、SPARQL 和 URIs）构建的数据。链接数据存储库的示例有：（1）DBpedia，一个包含从维基百科（Wikipedia）中提取数据的数据集；（2）GeoNames，全球超过 7,500,000 个地理特征的 RDF 描述；（3）UMBEL，一个由 20,000 个主题概念类及其关系派生的轻量级参考结构；（4）朋友关系网络（Friend-of-a-Friend，FOAF），描述人、他们的属性和关系的数据集。

3.2 数据结构

数据结构既可以指计算机存储、组织数据的方式，也可以指相互之间存在一种或多种特定关系的数据元素的集合。数据结构涉及数据度量和数据结构组织形式两部分内容。

3.2.1 数据度量

数据度量是指将一个正式的数字系统分配给对象或事件的某些特征的过程。这些数字代表我们正在测量特征的不同水平。度量尺度是给对象或实体分配数值的方法，代表了对象或实体的某些属性。

数据度量分为四种类型：名义型、序数型、区间型和比率型。这些尺度的差异程度反映了算术运算对量表的值有意义的程度，以及可以使用这些值进行的统计分析的程度。

1. 名义型

名义尺度又称定类尺度，是一种将调查对象分类，然后以各种名称标注，并确定其类别的方法。

例如，我们可以使用名义尺度来对智能手机制造商进行分类，“名义”可以被简单地称为“标签”。

2. 序数型

定序尺度使用数字根据某些特征对对象进行排序，是一种将调查对象以某种逻辑顺序排列出高低或大小，确定其等级和次序的方法。

例如，我们可以根据客户的满意度对客户进行排序。如果 A 比 B 更满意，而 B 比 C 更满意，那么 A 比 C 更满意。我们可以给这些人每人分配一个数字，并从最不满意到最满意将其排序。尽管定序尺度允许我们对对象进行排序，但它不允许我们根据被测特征确定对象之间的距离。例如，根据顾客满意度对顾客进行排名时，我们知道顾客的顺序，但不知道一个人对另一个人的满意度有多高。这种对对象之间差异的不确定与序数标度缺乏测量单位有关。

3. 区间型

区间尺度又称定距尺度，不仅能区分变量（社会现象）的类别和等级，而且可以确定变量之间的数量差别和间隔距离。区间尺度的典型例子是摄氏温度，因为每个值之间的差异是相同的。例如，60℉ 和 50℉ 之间的差是 10℉，80℉ 和 70℉ 之间的差也是可以测量的。

使用区间尺度对事物进行排序，可以使尺度值之间的差异相等，因为区间尺度有一个度量单位。我们可以对区间尺度值进行更多的算术运算，除了等式或不等式和排序运算，还可以进行减法运算。例如，50℉ 和 40℉ 之间的差值等于 120℉ 和 110℉ 之间的差值。

4. 比率型

定比尺度除了具有上述三种尺度的全部性质，还可以用来测量不同变量（社会现象）之间的比例或比率关系。定比尺度还有一个额外的特征：有一个有意义的零点。定比尺度的一个例子是长度的测量，另一个例子是时间的测量。

定比尺度为变量提供了丰富的可能性。这些变量可以进行有意义地加、减、乘和除（比率）。集中趋势可以用模式、中位数或平均值来衡量；分散度的度量如标准差和变异系数，也可以用定比尺度计算。

3.2.2　数据结构组织形式

在通常情况下，使用合理的数据结构能够提高计算机运行或存储的效率。而在实现大数据可视化时，如何组织数据结构是一个非常关键的问题。

1. ECharts 中的数据结构组织形式

数据系列是被输入工作表并绘制在图表中的一行或一列数字，如季度业务利润列表。数据系列是一个一维的标记数组，可以保存任何数据类型（整数、字符串、浮点数、Python 对象等），轴标签统称为索引。在 ECharts 的 4.0 版本之前，数据只能在各个系列（series）中得到声明，下面是一个简单的例子。

```
option = {
    xAxis: {
        type: 'category',
```

```
        data: ['Matcha Latte', 'Milk Tea', 'Cheese Cocoa', 'Walnut
Brownie']
    },
    yAxis: {},
    series: [
        {
            type: 'bar',
            name: '2015',
            data: [89.3, 92.1, 94.4, 85.4]
        },
        {
            type: 'bar',
            name: '2016',
            data: [95.8, 89.4, 91.2, 76.9]
        },
        {
            type: 'bar',
            name: '2017',
            data: [97.7, 83.1, 92.5, 78.1]
        }
    ]
}
```

这种方式直观且易理解，针对一些特殊的图表类型，人们还可以进行一定的数据类型定制。但是，为了匹配这种数据输入形式，人们常常需要把数据分割设置到各个系列（和类目轴）中，这不仅不利于数据的图表类型和数据系列的映射安排，也不利于实现一份数据多个系列的共享。

ECharts 从 4.0 版本开始支持 dataset 组件。其可用于单独的数据集声明，从而实现单独管理数据及数据被多个组件复用的效果，这在不少场景下能带来使用上的方便。

下面是一个简单的 dataset 的例子。

```
option = {
    legend: {},
    tooltip: {},
```

```
    dataset: {
        // 提供一份数据。
        source: [
            ['product', '2015', '2016', '2017'],
            ['Matcha Latte', 43.3, 85.8, 93.7],
            ['Milk Tea', 83.1, 73.4, 55.1],
            ['Cheese Cocoa', 86.4, 65.2, 82.5],
            ['Walnut Brownie', 72.4, 53.9, 39.1]
        ]
    },
    // 声明一个 x 轴，类目轴（category）。默认情况下，类目轴对应到 dataset 第一
列。
    xAxis: {type: 'category'},
    // 声明一个 y 轴，数值轴。
    yAxis: {},
    // 声明多个 bar 系列，默认情况下，每个系列会自动对应到 dataset 的每一列。
    series: [
        {type: 'bar'},
        {type: 'bar'},
        {type: 'bar'}
    ]
}
```

代码运行结果如图 3-1 所示。

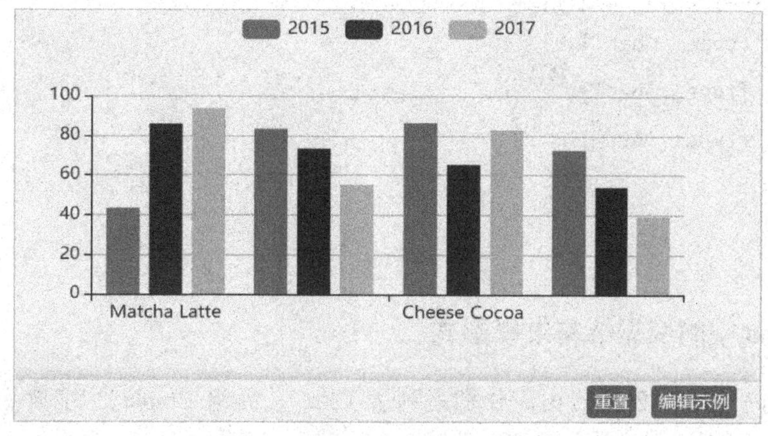

图 3-1　结果图片

我们也可以使用常见的对象数组的格式，相关代码如下。

```
option = {
    legend: {},
    tooltip: {},
    dataset: {
        // 用 dimensions 指定了维度的顺序。
        // 默认把第一个维度映射到 x 轴上，第二个维度映射到 y 轴上。
        // 如果不指定 dimensions，也可以通过指定 series.encode。
        // 完成映射，参见后文。
        dimensions: ['product', '2015', '2016', '2017'],
        source: [
            {product: 'Matcha Latte', '2015': 43.3, '2016': 85.8,
'2017': 93.7},
            {product: 'Milk Tea', '2015': 83.1, '2016': 73.4,
'2017': 55.1},
            {product: 'Cheese Cocoa', '2015': 86.4, '2016': 65.2,
'2017': 82.5},
            {product: 'Walnut Brownie', '2015': 72.4, '2016': 53.9,
'2017': 39.1}
        ]
    },
    xAxis: {type: 'category'},
    yAxis: {},
    series: [
        {type: 'bar'},
        {type: 'bar'},
        {type: 'bar'}
    ]
};
```

2. Python 中的数据结构组织形式

Python 内置四种数据结构，分别是列表（list）、元组（tuple）、字典（dictionary）和集合（set）。

（1）列表

列表是一种数据结构，它保存有序的项集合，即可以在列表中存储一系列项。我们可以将其想象为一个购物清单，人们会把每一个购买项目放在购物清单的每一行，而在 Python 中，需要用逗号将项目列表的每一项分隔开。

项目列表应该用方括号括起来，这样 Python 就可以将其识别为一个列表。创建列表后，可以添加、删除或搜索列表中的项目。因为列表是一个可变的数据类型，所以人们能够进行添加和删除操作。

（2）元组

元组用于组合多个对象，可以将它们看作与列表类似，但是比列表提供的功能少的一种数据结构。元组的一个主要特性是像字符串一样不能修改，即不可改变元组中的元素，这也是元组不同于列表之处。

元组是通过在可选的一对括号内指定用逗号分隔的项来定义的。元组使用小括号，列表使用方括号。

元组通常用于语句或用户定义函数假定值的集合不会改变的情况。

（3）字典

字典就像一个地址簿，可以把关键字（姓名）与值（细节）联系起来。键一般是唯一的，就像地址簿里面如果有两个同名的人，就无法找到正确的信息一样。如果键重复，那么新的键值对会替换已存在的键值对，值不需要唯一。

字典是一种可变容器模型，可存储任意类型的对象。

在字典中，一对键和值是通过使用冒号指定的，如 d={key1:value1，key2:value2}。键与值之间用冒号分隔，键值对之间用逗号分隔，所有这些都用大括号括起来。

字典中的键值对不是以任意方式排序的。如果想要一个特定的顺序，那么必须在使用它们之前对其进行排序。键使用的字典是 dict 类的实例或对象。

（4）集合

集合是简单对象的无序集合。使用集合时，通常表明一个对象在一个集合中的存在比它发生的顺序或次数更重要。集合主要使用函数 set() 创建一个无序且不重复的元素集，其可进行关系测试、删除重复数据，还可以计算交集、差集和并集等。

3. R 软件中的数据结构组织形式

R 软件的基本数据结构包括向量、矩阵、列表和数据框。

（1）**向量**

向量是构成其他数据结构基础的一维数组，可用于存储数值型、字符型或逻辑型数据。函数 c() 可用来创建向量。各类向量如下所示。

```
a <- c(1, 2, 5, 3, 6, -2, 4)
b <- c("one", "two", "three")
c <- c(TRUE, TRUE, TRUE, FALSE, TRUE, FALSE)
```

其中，a 是数值型向量，b 是字符型向量，c 是逻辑型向量。单个向量中的数据类型（数值型、字符型或逻辑型）必须相同，同一向量中无法混杂不同类型的数据。

（2）**矩阵**

矩阵是一个二维数组，其中每个元素都属于相同的类型（数值型、字符型或逻辑型）。函数 matrix() 用于创建矩阵，一般使用格式如下。

```
Myymatrix <- matrix(vector, nrow=number_of_rows, ncol = number_of_
columns, byrow=logical_value, dimnames = list(char_vector_rownames, char_
vector_colnames))
```

其中，vector 包含了矩阵的元素，nrow 和 ncol 用于指定行和列的维数，dimnames 包含了可选的、以字符型向量表示的行名和列名。选项 byrow 指明矩阵应当按行填充（byrow=TRUE）还是按列填充（byrow=FALSE），默认情况下按列填充。

（3）**列表**

列表（list）是 R 中较为复杂的一种数据结构，是一些对象（或成分）的有序集合。列表允许整合若干（可能无关的）对象到单个对象。某个列表可能是若干向量、矩阵、数据框甚至其他列表的组合。列表可以使用函数 list() 创建。

```
mylist <- list(object1, object2, ...)
```

列表的对象可以是目前为止介绍的任何数据结构。我们还可以为列表中的对象命名。

```
mylist <- list(name1=object1, name2=object2, ...)
```

元素用双括号索引。单括号仍将返回（另一个）列表。如果列表的元素被命名，可

以用 $ 符号进行引用（即 xlist$data）。

（4）数据框

由于不同的列可以包含不同类型（如数值型、字符型等）的数据，因此数据框的概念较矩阵来说更为一般。数据框与通常在 SAS、SPSS 和 Stata 中看到的数据集类似，是 R 中最常处理的数据结构。但是，数据集有时包含多种数据类型，无法放入一个矩阵。在这种情况下，使用数据框是最佳选择。数据框可通过函数 data.frame() 创建。

```
mydata <- data.frame(col1, col2, col3,...)
```

其中的列向量 col1、col2、col3 等可以是任何类型（如数值型、字符型等）的数据。每一列的名称可由函数 names() 指定。

3.3 大数据采集

3.3.1 大数据采集的概念

大数据采集又称大数据获取，是收集、观察或测量数据的系统过程。传统的数据采集主要按照标准数据流程处理，而非结构化、时间敏感和非常大的数据无法采用标准数据流程处理，因此需要采用一种结构化的处理方法。

大数据采集的主要步骤如下。

1. 收集资料

根据不同的目的，可以采用多种方法收集数据。例如，可以向数据服务公司购买数据，或者使用数据收集工具（如网络爬虫等）从网站收集数据。

2. 储存资料

收集大数据之后，可以将数据放入数据库或存储服务中进行进一步的处理。通常来说，此步骤需要对物理存储及云服务进行投资。一些数据收集工具在收集数据后会提供无限的云存储空间，这极大地节省了本地资源，并使数据易于从任何地方访问。

3. 清理资料

由于可能存在一些无用或错误的信息，因此我们需要选出最能满足需求的信息。此步骤是对数据进行排序的过程，包括清理、连接和合并数据。

4. 重新整理资料

在整理数据后，需要重新组织数据以备将来使用。通常，需要将非结构化或半非结构化格式转换为 Hadoop 或 HDFS 之类的存储方式。

5. 验证数据

为了确保所获取的数据正确且有意义，应当验证数据。例如，选择部分样本以查看其是否有效。

3.3.2 大数据采集的新方法

传统数据采集方法采集来源单一，且存储、管理和分析的数据量也相对较小，因此采集的数据大多使用关系型数据库和并行数据仓库即可处理。而大数据技术在数据采集方面使用新的方法，下面简单介绍一下。

1. 网络数据采集

网络数据采集是指通过网络爬虫或网站公开 API 等方式从网站获取数据。该方法可以将非结构化数据从网页中抽取出来，并以结构化的方式将其存储为统一的本地数据文件。它支持图片、音频、视频等文件或附件的采集。

2. 系统日志采集

很多互联网企业都有自己的大数据采集工具，如 Hadoop 的 Chukwa、Cloudera 的 Flume、Facebook 的 Scribe 等。这些工具均采用分布式架构，能满足每秒数百兆的日志数据采集和传输需求。

3.3.3 公开的数据源

1. 公共数据

公共数据包括官方统计数据和政府公共数据。这类数据一般由相关的政府部门发布，使民众能及时地了解整个国家或某个地区的国民经济情况及地区的整体发展水平。公共数据开放平台的数据相对比较权威、及时和广泛。

（1）官方统计数据

官方统计数据是指由政府统计部门或其他政府部门统计的数据。例如，由国家统计局和地方统计局网站提供的数据，对所有人都开放。官方统计数据一般可以到国家统计局或各地方统计局网站获取。国家统计局的数据是对国家的各行各业发展状况的统计及各地区发展水平的反映，涵盖了人口数据、教育数据、科技数据、卫生数据、文化数据、体育数据、金融数据、旅游数据、农业数据、工业数据、建筑业数据、运输和邮电数据 、人民生活数据、资源和环境数据、社会消费品零售总额、批发和零售业数据、住宿和餐饮业数据、社会服务数据、公共管理、社会保障及其他数据。地方统计局的数据主要是关于地方整体发展状况的各种指标，涵盖了地区经济的运行情况、地区的生产总值、地区工业发展状况相关数据、投资相关数据、对外经济贸易和旅游相关数据、地区服务业数据、居民消费价格指数等数据。

（2）政府公共数据

政府公共数据是在我国政务信息化水平不断提升的背景下产生的，一般是由政府牵头、相关政府部门共同参与建设的政府数据服务门户提供的数据。其目的是鼓励企业、社会组织和个人对公共数据资源进行增值再利用。政府公共数据可以从各个地区的公共数据开放平台获取。政府公共数据主要与民生相关，与民众的生活紧密联系，涵盖了经济建设、城市建设、民生服务、资源环境、公共安全、卫生健康、教育科技、文化休闲、道路交通、机构团体、社会发展、信用服务及其他领域的数据。

2. 竞赛数据

竞赛数据主要是相关竞赛数据开放平台提供的供数据科学爱好者们进行学习、竞赛、交流等活动的数据。用户可以在相关平台搜索需要的数据，找到数据集，然后下载。竞赛数据开放平台公开的数据的特点是种类繁多、主题广、与各行各业紧密相关，但是相比于官方公开的数据显得权威性不足。竞赛数据开放平台主要有阿里云天池、Kaggle、科赛、Soda 等，下面是主要竞赛数据开放平台的简要介绍。

（1）阿里云天池

阿里云天池是阿里巴巴旗下的一个竞赛型平台。作为国内互联网领域的佼佼者，阿里的算法实力和业内影响力是国内首屈一指的。该平台的数据按不同的行业、技术和来源分类，数据涵盖的领域有商业、互联网、金融、医疗保健、政治、文化、计算机科学工程、运输安全、自然科学、时尚和艺术等。在该平台上可以对数据进行机算机视觉、自然语言处理、分类、对象检测、机器学习、建模等技术处理。

（2）Kaggle

Kaggle 是 Google 旗下的一个机器学习社区，拥有十分丰富且多种多样的数据集。Kaggle 经常会举办各种机器学习竞赛。在 Kaggle 上，每个数据集都有相应的讨论和代码可以参考。该平台提供与生活各个方面相关的数据集，如来自 SWITRS[①] 的交通碰撞数据、妇女创业和劳动力数据、与读者互动的网络新闻数据、2020 年美国大选投票率数据、美国政客推特数据及其他种类的数据。

（3）科赛

科赛是国内知名的开放数据科学社区，是最早专注于大数据算法比赛的平台之一，支持在线分享代码、项目和数据集。该平台的数据集涵盖医疗健康、文化娱乐、地理、气象等各个领域。用户可以对平台上的项目进行可视化、分类、图像识别、自然语言处理等技术处理。

（4）Soda

Soda 是由上海市经济和信息化委员会主办的开放数据创新应用大赛平台，是全球创新创业团队围绕开放数据创新应用方案的交流展示平台。Soda 的数据集涵盖的领域有文化教育、城市运营、商业服务、医疗健康、信用服务和交通出行等。

3. 机器学习数据集

机器学习数据集主要用于进行机器学习。机器学习数据集具有量大、内容广泛的特点。机器学习数据集主要有 UCI 数据集（UCI Machine Learning Repository）和 VisualData 数据集等，下面是主要数据集的简要介绍。

（1）UCI 数据集

UCI 数据集是一个常用的机器学习标准测试数据集。UCI 数据集目前共收录了将近 500 个数据集，包括众多用于监督式和非监督式学习的数据集。每个数据集中都有关于数据实例数、数据产生领域、值域分布、特征数量、数据产生时间、模型方向、是否有缺失值的详细介绍，可以用于分类、回归、聚类、时间序列等，其中有不少数据可以被

① 加利福尼亚州全州中央交通记录数据系统。

拿来直接使用。该平台涵盖的领域有生命科学、物理科学、计算机科学或工程、社会科学、商业、游戏等。

（2）VisualData 数据集

VisualData 数据集是一个计算机视觉数据集，按照主题进行分类，允许用户申请上传自己的数据集。该平台的数据按照筛选器分类可以分为新型冠状病毒（COVID-19）、商业许可证（Commercial License）、可用的代码 / 型号（Code/Model Available）、可用的出版物（Publication Available）等。该平台的数据集涵盖各行各业，例如，SCUT-HEAD 是大规模头部检测数据集，MeMNIST 是医疗轻量级基准图像分析，Medical Image 是医学图像、标题和文本参考资料的数据集，Databrary 是行为科学家的视频数据集。

4. 其他

还有一些公开的数据集，如经合组织数据库、世界银行数据库、北京大学开放研究数据平台等。例如，世界银行数据库列出了 7,000 多个指标，所有用户都可以免费使用和分享数据。用户可以按照国家、指标、专题和数据目录浏览数据。该平台的数据涵盖了衡量国家发展状况的各种指标，如世界发展指标、统计能力指标、教育统计指标、卫生指标、环境指标等。这类平台的数据相对来说可信度高，但也有一定的局限性。

公开的数据源如表 3-1 所示。

表 3-1　公开的数据源

分类	特征	获取方式	典型网站
公共数据	数据主要反映国家各行各业发展状况、国民经济情况和各地区发展水平的指标，数据权威、及时、广泛	在相关网站上通过数据查询的方式获取相应的数据并下载使用	国家统计局 地方统计局 国家政府开放数据平台 地方政府数据开放平台
竞赛数据	种类繁多、主题广，与各行各业紧密相关，但是相比于官方公开数据显得权威性不足	在相关的网站上找到数据集，搜索需要的数据并下载	Kaggle 阿里云天池 科赛 Soda
机器学习	数据集数量多，内容广泛，可以从历史数据中找出规律	在相关网站上找到对应的数据集，选择下载并通过 Matlab 导入	UCI Machine Learning Repository VisualData
其他	相对来说可信度高，但也有一定的局限性	在相关的网站上，可以通过直接搜索找到对应的数据集	经合组织数据库 世界银行数据库 北京大学开放研究数据平台

3.4 大数据预处理

大数据预处理是指在使用大数据之前对其进行操作，确保数据正确性并提高其性能，是大数据分析可视化过程中的一个重要步骤。如果数据中存在大量不相关、冗余的信息，那么大数据分析和可视化将变得不可靠，可能会影响最终数据结果的解释。一般而言，大数据预处理可能需要相当长的时间。大数据预处理通常包括数据抽取、数据清洗、数据转换和数据加载等环节。

3.4.1 数据抽取

数据抽取是指从不同的网络、操作平台、数据库和数据格式及应用中抽取数据的过程。在这个过程中，首先要结合业务需求确定抽取的字段，形成一张公共需求表头，并且数据库字段也应与这些需求字段形成一一映射关系。这样可以保证数据抽取所得到的数据都具有统一、规整的字段内容，为后续的数据转换和加载提供基础。数据抽取的具体步骤如下。

（1）确定数据源，确定从哪些源系统抽取数据。

（2）定义数据接口，详细说明每个源文件及系统的每个字段。

（3）确定数据抽取的方法：是主动抽取还是由源系统推送？是增量抽取还是全量抽取？是每日抽取还是每月抽取？

3.4.2 数据清洗

数据清洗在数据管理和数据分析的过程中发挥着重要作用，并且相关技术仍在快速发展。此外，由于在许多应用中数据的数量、速度和种类都在增加，数据清理也被视为大数据时代的主要挑战之一。

数据清洗主要针对以下三类数据。

（1）不完整的数据。这类数据的主要问题是一些应该有的信息缺失了，如供应商的名称、分公司的名称、客户的区域信息缺失、业务系统中主表与明细表不能匹配等。这类数据一旦被过滤出来，就要将缺失的内容按相关业务方向提交，并要求相关人员在规定的时间内补全。

（2）错误的数据。这类数据产生的原因是业务系统不够健全，业务系统在接收输入数据后没有进行判断就直接写入后台数据库，如数值被录入为全角数字字符、日期格式不正确、日期越界等。这类数据也要分类处理，对于全角字符、数据前后有不可见字符等问题，应要求业务系统进行修正。

（3）重复的数据。对于这类数据，要将重复数据记录的所有字段导出来，让客户确认并整理。

3.4.3　数据转换

有了结构化且可访问的数据，人们进行分析时才能获得最佳结果。数据转换使组织可以根据需要更改原始数据的结构和格式。数据转换是更改数据的格式、结构或值的过程。数据转换的任务主要有转换不一致的数据、转换数据粒度及基于商务规则的计算。具体内容如下。

（1）转换不一致的数据。这是一个数据整合的过程，是将分布于不同业务系统的相同类型数据进行统一的过程。例如，同一个结算系统的供应商编码是 XX0001，而在客户关系管理系统（Customer Relationship Management，CRM）中该供应商的编码是 YY0001。我们要把这样的数据抽取出来，再统一转换成同一个编码。

（2）转换数据粒度。业务系统一般会存储明细数据，一般情况下，要将业务系统数据按照分析需求粒度进行聚合。

（3）基于商务规则的计算。企业之间有不同的数据指标和不同的业务规则，这些指标有时候不是靠简单的计算就能完成的，这个时候需要在抽取、转换、加载至目的端的过程中将这些数据指标都计算好之后再进行存储，以供分析使用。

3.4.4　数据加载

数据加载的主要任务是将经过清洗的、干净的数据集按照数据模型定义的表结构装入目标数据库的数据表中。数据加载可以分为全量方式和增量方式，允许人工干预，并具有错误报告、系统日志、数据备份与恢复等功能。数据加载的整个操作过程往往要跨网络和跨平台进行。在实际的工作中，数据加载需要结合正在使用的数据库系统（如 Oracle、Mysql、Spark、Impala 等），确定最优的数据加载方案，从而节约中央处理器（Central Processing Unit，CPU）、硬盘 IO（Input 和 Output 的缩写，即输入和输出）和网络传输资源。

3.4.5 常用的 ETL 工具

ETL 是 Extract-Transform-Load 的缩写，用来描述将数据从来源端经过抽取（Extract）、转换（Transform）、加载（Load）至目的端的过程。ETL 一词较常用于数据仓库，但其对象并不局限于数据仓库。

ETL 的实现方法有很多种：一种是借助 ETL 工具（如 Oracle 的 OWB、SQL Server 2000 的 DTS、SQL Server 2005 的 SSIS 服务、Informatic 等），另一种是使用 SQL，还有一种是 ETL 工具与 SQL 相结合。这三种方法各有优缺点。借助 ETL 工具可以快速地建立 ETL 工程，屏蔽复杂的编码任务，提高了速度，降低了难度，但是缺少灵活性。使用 SQL 建立 ETL 工程的方法具有灵活性，提高了运行效率，但是编码复杂，对技术要求比较高。第三种方法综合了前面两种方法的优点，可以极大地提高开发速度和运行效率。常见的 ETL 工具有以下几种。

1. IBM InfoSphere Information Server

作为一款 ETL 工具，IBM InfoSphere Information Server 是 IBM Information Platforms Solutions 套件和 IBM InfoSphere 的一部分。它使用图形符号来构建数据的整合方案，并具有不同的版本（包括服务器版、企业版和 MVS 版）。

2. Informatica PowerCenter

Informatica PowerCenter 是一款 ETL 产品套件的总称，它包括 PowerCenter 客户端工具、服务器和存储数据库。

该软件将数据存储在库中，以便客户端工具和服务器访问。各种操作一般在服务器上被执行，其服务器分别连接到源与目标系统上，以便获取数据，然后人们通过各种转换，将数据最终加载到目标系统中。

3. iWay 软件

Information Builders 的 iWay 集成套件具有将应用程序与数据集成的功能。用户可以使用它们来管理结构化与非结构化的数据。该套件包括 iWay 数据迁移器、iWay 服务管理器和 iWay 通用适配器框架。

4. Microsoft SQL Server Integration Services

Microsoft SQL Server Integration Services 是一个高性能的数据集成方案平台，它包

含了用于数据仓库的各种 ETL 包。

5. OpenText

OpenText 是一个具有强大整合能力的平台，企业能够通过它来提取、增强、改造、整合数据，并且可以将数据从一个或多个存储库迁移到任何新的目标中。

6. Oracle GoldenGate

Oracle GoldenGate 是一款比较全面的软件包，它能够实现在异构的 IT 环境中进行实时数据的集成与复制。

7. Pervasive

Pervasive 是一款企业级的数据集成平台，它能够帮助企业在任何类型的数据源和应用程序之间建立连接，还支持各种实时集成的场景。

8. Pitney Bowes

Pitney Bowes 能够提供大量针对数据集成的工具和解决方案。其中的 Sagent Data Flow 是一款灵活的整合引擎，它能够采集不同来源的数据，并提供一套全面的数据转换工具。

9. SAP Business Objects Data Services

SAP Business Objects Data Services 是一款可用于数据集成、质量控制、分析和处理数据的 ETL 工具。它能将可信的数据整合并转换到各个数据仓库的系统中，并能生成分析报告。

10. SAS Data Management

SAS Data Management 建立在 SAS 平台之上，它是 SAS 投向 ETL 市场的一个工具。

11. Sun Java Composite Application Platform Suite

Sun 的 ETL 与数据集成工具是 Sun Java Composite Application Platform Suite。Sun Java Composite Application Platform Suite 的组件能够整合现有应用程序，并能在面向服务的架构环境中提供新的业务服务。

12. Sybase

Sybase 的 ETL 工具包括 Sybase ETL Development 和 Sybase ETL Server。

Sybase ETL Development 是一款用于创建和设计数据转换项目与作业的图形用户界面（Graphicol User Interface，GUI）工具。该工具提供了一个完整的模拟与调试环境，旨在加速 ETL 转换流程的开发。Sybase ETL Development 包含了一台用于控制实际处理流程的 ETL 开发服务器，它能够连接到各个数据库，并执行相关过程。

Sybase ETL Server 是一种可扩展的分布式网格引擎，它使用转换流（由 Sybase ETL Development 设计）连接到各个数据源，通过提取数据将数据加载到目标上。

13. Syncsort

Syncsort 能够访问并整合来自各种来源的数据，从而将数据迁移到各个云端的存储数据库中。

3.5 小结

大数据采集与预处理是大数据分析可视化不可或缺的重要环节。本章介绍了数据类型、数据结构、大数据采集和预处理。对于大数据采集，本章主要介绍了大数据采集的概念和主要过程，并列举了目前常用的公开数据源。对于大数据预处理，本章主要介绍了数据抽取、清洗、转换和加载的主要过程和常用工具。

3.6 习题

1. 请说明数据的类型包括哪些。
2. 请说明结构化数据与非结构化数据的区别。
3. 数据度量主要包括哪些？并说明它们的主要区别。
4. 大数据采集的流程主要包括哪些环节？
5. 使用互联网，尝试采集 2～3 个数据集。
6. 请列举常见的 ETL 工具。

第4章

基本图形制作

4.1 线状图与面积图

4.1.1 线状图与面积图介绍

线状图是一种统计图，它用折线表示统计量的增加或减少。线状图是最简单的图形之一。在这种类型的图中，用户可以清楚地记录变量随时间的变化，用点标记变量的变化，并将点连接起来形成一条线。线状图中运用最多的是折线图。折线图用于显示连续时间间隔或时间段内的定量值，最常用于表示趋势和关系。折线图主要包括基本折线图和堆积折线图。

面积图又称区域图，主要强调数量随时间变化的程度，也可用于显示总值的趋势或直接显示累计数据。面积图的优点是：（1）与折线图相比更加直接美观；（2）能够突出每个部分所占面积大小，展示整体趋势；（3）能反映同一事物在不同时期的发展变化；（4）可以纵向与其他系列进行比较，直观地反映差异。面积图主要包括基本面积图和堆积面积图。

4.1.2 线状图与面积图绘制案例

1. 基本折线图

基本折线图是线状图的一种，主要通过配置多个系列来显示一个类别中数据的变化。基本折线图通过将折线与区域结合，智能地展示多维数据的走势。

（1）使用 ECharts 绘制基本折线图

下面绘制基本折线图，以 1978 年～2017 年上海市户籍人口为例（数据来自上海市统计局），如表 4-1 所示。

使用 ECharts 时，首先在页面中引入 echarts.js；在 html 文件中设置一个容器，并为它设置宽、高属性，该容器可以为画布提供一个空间，否则画布不会显示；然后配置 ECharts，即可以单独写一个 js 文件，然后引进来，也可以直接在 index.html 中设置。相关代码如下。

```
<head>
    <meta charset="utf-8">
    <title>ECharts</title>
     <script src="echarts.min.js"></script>
</head>
```

第一步是初始化 ECharts，为 ECharts 准备一个具备大小（宽和高）的 DOM，基于准备好的 DOM 进行初始化，示例如下。

```
<div id="main" style="width: 600px;height:400px;"></div>
<script type="text/javascript">
var myChart = echarts.init(document.getElementById('main'));
```

第二步是指定图表的配置项和数据，在 series 中指定 type 为 'line' 表示画折线图，数据来源如表 4-1 所示，代码如下。

```
option = {
    xAxis: {
        type: 'category',
         data:
['1978','1979','1980','1981','1982','1983','1984','1985','1986','1987','
1988','1989','1990','1991','1992','1993','1994','1995','1996','1997','19
98','1999','2000','2001','2002','2003','2004','2005','2006','2007','2008
','2009','2010','2011','2012','2013','2014','2015','2016','2017']
    },
    yAxis: {
```

表 4-1　1978 年～2017 年上海市户籍人口

年份	常住人口（万人）	人口密度（人 / 平方公里）	总户数（万户）	平均每户人口（人）	年末户籍人口（万人）	按性别分		户籍人口期望寿命（岁）	其中	
						男性（万人）	女性（万人）		男性（岁）	女性（岁）
1978	1,104.00	1,785	291.69	3.77	1,098.28	542.70	555.58	73.35	70.69	74.78
1979	1,137.00	1,838	296.71	3.82	1,132.14	560.40	571.74	73.14	70.64	75.48
1980	1,152.00	1,862	303.87	3.77	1,146.52	569.30	577.22	73.33	71.25	75.36
1981	1,168.00	1,888	314.56	3.70	1,162.84	578.76	584.08	73.38	71.28	75.47
1982	1,186.00	1,917	321.71	3.67	1,180.51	588.82	591.69	74.04	71.77	76.25
1983	1,201.00	1,942	330.60	3.61	1,194.01	596.67	597.34	73.23	71.15	75.26
1984	1,217.00	1,968	340.78	3.54	1,204.78	602.59	602.19	73.90	71.73	76.17
1985	1,233.00	1,993	351.72	3.46	1,216.69	609.70	606.99	74.27	72.14	76.37
1986	1,249.00	1,970	364.92	3.38	1,232.33	618.88	613.45	74.71	72.54	76.85
1987	1,265.00	1,995	380.19	3.29	1,249.51	628.78	620.73	74.46	72.32	76.60
1988	1,288.00	2,031	394.95	3.20	1,262.42	635.82	626.60	74.63	72.50	76.77
1989	1,311.00	2,067	406.82	3.14	1,276.45	643.51	632.94	74.98	72.85	77.12
1990	1,334.00	2,104	415.28	3.09	1,283.35	647.13	636.22	75.46	73.16	77.74
1991	1,350.00	2,128	425.84	3.02	1,287.20	649.03	638.17	75.79	73.58	77.95
1992	1,365.00	2,154	431.67	2.99	1,289.37	649.97	639.40	75.97	74.04	77.91
1993	1,381.00	2,179	438.69	2.95	1,294.74	652.92	641.82	75.97	74.04	77.91
1994	1,398.00	2,204	444.38	2.92	1,298.81	655.14	643.67	76.26	74.29	78.23
1995	1,414.00	2,230	450.76	2.89	1,301.37	656.48	644.89	76.03	74.11	77.97
1996	1,451.00	2,288	457.49	2.85	1,304.43	657.86	646.57	76.11	74.07	78.21
1997	1,489.00	2,348	461.40	2.83	1,305.46	657.93	647.53	77.20	75.18	79.21

（续表）

年份	常住人口（万人）	人口密度（人/平方公里）	总户数（万户）	平均每户人口（人）	年末户籍人口（万人）	按性别分		户籍人口期望寿命（岁）	其中	
						男性（万人）	女性（万人）		男性（岁）	女性（岁）
1998	1,527.00	2,409	465.72	2.81	1,306.58	658.22	648.36	77.03	75.06	79.02
1999	1,567.00	2,472	470.11	2.79	1,313.12	661.19	651.93	78.44	76.38	80.53
2000	1,608.60	2,537	475.73	2.78	1,321.63	665.51	656.12	78.77	76.71	80.81
2001	1,668.33	2,631	478.92	2.77	1,327.14	668.32	658.82	79.66	77.47	81.83
2002	1,712.97	2,702	481.77	2.77	1,334.23	672.05	662.18	79.52	77.36	81.63
2003	1,765.84	2,785	486.06	2.76	1,341.77	675.47	666.30	79.80	77.78	81.81
2004	1,834.98	2,894	490.58	2.76	1,352.39	680.38	672.01	80.29	78.08	82.48
2005	1,890.26	2,981	496.69	2.74	1,360.26	683.51	676.75	80.13	77.89	82.36
2006	1,964.11	3,098	499.54	2.74	1,368.08	686.66	681.42	80.97	78.64	83.29
2007	2,063.58	3,255	503.29	2.74	1,378.86	691.08	687.78	81.08	78.87	83.29
2008	2,140.65	3,376	506.64	2.75	1,391.04	695.57	695.47	81.28	79.06	83.50
2009	2,210.28	3,486	509.79	2.75	1,400.70	699.25	701.45	81.73	79.42	84.06
2010	2,302.66	3,632	519.27	2.72	1,412.32	703.57	708.75	82.13	79.82	84.44
2011	2,347.46	3,702	522.01	2.72	1,419.36	706.37	712.99	82.51	80.23	84.80
2012	2,380.43	3,754	524.31	2.72	1,426.93	709.62	717.31	82.41	80.18	84.67
2013	2,415.15	3,809	527.52	2.72	1,432.34	711.93	720.41	82.47	80.19	84.79
2014	2,425.68	3,826	532.55	2.70	1,438.69	714.71	723.99	82.29	80.04	84.59
2015	2,415.27	3,809	536.76	2.69	1,442.97	716.37	726.60	82.75	80.47	85.09
2016	2,419.70	3,816	541.62	2.68	1,450.00	719.35	730.65	83.18	80.83	85.61
2017	2,418.33	3,814	546.13	2.66	1,455.13	721.29	733.84	83.37	80.98	85.85

```
        type: 'value'
    },
    series: [{
        data: [1098.28,1132.14,1146.52,1162.84,1180.51,1194.01,1204.78,1
216.69,1232.33,1249.51,1262.42,1276.45,1283.35,1287.20,1289.37,1294.74,1
298.81,1301.37,1304.43,1305.46,1306.58,1313.12,1321.63,1327.14,1334.23,1
341.77,1352.39,1360.26,1368.08,1378.86,1391.04,1400.70,1412.32,1419.36,1
426.93,1432.34,1438.69,1442.97,1450.00,1455.13],
        type: 'line'
    }]
};
```

代码运行结果如图 4-1 所示。

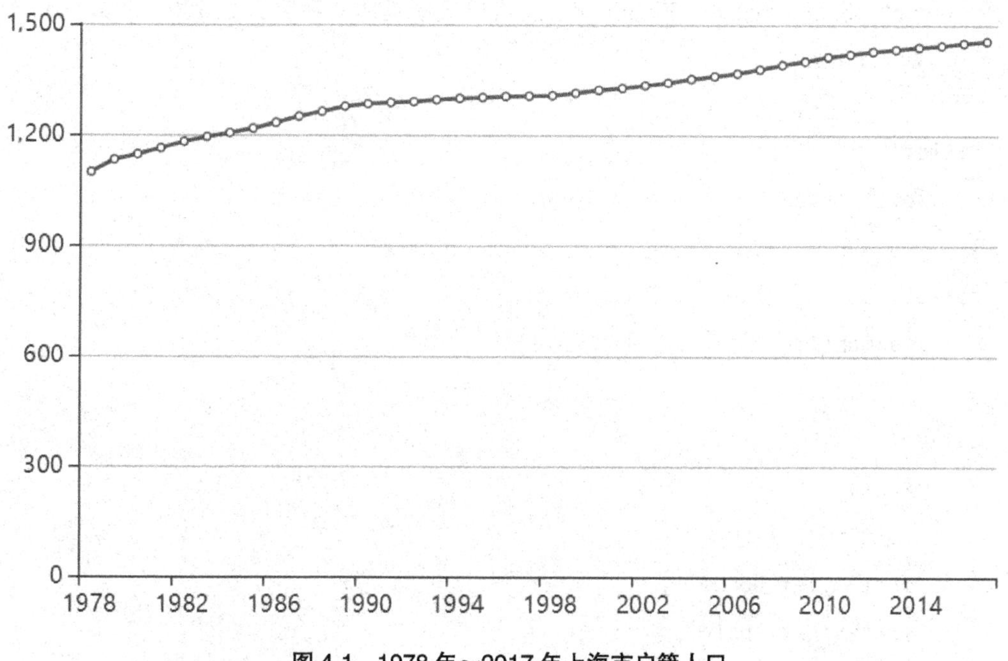

图 4-1　1978 年～2017 年上海市户籍人口

设置图形标题（title）和 *x*、*y* 轴标题，show 表示显示策略，默认值为 true，可选值为 true（显示）或 false（隐藏）。text 代表主标题的文本，'\n' 代表指定换行。xAxis 代表横轴属性，false 代表不显示，true 代表显示，name 代表横轴标题。yAxis 代表纵轴属性，false 代表不显示，true 代表显示，name 代表纵轴标题。核心代码如下。

```
title : {
            show:true,
text:'\n',
xAxis: [{type: 'category',show: true,
data: ['A', 'B', 'C'],name:' 名字 '}],
yAxis: [{type: 'value',show: true,name:' 名字 '
}],
```

我们可以对标题项位置、主副标题之间的间距、标题文本样式等进行配置，例如，可以对标题项进行左对齐、居中和右对齐设置，代码分别为 'left'、'center' 和 'right'。主副标题之间的间距可以通过 itemGap 进行设置，间距默认为 10。标题文本样式可以对标题文本、文字颜色、字体风格、字体粗细、字体系列和字体大小进行设置。fontStyle 代表字体风格，可以选择 'normal'、'italic' 或 'oblique'。fontWeight 代表字体粗细，可以选择 'normal'、'bold'、'bolder' 或 'lighter'，还可以选择具体的数字，如 100、200、300 或 400。部分代码如下。

```
title:{
    left:'center'
}
title:{
    itemGap:20
}
title:{
      text:
      textStyle:{
      fontStyle:'normal',
      fontWeight:'bold',
      fontFamily:'sans-serif'
          fontSize:18
                  }
}
```

代码运行结果如图 4-2 所示。

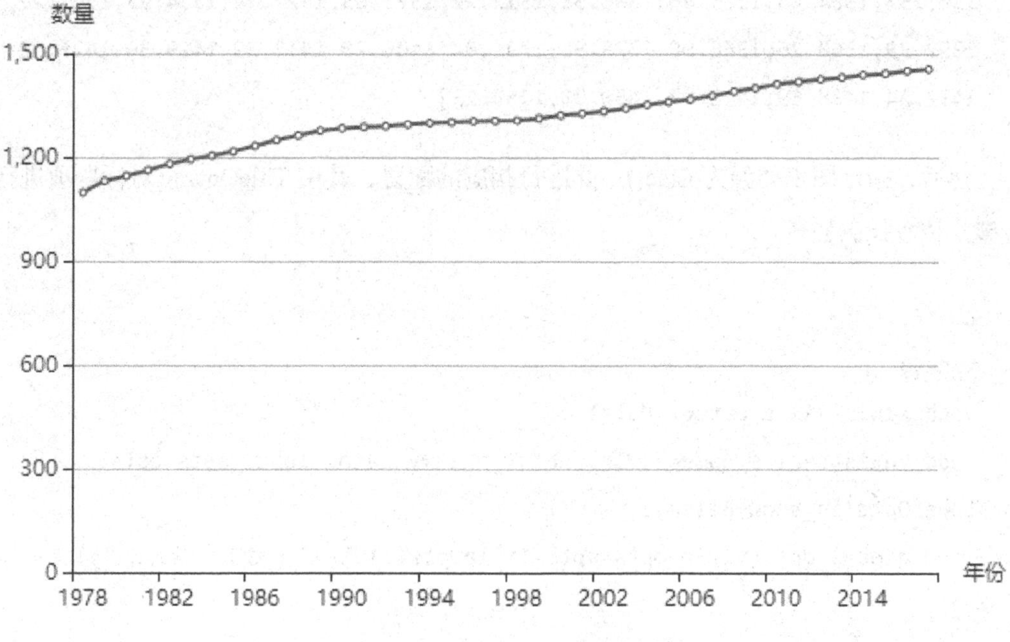

图 4-2　1978 年～2017 年上海市户籍人口

设置 ECharts 的属性和文本标签时只能对整块统一进行样式设置，并且仅支持颜色和字体的设置，这导致不易于制作表达能力更强的文字描述信息。ECharts 的 3.7 版本支持富文本标签，能够定制文本块整体的样式（如背景、边框、阴影等）、位置、旋转等，可以定义文本块中个别片段的样式（如颜色、字体、高宽、背景、阴影等）、对齐方式等，支持在文本中使用图片做小图标或者背景。此外，ECharts 的 3.7 版本还可以通过组合上述功能，实现简单表格、分割线等效果。

（2）使用 Pyecharts 绘制基本折线图

下面使用 Pyecharts 绘制基本折线图，首先指定图表所需的数据，数据如表 4-1 所示。相关代码如下。

```
import pyecharts.options as opts
from pyecharts.charts import Line
x_data=['1978','1979','1980','1981','1982','1983','1984','1985','1986','
1987','1988','1989','1990','1991','1992','1993','1994','1995','1996','19
97','1998','1999','2000','2001','2002','2003','2004','2005','2006','2007
','2008','2009','2010','2011','2012','2013','2014','2015','2016','2017']
y_data=[1098.28,1132.14,1146.52,1162.84,1180.51,1194.01,1204.78,1216.69,
```

```
1232.33,1249.51,1262.42,1276.45,1283.35,1287.20,1289.37,1294.74,1298.81,
1301.37,1304.43,1305.46,1306.58,1313.12,1321.63,1327.14,1334.23,1341.77,
1352.39,1360.26,1368.08,1378.86,1391.04,1400.70,1412.32,1419.36,1426.93,
1432.34,1438.69,1442.97,1450.00,1455.13]
```

然后，指定图表类型为 Line()，并进行相应的配置，其中 TitleOpts 可对标题项进行设置。核心代码如下。

```
c = (
Line()
.add_xaxis(xaxis_data=x_data)
.add_yaxis(series_name=" 户籍人口 ",y_axis=y_data, label_opts=opts.
LabelOpts(is_show=False))
.set_global_opts(title_opts=opts.TitleOpts(title=" 上海市户籍人口 "))
 )
c.render("py_line_1.html")
```

代码运行结果如图 4-3 所示。

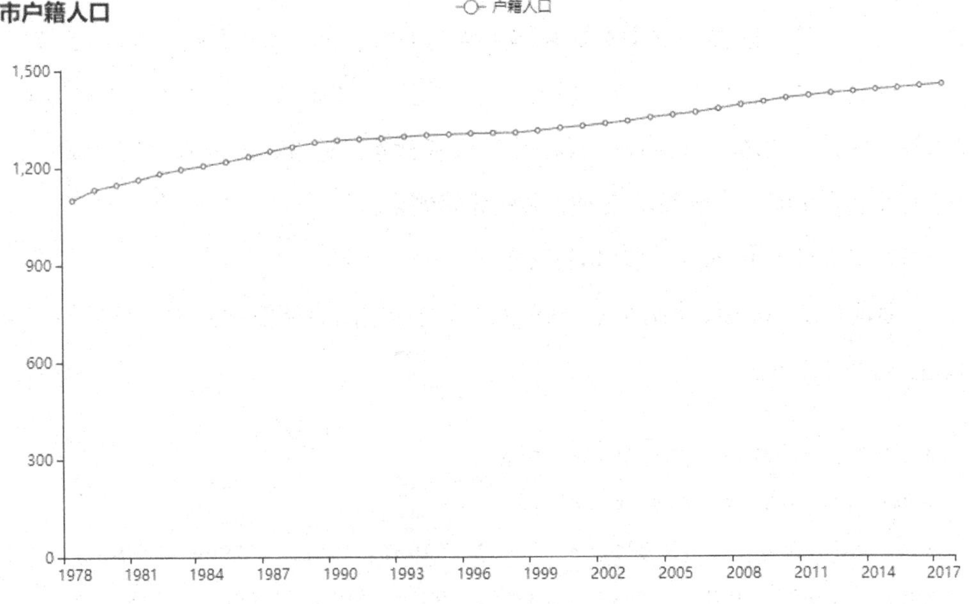

图 4-3　1978 年～2017 年上海市户籍人口

（3）使用 Recharts 绘制基本折线图

下面使用 Recharts 绘制基本折线图，在函数 echartr() 中指定类型为 'line'，然后进行相应的配置。其中，setSymbols 可对符号进行设置，在这里没有设置符号，即为 none。数据如表 4-1 所示。相关代码如下。

```
library(recharts)
x=c(1978,1979,1980,1981,1982,1983,1984,1985,1986,1987,1988,1989,1990,199
1,1992,1993,1994,1995,1996,1997,1998,1999,2000,2001,2002,2003,2004,2005,
2006,2007,2008,2009,2010,2011,2012,2013,2014,2015,2016,2017)
y=c(1098.28,1132.14,1146.52,1162.84,1180.51,1194.01,1204.78,1216.69,1232
.33,1249.51,1262.42,1276.45,1283.35,1287.20,1289.37,1294.74,1298.81,1301
.37,1304.43,1305.46,1306.58,1313.12,1321.63,1327.14,1334.23,1341.77,1352
.39,1360.26,1368.08,1378.86,1391.04,1400.70,1412.32,1419.36,1426.93,1432
.34,1438.69,1442.97,1450.00,1455.13)
df <- data.frame(x ,y)
echartr(df, x, y, type='line') %>%
setTitle(' 上海市户籍人口 ') %>% setSymbols('none')
```

代码运行结果如图 4-4 所示。

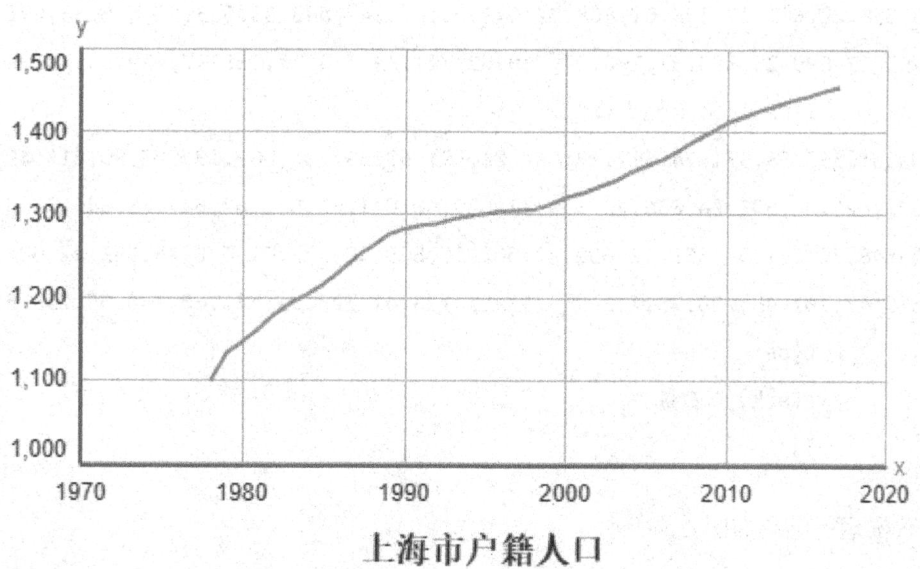

图 4-4　1978 年～2017 年上海市户籍人口

2. 堆积折线图

堆积折线图用于显示每一数值所占大小随时间或有序类别而变化的趋势，可能显示数据点以表示单个数据值，也可能不显示这些数据点。在堆积折线图中，第一数据系列的图形和在基本折线图中显示的图形一样，而第二个数据系列的值要和第一个数据系列的值在同一时间或类别上进行累计，这样可以显示两个数据系列在同一时间或类别的值的总和的发展变化趋势。

（1）使用 ECharts 绘制堆积折线图

数据如表 4-1 所示，在上述例子中，将上海市户籍人口数据拆分为男性人口与女性人口两个系列，除了设置 type 为 'line'，还要在 series 属性中设置 stack，绘制堆积折线图。注意折线图堆叠的重要参数 stack，如果将 stack 的值设置相同，就会产生堆叠效果。反之，如果将 stack 的值设置不相同，就不会产生堆叠效果。部分代码如下。

```
series: [{
            name: '男性人口',
            type: 'line',
            stack: '数量',
data:[542.70,560.40,569.30,578.76,588.82,596.67,602.59,609.70,618.88,628
.78,635.82,643.51,647.13,649.03,649.97,652.92,655.14,656.48,657.86,657.9
3,658.22,661.19,665.51,668.32,672.05,675.47,680.38,683.51,686.66,691.08,
695.57,699.25,703.57,706.37,709.62,711.93,714.71,716.37,719.35,721.29]},
        { name: '女性人口',
data:[555.58,571.74,577.22,584.08,591.69,597.34,602.19,606.99,613.45,620
.73,626.60,632.94,636.22,638.17,639.40,641.82,643.67,644.89,646.57,647.5
3,648.36,651.93,656.12,658.82,662.18,666.30,672.01,676.75,681.42,687.78,
695.47,701.45,708.75,712.99,717.31,720.41,723.99,726.60,730.65,733.84],
        type: 'line',
        stack: '数量'
        }]
```

代码运行结果如图 4-5 所示。

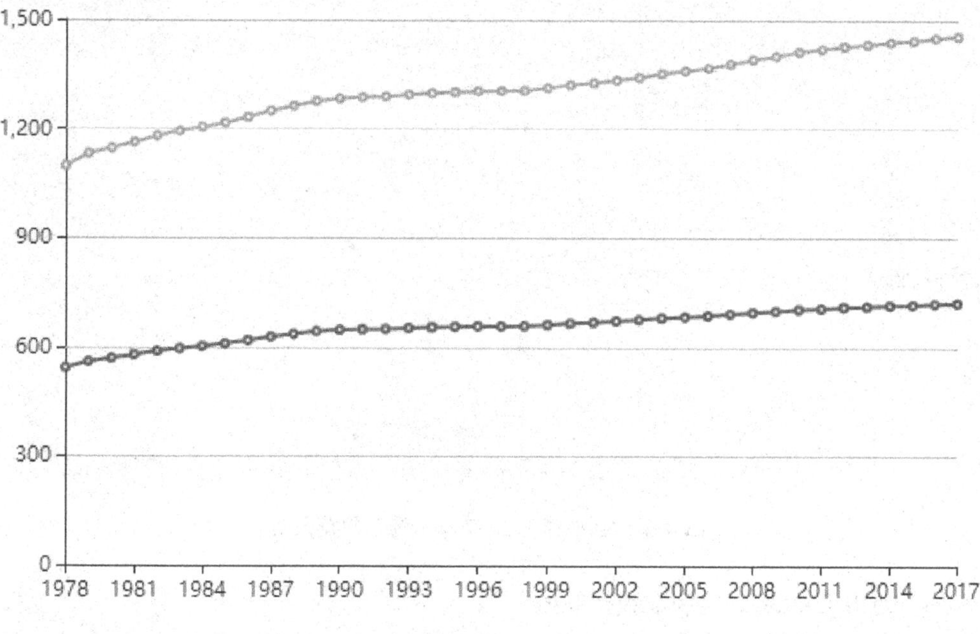

图 4-5 1978 年～2017 年上海市户籍人口

（2）使用 Pyecharts 绘制堆积折线图

在函数 Line() 中的 add_yaxis 中进行属性设置，例如，设置 stack=" 总量 "，即可绘制堆积折线图。数据如表 4-1 所示。核心代码如下。

```
c = (
Line()
     .add_xaxis(xaxis_data=x_data)
     .add_yaxis(series_name=" 男性人口 ",y_axis=y1_data,
label_opts=opts.LabelOpts(is_show=False),stack=" 总量 ")
     .add_yaxis(series_name=" 女性人口 ",y_axis=y2_data, label_opts=opts.
LabelOpts(is_show=False),stack=" 总量 ")
      .set_global_opts(title_opts=opts.TitleOpts(title=" 上海市户籍人口 "))
        )
```

代码运行结果如图 4-6 所示。

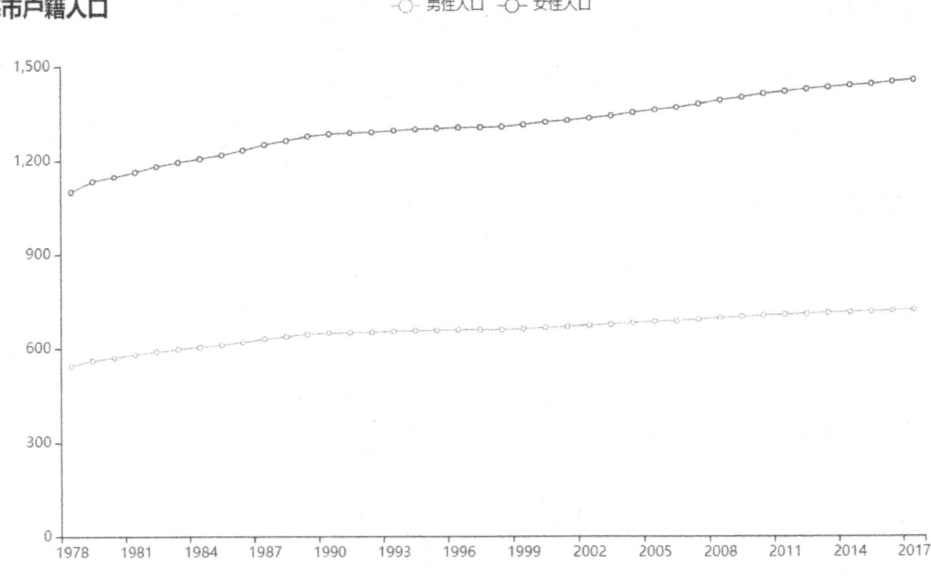

图 4-6 1978 年～2017 年上海市户籍人口

（3）使用 Recharts 绘制堆积折线图

使用 Recharts 绘制堆积折线图时，要对数据结构进行重新组织，生成数据框，然后使用函数 echartr() 配置绘图函数。除了将 type 设置为 'line'，还要将函数中的子类型 subtype 设置为 'stack' 表示堆积。数据如表 4-1 所示。核心代码如下。

```
echartr(dff, x, hj_num, gender,  type='line', subtype='stack') %>%
setTitle(' 上海市户籍人口 ')
```

代码运行结果如图 4-7 所示。

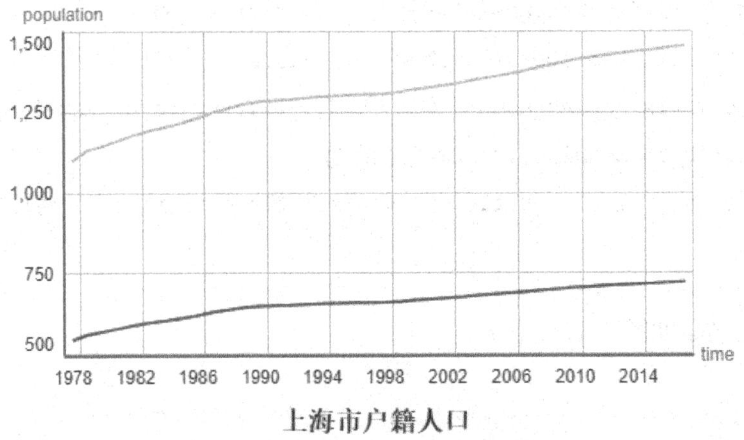

图 4-7 1978 年～2017 年上海市户籍人口

3. 基本面积图

基本面积图是在基本折线图的基础上发展起来的，是表示随时间或类别显示不同值变化趋势的统计图。

（1）使用 ECharts 绘制基本面积图

数据如表 4-1 所示。ECharts 的基本面积图功能与基本折线图类似，在 series 中增加配置 areaStyle: {}。

代码运行结果如图 4-8 所示。

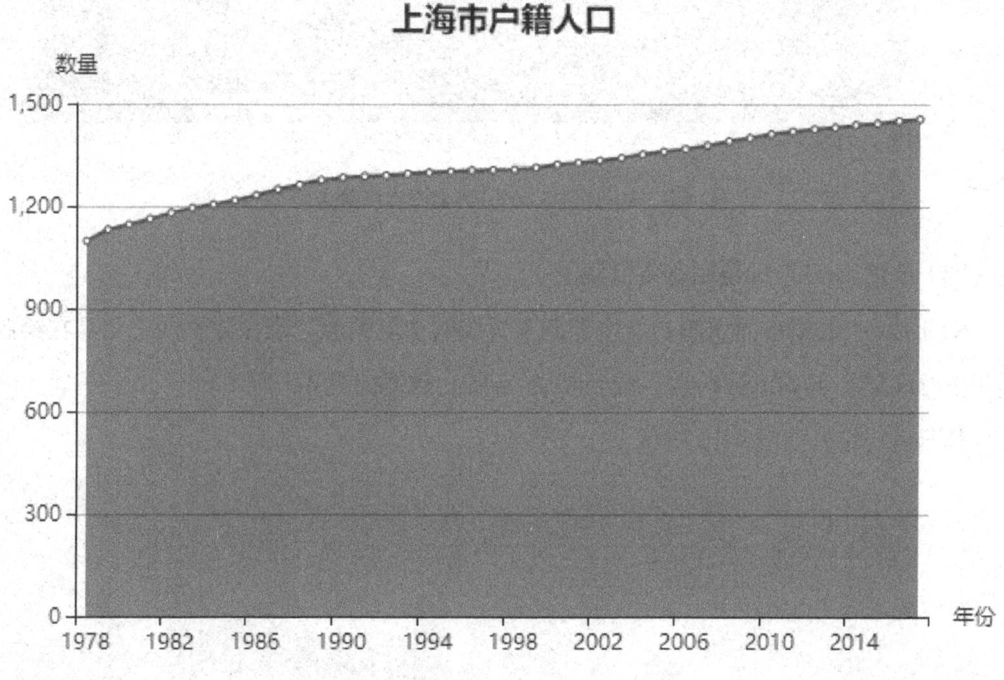

图 4-8　1978 年～2017 年上海市户籍人口

（2）使用 Pyecharts 绘制基本面积图

Pyecharts 的基本面积图功能与基本折线图功能类似。仍然调用表 4-1 的数据，在 set_series_opts 中进行配置，核心代码为“areastyle_opts=opts.AreaStyleOpts(opacity=0.5)”。其中，opacity 即不透明度设置为 0.5。

代码运行结果如图 4-9 所示。

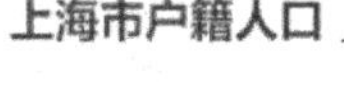

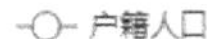

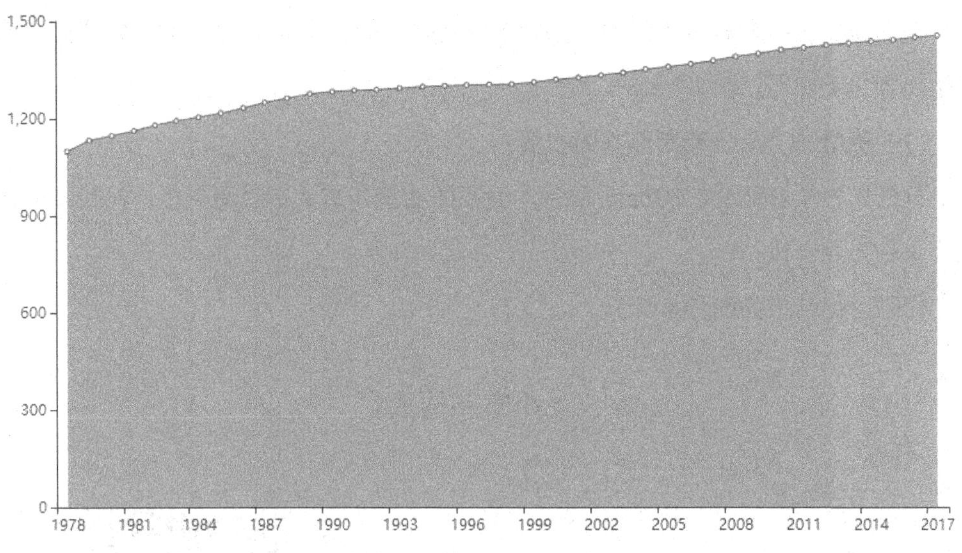

图 4-9　1978 年～2017 年上海市户籍人口

（3）使用 Recharts 绘制基本面积图

Recharts 中的基本面积图功能也和基本折线图功能类似，唯一的不同之处是在绘制面积图时设定了 areaStyle 特性，设 type 为 'area'。数据如表 4-1 所示。

代码运行结果如图 4-10 所示。

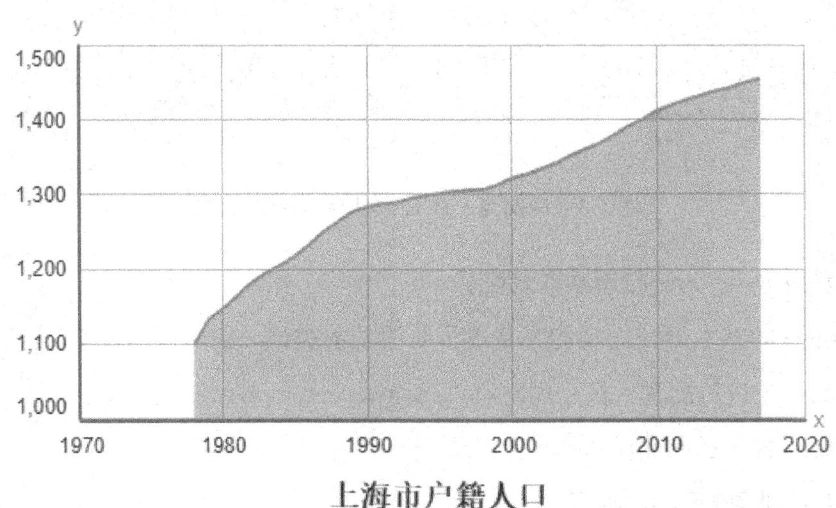

图 4-10　1978 年～2017 年上海市户籍人口

4. 堆积面积图

堆积面积图是指显示每个值随时间或类别变化的幅度的统计图，可以突出显示与系列轴交叉的特定类别值的变化趋势。堆积面积图是在基本面积图的基础上，将不同的数据项一层层堆叠起来，每个数据系列的起始点是上一个数据系列的结束点，既能看到各数据系列的走势，又能看到整体的规模和不同数据项的占比情况。

（1）使用 ECharts 绘制堆积面积图

ECharts 中的堆积面积图功能与堆积折线图功能类似。数据如表 4-1 所示。在 series 增加配置 areaStyle: {}。

代码运行结果如图 4-11 所示。

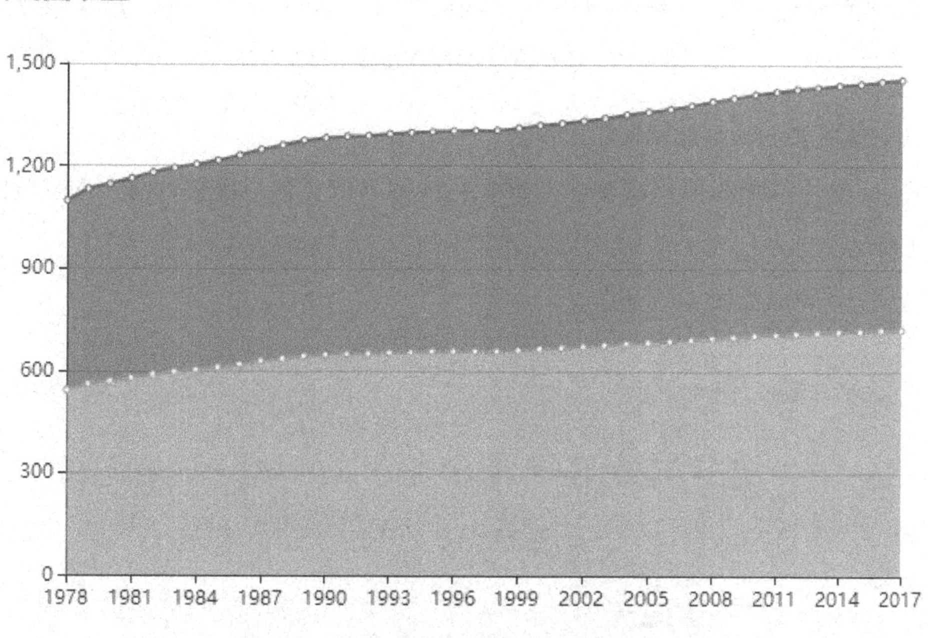

图 4-11　1978 年～2017 年上海市户籍人口

（2）使用 Pyecharts 绘制堆积面积图

Pyecharts 的堆积面积图功能与堆积折线图功能类似。数据如表 4-1 所示。在 set_series_opts 进行配置，核心代码为“areastyle_opts=opts.AreaStyleOpts(opacity=0.5)”。

代码运行结果如图 4-12 所示。

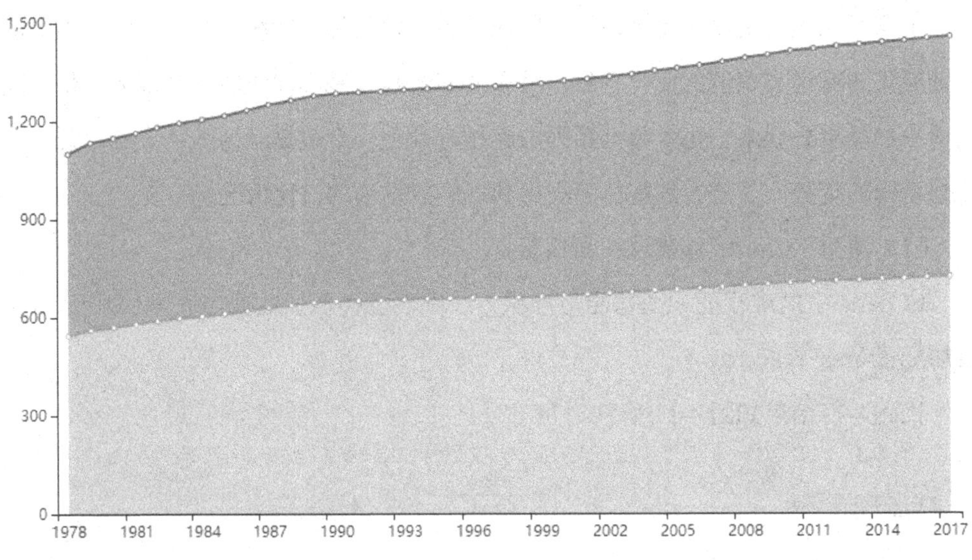

图 4-12　1978 年～2017 年上海市户籍人口

（3）使用 Recharts 绘制堆积面积图

Recharts 中的堆积面积图功能与堆积折线图功能类似，设置 type='area'，数据如表 4-1 所示。

代码运行结果如图 4-13 所示。

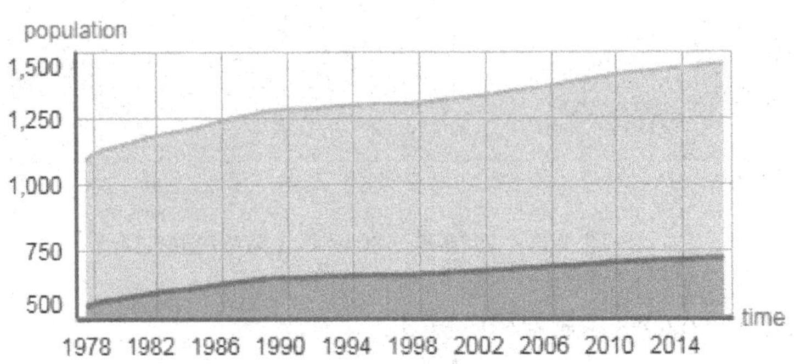

图 4-13　1978 年～2017 年上海市户籍人口

4.1.3　线状图与面积图的配置

ECharts 中线状图和面积图的配置参数如表 4-2 所示。

表 4-2　ECharts 中线状图和面积图的配置参数

参数	解释
coordinateSystem	可选用的坐标系，可包含 'cartesian2d' 直角坐标系和 'polar' 极坐标系
xAxisIndex	使用的 x 轴的 index，在单个图表实例中存在多个 x 轴的时候有用
yAxisIndex	使用的 y 轴的 index，在单个图表实例中存在多个 y 轴的时候有用
symbol	标记的图形，包括 'circle'、'rect'、'roundRect'、'triangle'、'diamond'、'pin'、'arrow' 和 'none'
stack	数据堆叠，同个类目轴上系列配置相同的 stack 值后，后一个系列的值会在前一个系列的值上相加
itemStyle	折线拐点标志的样式，可对图形颜色、描边颜色、柱条、阴影颜色等进行设置
lineStyle	线条样式，可对线的颜色、线宽、线的类型等进行设置
areaStyle	区域填充样式，可设置区域颜色、阴影颜色、阴影偏移位置、图形透明度等属性
emphasis	图形的高亮样式
step	是否显示为阶梯图，支持设置为 'start'、'middle' 或 'end'，分别配置在当前点、当前点与下个点的中间点、下个点拐弯
smooth	是否为平滑曲线显示
data	系列中的数据内容数组，数组项通常为具体的数据项，可对数据项名称、数据项数值、图形、大小、旋转角度进行设置
markPoint	图表标注，可对标记的大小、旋转角度、文本等进行设置
markLine	图表标线，可对标线两端的标记类型、大小、精度、文本、样式、高亮进行设置
markArea	图表标域，常用于标记图表中某个范围的数据，可对标域文本、样式进行设置

Pyecharts 中线状图和面积图的配置参数如表 4-3 所示。

表 4-3　Pyecharts 中线状图和面积图的配置参数

参数	解释
xaxis_index	使用的 x 轴的 index，在单个图表实例中存在多个 x 轴的时候有用
yaxis_index	使用的 y 轴的 index，在单个图表实例中存在多个 y 轴的时候有用
symbol	标记的图形，提供的标记类型包括 'circle'、'rect'、'roundRect'、'triangle'、'diamond'、'pin'、'arrow' 和 'none'
stack	数据堆叠，同个类目轴上的系列配置相同的 stack 值可以堆叠放置
clip	是否裁剪超出坐标系部分的图形。折线图：裁掉所有超出坐标系的折线部分
step	是否显示为阶梯图

（续表）

参数	解释
value	数据项的值
offset	单个数据标记相对于原本位置的偏移

Recharts 中线状图和面积图的配置参数如表 4-4 所示。

表 4-4　Recharts 中线状图和面积图的配置参数

参数	解释
data	数据框格式的源数据
x	文本型自变量，其他类型会被转为因子。如提供多个变量，只传入第一个
y	数值型因变量。如提供多个变量，只传入第一个
series	数据系列变量，转为因子后计算。如提供多个变量，只传入第一个
weight	权重变量映射到各系列的线宽 lineWidth
t	时间轴变量，转为因子后计算。如提供多个变量，只传入第一个
type	'line'、'curve'、'area' 和 'wave'
subtype	• 线状图 line: c('stack', 'smooth', 'dotted', 'solid', 'dashed')，stack: 堆积的数据系列向量，smooth: 平滑，dotted: 虚线，solid: 实线（默认），dashed: 虚画线 • 平滑线状图 curve: c('stack', 'solid') • 面积图 area: c('stack', 'smooth', 'dotted', 'solid', 'dashed') • 平滑面积图 wave: c('stack', 'solid')

4.2　柱图

4.2.1　柱图介绍

柱图，又称柱形图、柱状图，是一种以长方形的长度为变量的统计图表。柱图是较为常见的图表类型，通过使用水平或垂直方向的柱子高度来显示不同类别的数值，柱图的一个轴代表正在比较的类别，而另一个轴代表对应的刻度值。柱图用长度反映数据差异，展示出有多少项目（频率）会落入一个具有一定特征的数据段中。例如，分析人口构成是否存在老龄化现象，可以通过柱图表示 25 岁以下的人口数量、25 岁到 35 岁之间人口数量。

绘制柱图时，柱条或柱组中的线须对齐项目刻度。相较之下，折线图则是将数据代表之点对齐项目刻度。在数字较大且相互接近时，两者皆可使用波浪形省略符号，以扩大表现数据间的差距，增强读者的理解和数据的清晰性。

柱图可以横置或纵置，横置时又称条图或条形图。条图与纵置柱图表达数据的形式是一样的，不过，当图表的数据标签很长或者有超过 10 个项目进行比较时，纵置柱图无法完全显示标签，或者只能倾斜展示，影响美观。因此，当数据标签过长时，使用条图可以获得比较好的展示效果。

4.2.2　柱图绘制案例

1. 基本柱图

基本柱图支持自定义 y 轴区间和多系列数据配置，可以智能地表示多维数据差异。

（1）使用 ECharts 绘制基本柱图

此处以上海市 2019 年 1 月～12 月规模以上服务业企业主要经济指标（分行业）为例，数据如表 4-5 所示，对比信息传输、软件和信息技术服务业的营收情况（数据来自上海市统计局），绘制基本柱图。

表 4-5　2019 年 1 月～12 月上海市规模以上服务业企业主要经济指标

行业	营业收入（亿元）	比去年同期增长（%）	营业利润（亿元）	比去年同期增长（%）
总计	31,293.92	10.1	3,025.72	21.2
交通运输、仓储和邮政业	10,380.05	7.8	471.58	-4.9
信息传输、软件和信息技术服务业	5,870.86	16.8	712.59	51.4
电信、广播电视和卫星传输服务业	800.22	-0.6	121.30	-7.1
互联网和相关服务业	1,226.20	39.3	124.60	231.0
软件和信息技术服务业	3,844.44	15.0	466.70	54.3
租赁和商务服务业	9,773.73	8.2	1,382.59	13.0
租赁业	166.26	9.2	8.35	452.4
商务服务业	9,607.47	8.1	1,374.24	12.1
科学研究和技术服务业	2,759.22	14.7	233.61	49.9
水利、环境和公共设施管理业	497.18	16.3	35.46	95.6

（续表）

行业	营业收入（亿元）	比去年同期增长（%）	营业利润（亿元）	比去年同期增长（%）
居民服务、修理和其他服务业	336.01	8.5	33.72	72.1
教育	131.44	2.6	1.62	5.7
卫生和社会工作	186.60	8.0	−1.70	—
文化、体育和娱乐业	441.06	−2.7	63.47	52.4

下面主要分析上海市 2019 年信息服务业营收，主要对“电信、广播电视和卫星传输服务业”“互联网和相关服务业”“软件和信息技术服务业”三个方面进行分析。使用 ECharts 绘制基本柱图，其中将 series 中的 type 设置为 'bar'，核心代码如下。

```
var option = {
    title: {
        text: ' 上海市 2019 年信息服务业营收 ',left:'center'
            },
    xAxis: {
        type: 'category',show: true, name:' 行业 ',
        data: [' 电信、广播电视和卫星传输服务业 ', ' 互联网和相关服务业 ', ' 软件和信息技术服务业 ']
            },
    yAxis: {
        type: 'value',show: true, name:' 营业收入（亿元）'
            },
    series: [{
        data: [800.22,1226.2,3844.44],
        type: 'bar'
            }]
};
```

代码运行结果如图 4-14 所示。

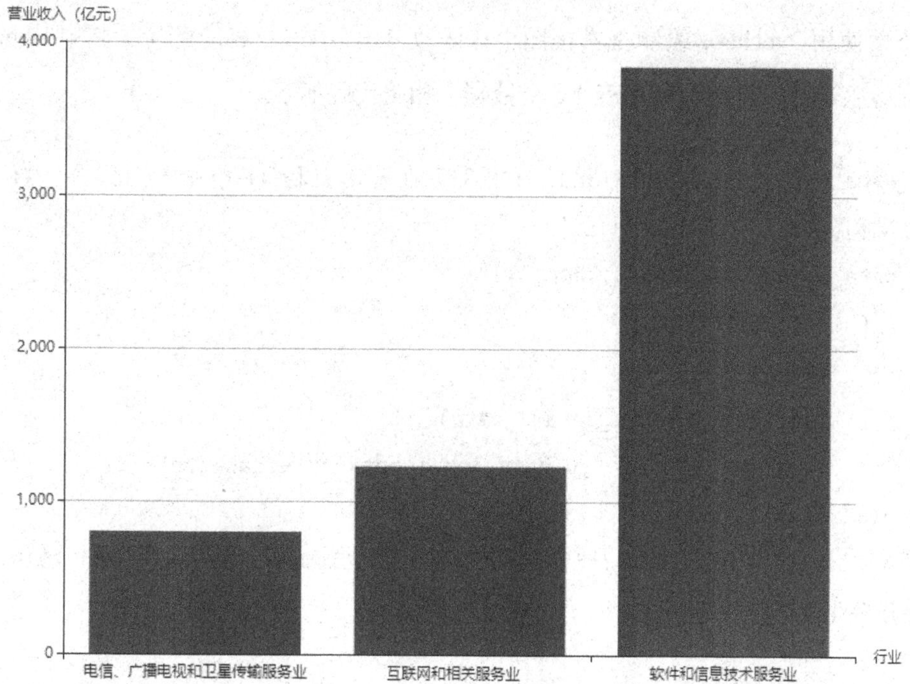

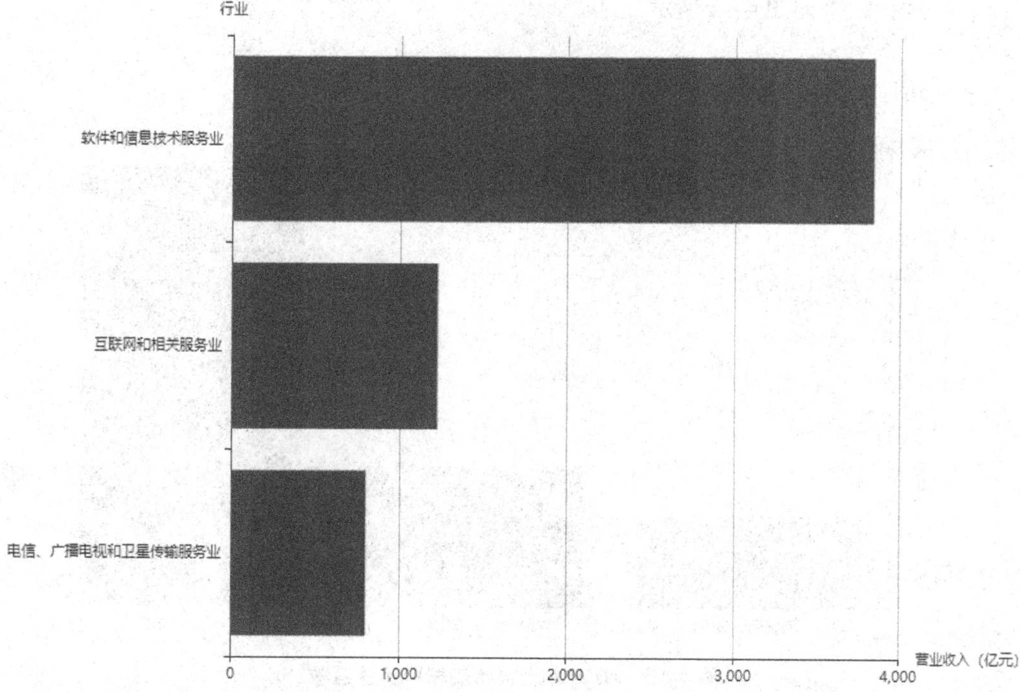

图 4-14　2019 年上海市信息服务业营收

（2）使用 Pyecharts 绘制基本柱图

下面使用 Pyecharts 绘制基本柱图，在函数 Bar() 中进行相应配置，其中 label_opts 用于对标签项进行设置。调用表 4-5 的数据，相关代码如下。

```
x_data = ['电信、广播电视和卫星传输服务业', '互联网和相关服务业', '软件和信息技术服务业']
y_data = [800.22,1226.2,3844.44]
c = (
        Bar()
       .add_xaxis(xaxis_data=x_data)
       .add_yaxis("行业",y_data,label_opts=opts.LabelOpts(is_show=False))
       .set_global_opts(title_opts=opts.TitleOpts(title="上海市2019年信息服务业营收"))
        )
 c.render('py_base_bar.html')
```

代码运行结果如图 4-15 所示。

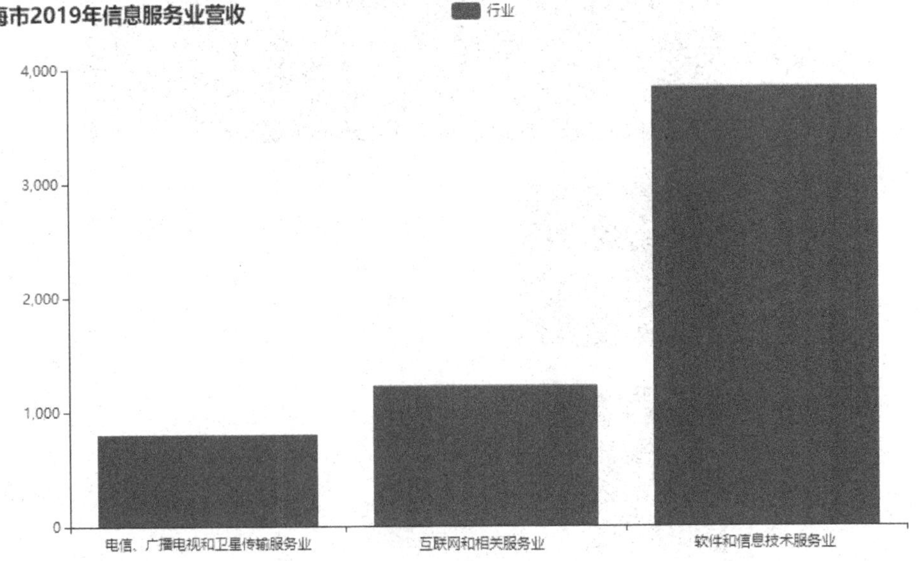

图 4-15　2019 年上海市信息服务业营收

接下来，将纵向的基本柱图变成横向的基本柱图。reversal_axis() 可以翻转坐标轴。核心代码如下。

```
c = (
        Bar()
       .add_xaxis(xaxis_data=x_data)
       .add_yaxis(" 行业 ",y_data,
label_opts=opts.LabelOpts(is_show=False))
       .set_global_opts(title_opts=opts.TitleOpts(title=" 上海市 2019 年信息服务业营收 "))
       .set_series_opts(label_opts=opts.LabelOpts(position="right"))
       .reversal_axis()
        )
c.render('py_base_bar_1.html')
```

代码运行结果如图 4-16 如示。

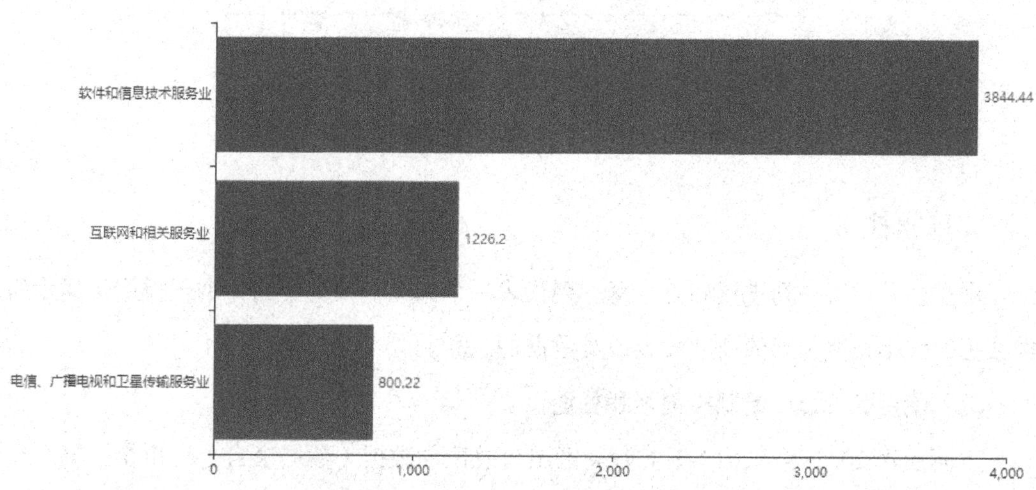

图 4-16　2019 年上海市信息服务业营收

（3）使用 Recharts 绘制基本柱图

下面使用 Recharts 绘制基本柱图，仍然调用表 4-5 的数据，将函数 echartr() 中的 type 设置为 'bar'。核心代码如下。

```
library(recharts)
x_data = c(' 电信等行业 ', ' 互联网行业 ', ' 软件等行业 ')
y_data = c(800.22,1226.2,3844.44)
```

```
df <- data.frame(
  x_data ,y_data
)
echartr(df,x_data, y_data,type='bar') %>%
setTitle(' 上海市 2019 年信息服务业营收 ')
```

代码运行结果如图 4-17 所示。

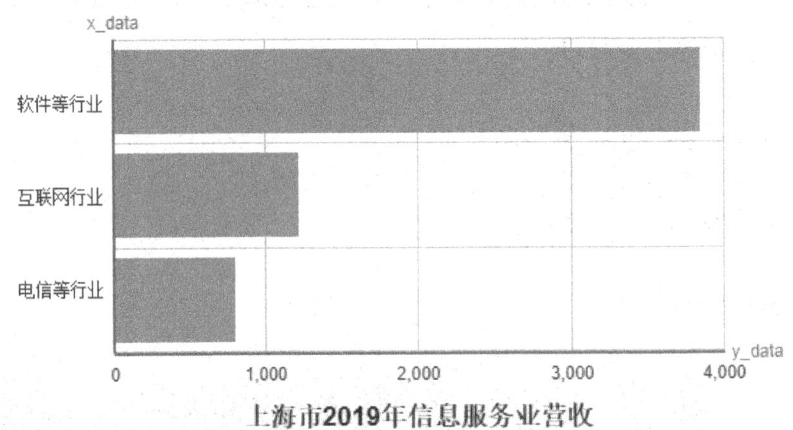

图 4-17　2019 年上海市信息服务业营收

2. 堆积柱图

堆积柱图对每一列进行划分，每一列代表一个大类，大类中的每个子类用于显示每类数据的大小，整个列的高度代表该类数据的总和。

（1）使用 ECharts 绘制纵向堆积柱图

下面使用 2005 年～2017 年上海关区出口总额的数据（数据来自上海市统计局）绘制堆积柱图，出口类型主要分成一般贸易、来料加工装配贸易、进料加工贸易、对外承包工程货物和出料加工贸易，如表 4-6 所示。

表 4-6　2005 年～2017 年上海市关区出口总额

单位：亿美元

年份	关区出口总额	其中				
		一般贸易	来料加工装配贸易	进料加工贸易	对外承包工程货物	出料加工贸易
2005	2,124.30	1,057.68	195.83	813.26	6.37	0.16
2006	2,665.65	1,319.56	212.77	1,058.07	9.45	0.14

（续表）

年份	关区出口总额	其中				
		一般贸易	来料加工装配贸易	进料加工贸易	对外承包工程货物	出料加工贸易
2007	3,284.80	1,659.44	228.77	1,273.71	20.55	0.17
2008	3,936.50	2,050.49	240.91	1,467.78	53.92	0.23
2009	3,251.28	1,647.82	175.38	1,252.87	69.78	0.13
2010	4,233.40	2,183.98	178.52	1,639.70	60.55	0.09
2011	4,999.64	2,691.93	151.78	1,846.59	77.70	0.11
2012	4,911.56	2,722.62	137.52	1,718.06	72.14	0.12
2013	4,991.29	2,857.73	130.46	1,642.18	80.16	0.11
2014	5,232.12	3,112.37	126.18	1,601.78	85.04	0.05
2015	5,005.80	3,016.20	133.26	1,497.66	67.43	0.04
2016	4,798.74	2,978.08	132.05	1,307.63	73.72	0.07
2017	5,166.76	3,256.88	135.63	1,385.12	84.12	0.03

堆积柱图可以直观地反映 2005 年～2017 年上海关区出口总额的分类。此处将时间设为分类轴（xAxis），在序列（series）中设图表类型为柱图（bar），并进行堆积设置。代码与使用 ECharts 绘制堆积折线图和堆积面积图的代码类似。调用 js 文件生成 html 文件，即可得到堆积柱图。代码运行结果如图 4-18 所示。

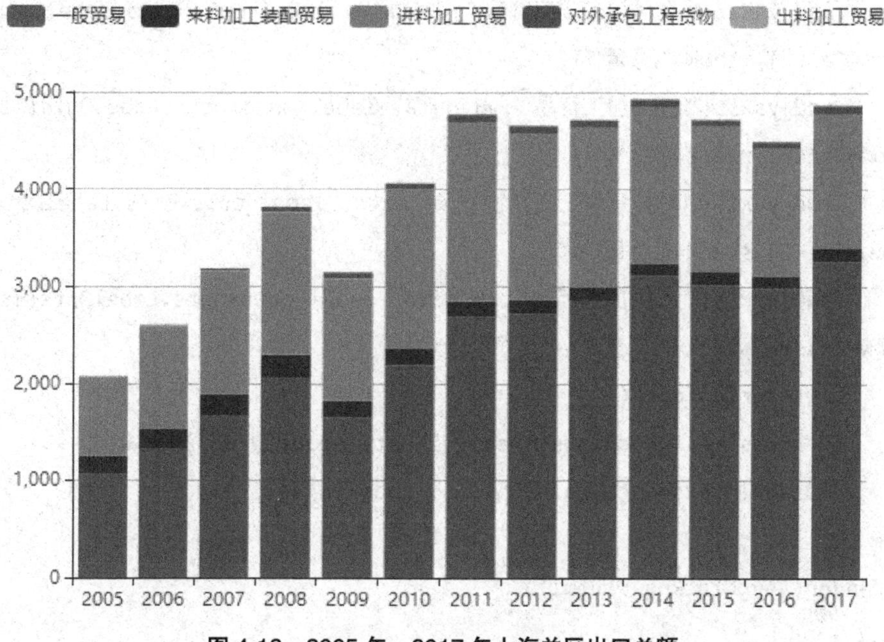

图 4-18 2005 年～2017 年上海关区出口总额

（2）使用 Pyecharts 绘制纵向堆积柱图

下面使用 Pyecharts 绘制纵向堆积柱图，数据如表 4-6 所示。相关代码如下。

```
x_data=['2005', '2006', '2007', '2008', '2009', '2010', '2011','2012',
'2013', '2014', '2015', '2016', '2017']
y1_data=[1057.68,1319.56,1659.44,2050.49,1647.82,2183.98,2691.93,2722.62
,2857.73,3112.37,3016.20,2978.08,3256.88]
y2_data=[195.83,212.77,228.77,240.91,175.38,178.52,151.78,137.52,130.46,
126.18,133.26,132.05,135.63]
y3_data=[813.26,1058.07,1273.71,1467.78,1252.87,1639.70,1846.59,1718.06,
1642.18,1601.78,1497.66,1307.63,1385.12]
y4_data=[6.37,9.45,20.55,53.92,69.78,60.55,77.70,72.14,80.16,85.04,67.43
,73.72,84.12]
y5_data=[0.16,0.14,0.17,0.23,0.13,0.09,0.11,0.12,0.11,0.05,0.04,0.07,0.0
3]
c = (
        Bar()
       .add_xaxis(x_data)
       .add_yaxis(" 一般贸易 ",y1_data,label_opts=opts.LabelOpts(is_
show=False),stack=" 总量 ")
       .add_yaxis(" 来料加工装配贸易 ",y2_data, label_opts=opts.LabelOpts(is_
show=False),stack=" 总量 ")
       .add_yaxis(" 进料加工贸易 ",y3_data, label_opts=opts.LabelOpts(is_
show=False),stack=" 总量 ")
       .add_yaxis(" 对外承包工程货物 ",y4_data, label_opts=opts.LabelOpts(is_
show=False),stack=" 总量 ")
       .add_yaxis(" 出料加工贸易 ",y5_data, label_opts=opts.LabelOpts(is_
show=False),stack=" 总量 ")
       .set_series_opts(
          areastyle_opts=opts.AreaStyleOpts(opacity=0.5),
          label_opts=opts.LabelOpts(is_show=False), )
          )
c.render('py_stack_bar.html')
```

代码运行结果如图 4-19 所示。

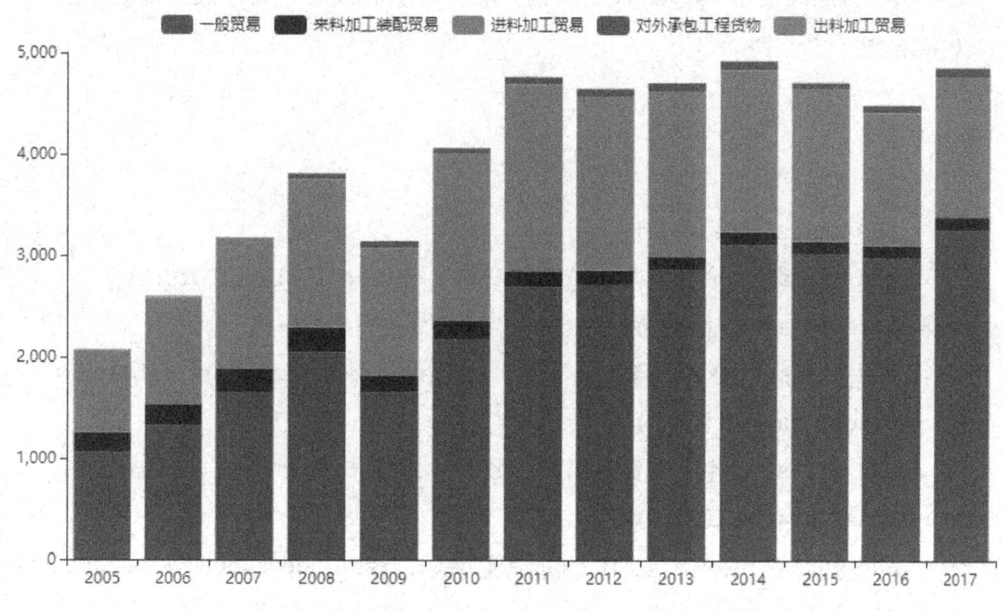

图 4-19　2005 年～2017 年上海市关区出口总额

（3）使用 ECharts 绘制横向堆积柱图

数据如表 4-6 所示，操作与上面使用 ECharts 绘制纵向堆积柱图类似，只是表格的指向有所不同。调用 js 文件可以得到运行结果。调用 js 文件的详细代码可见在线状图和面积图部分绘制基本折线图的第一个案例。

代码运行结果如图 4-20 所示。

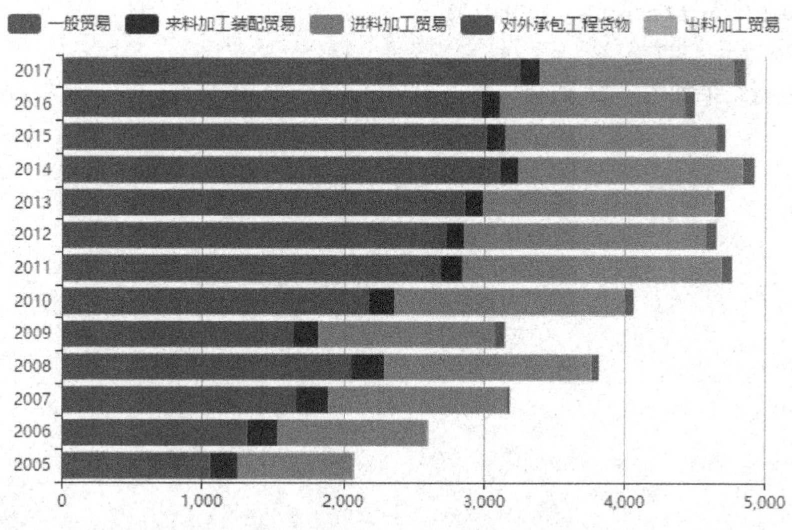

图 4-20　2005 年～2017 年上海市关区出口总额

（4）使用 Pyecharts 绘制横向堆积柱图

基本代码与上面使用 Pyecharts 绘制纵向堆积柱图的代码一致，数据如表 4-6 所示。核心代码如下。

```
c = (
      Bar()
     .add_xaxis(x_data)
     .add_yaxis(" 一般贸易 ",y1_data,label_opts=opts.LabelOpts(is_
show=False),stack=" 总量 ")
     .add_yaxis(" 来料加工装配贸易 ",y2_data, label_opts=opts.LabelOpts(is_
show=False),stack=" 总量 ")
     .add_yaxis(" 进料加工贸易 ",y3_data, label_opts=opts.LabelOpts(is_
show=False),stack=" 总量 ")
     .add_yaxis(" 对外承包工程货物 ",y4_data, label_opts=opts.LabelOpts(is_
show=False),stack=" 总量 ")
     .add_yaxis(" 出料加工贸易 ",y5_data, label_opts=opts.LabelOpts(is_
show=False),stack=" 总量 ")
     .set_series_opts(
       areastyle_opts=opts.AreaStyleOpts(opacity=0.5),
       label_opts=opts.LabelOpts(is_show=False), )
      .reversal_axis()
        )
c.render('py_stack_bar_1.html')
```

代码运行结果如图 4-21 如示。

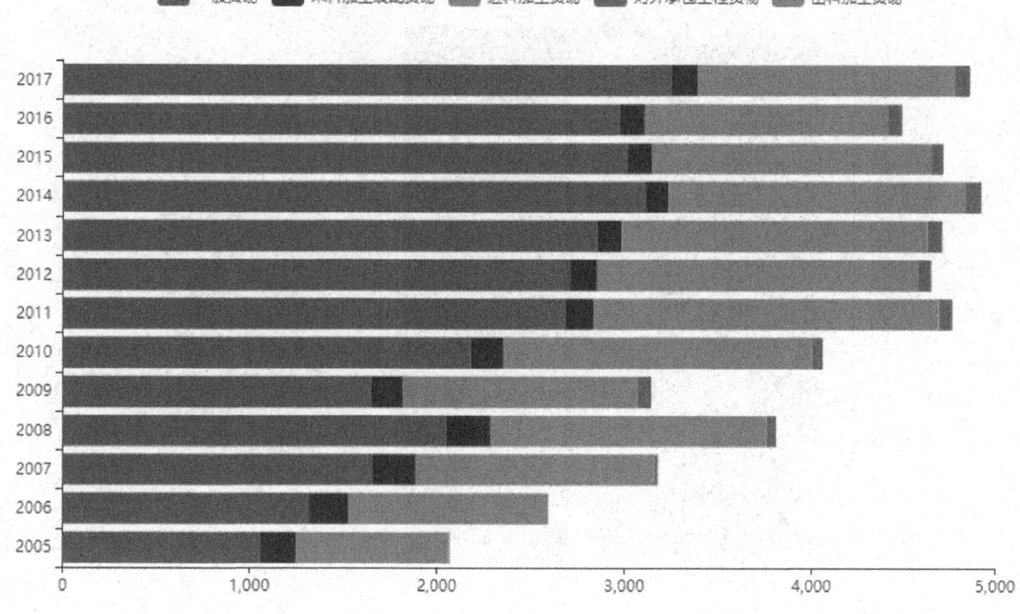

图 4-21　2005 年～2017 年上海市关区出口总额

（5）使用 ECharts 绘制纵向对比堆积柱图

双向柱图（又称正负条图）使用正向和反向的柱子对比不同类别的数值。其中，分类轴表示需要对比的分类维度，连续轴代表相应的数值。双向柱图用于沿纵轴比较两组数据时，称为纵向对比堆积柱图；用于沿横轴比较两组数据时，称为横向对比堆积柱图。用于对比的数据通常包括收入与支出、消费与储蓄等。

下面使用 ECharts 绘制 2019 年上海市人均可支配收入与支出（数据来自上海市统计局），代码与使用 ECharts 绘制堆积柱图的代码类似。数据如表 4-7 所示。代码运行结果如图 4-22 所示，可以看出，深颜色的部分是人均可支配收入，浅颜色的部分是人均消费支出。

表 4-7　2019 年上海市人均可支配收入与支出

	全市居民	城镇常住居民	农村常住居民
人均可支配收入（元）	69,442	73,615	33,195
人均消费支出（元）	45,605	48,272	22,449
人均可支配收入比上年增长（%）	8.2	8.2	9.3
人均消费支出比上年增长（%）	5.2	4.9	12.4

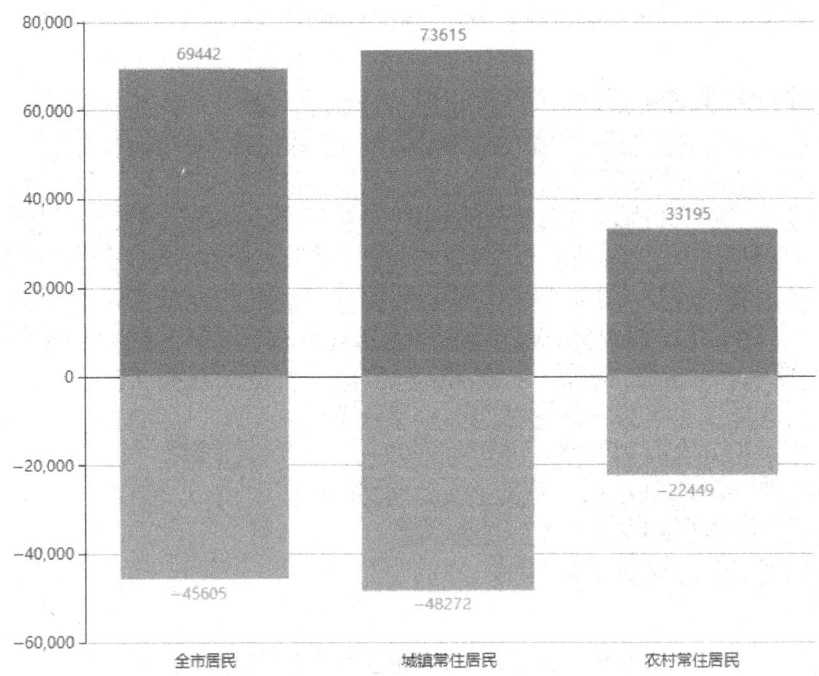

图 4-22　2019 年上海市人均可支配收入与支出

（6）使用 Pyecharts 绘制纵向对比堆积柱图

下面使用 Pyecharts 绘制纵向对比堆积柱图，调用表 4-7 的数据，相关代码如下。

```
x_data = ['全市居民', '城镇常住居民', '农村常住居民']
y1_data = [69442, 73615, 33195]
y2_data = [-45605, -48272, -22449]
 c = (
    Bar()
    .add_xaxis(xaxis_data=x_data)
    .add_yaxis("人均可支配收入（元）", y1_data, stack="stack1")
    .add_yaxis("人均消费支出（元）", y2_data, stack="stack1")
    .set_series_opts(label_opts=opts.LabelOpts(is_show=False))
    .set_global_opts(title_opts=opts.TitleOpts(title="Bar-堆叠数据（全部）
"))
)
c.render('py_stack_bar_2way.html')
```

代码运行结果如图 4-23 所示。

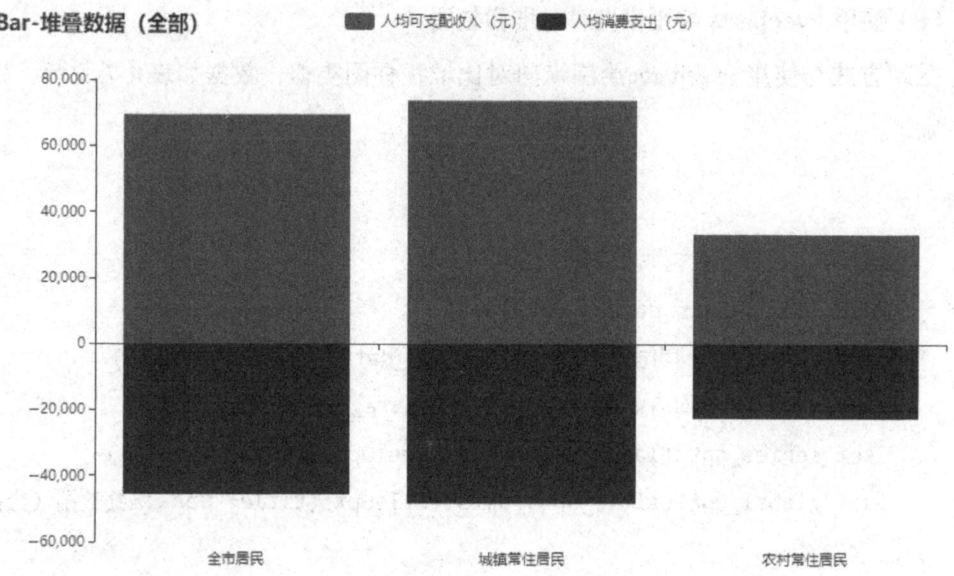

图 4-23　2019 年上海市人均可支配收入与支出

（7）使用 ECharts 绘制横向对比堆积柱图

处理方式与使用 ECharts 绘制纵向对比堆积柱图类似，只是图形的方向发生了变化，数据如表 4-7 所示，可支配收入在坐标轴的右边，消费支出在坐标轴的左边。代码运行结果如图 4-24 所示。

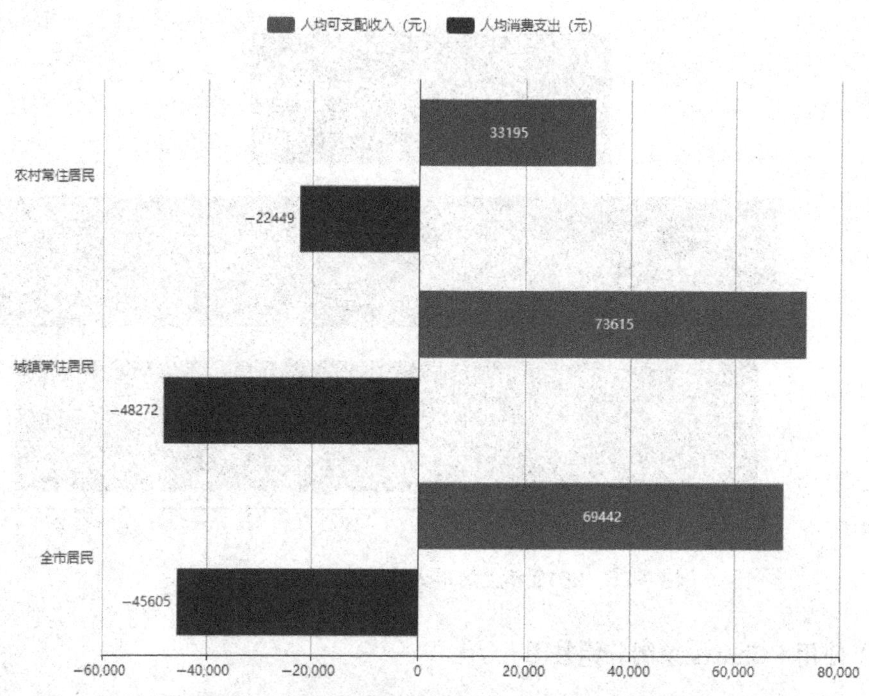

图 4-24　2019 年上海市人均可支配收入与支出

（8）使用 Pyecharts 绘制横向对比堆积柱图

处理方式与使用 Pyecharts 绘制纵向对比堆积柱图类似，数据如表 4-7 所示。核心代码如下。

```
c = (
    Bar()
    .add_xaxis(xaxis_data=x_data)
    .add_yaxis(" 人均可支配收入（元）", y1_data, stack="stack1")
    .add_yaxis(" 人均消费支出（元）", y2_data, stack="stack1")
    .set_series_opts(label_opts=opts.LabelOpts(is_show=False))
    .set_global_opts(title_opts=opts.TitleOpts(title="Bar- 堆叠数据（全部）
"))
     .reversal_axis()
)
c.render('py_stack_bar_2way_1.html')
```

代码运行结果如图 4-25 所示。

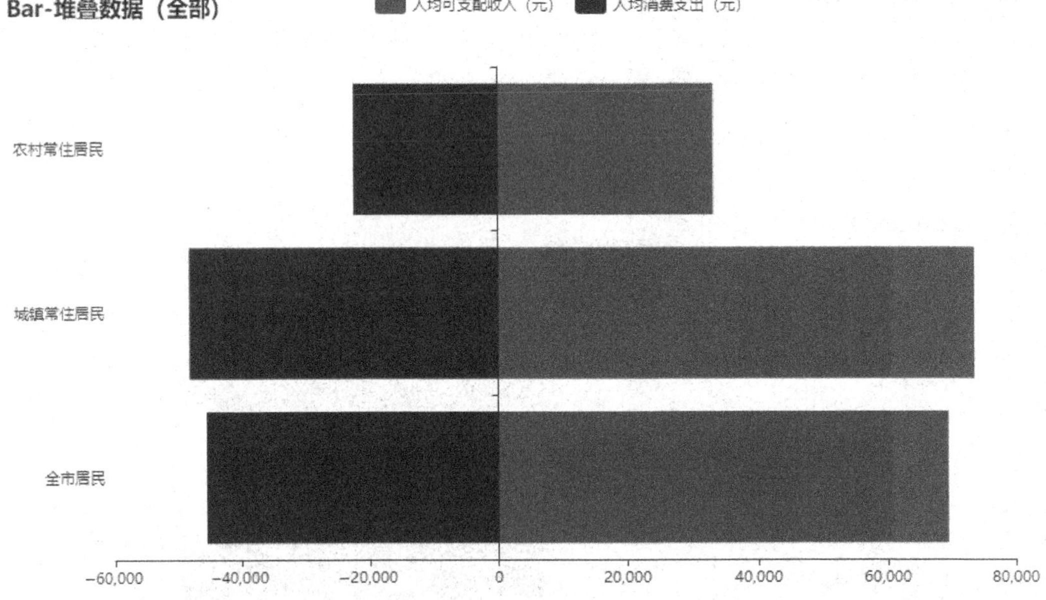

图 4-25　2019 年上海市人均可支配收入与支出

（9）使用 ECharts 绘制分组柱图

分组柱图（Group-bar）又称群集柱图、多系列柱图，是柱图的扩展，为两个及以上的分类变量绘制数值。在柱图中，每一个分类变量按位置分组，一般用颜色表示每个组中的类别。数据如表 4-6 所示，将数据划分成一系列的群组，每一个年份的一般贸易、来料加工装配贸易、进料加工贸易、对外承包工程货物和出料加工贸易设置为一个群组。将每一个年份的相应数值绘制成分组柱图，代码运行结果如图 4-26 所示。

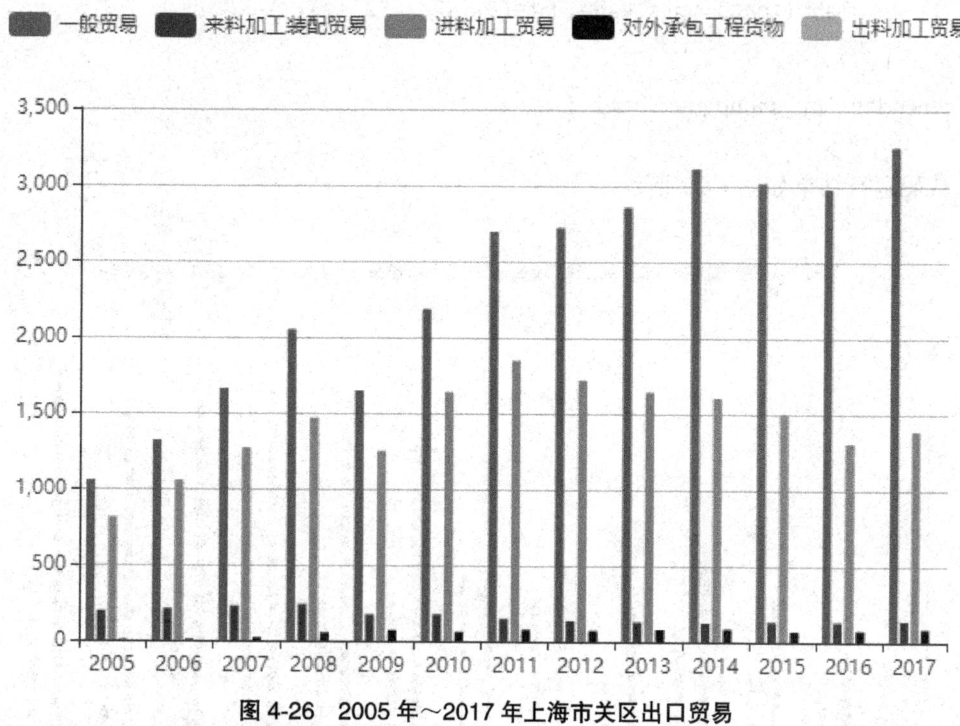

图 4-26　2005 年～2017 年上海市关区出口贸易

（10）使用 Pyecharts 绘制分组柱图

下面使用 Pyecharts 绘制分组柱图，数据如表 4-6 所示，核心代码如下。

```
c = (
       Bar()
      .add_xaxis(x_data)
      .add_yaxis(" 一般贸易 ",y1_data,label_opts=opts.LabelOpts(is_
show=False))
      .add_yaxis(" 来料加工装配贸易 ",y2_data, label_opts=opts.LabelOpts(is_
show=False))
      .add_yaxis(" 进料加工贸易 ",y3_data, label_opts=opts.LabelOpts(is_
show=False))
      .add_yaxis(" 对外承包工程货物 ",y4_data, label_opts=opts.LabelOpts(is_
```

```
show=False))
        .add_yaxis(" 出料加工贸易 ",y5_data, label_opts=opts.LabelOpts(is_
show=False))
        .set_series_opts(
            areastyle_opts=opts.AreaStyleOpts(opacity=0.5),
            label_opts=opts.LabelOpts(is_show=False), )
            )
c.render('py_group_bar.html')
```

代码运行结果如图 4-27 所示。

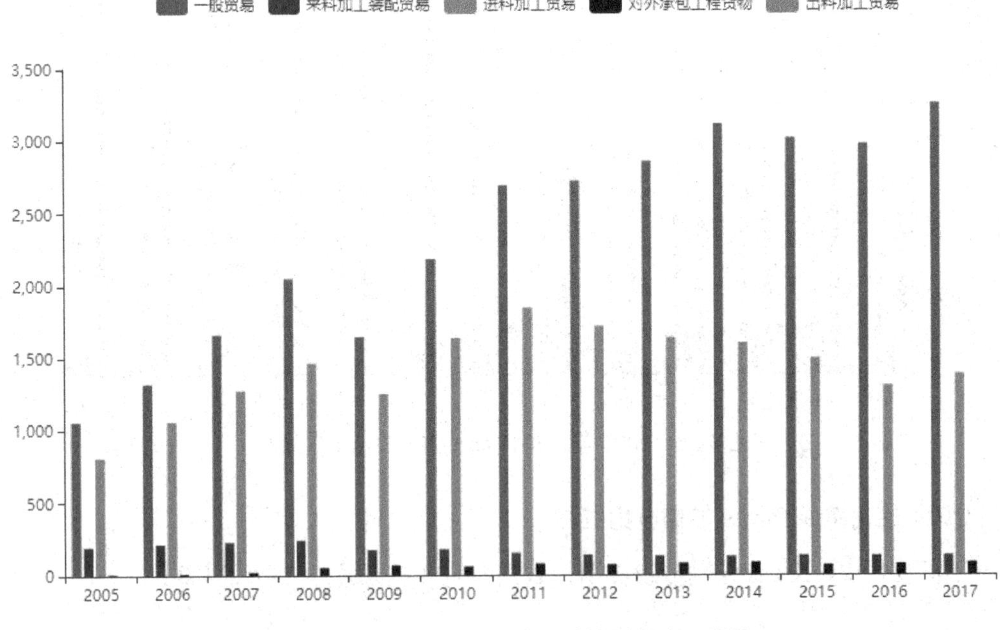

图 4-27　2005 年～2017 年上海市关区出口贸易

（11）使用 ECharts 绘制线柱图

线柱图（Mixed-bar-line）将一组数据显示为柱图而将另一组数据示为线状图，这样比较容易显示数据大小和其变化趋势。数据如表 4-7 所示，通过绘制线柱图可以看出全市居民、城镇常住居民和农村常住居民人均可支配收入和支出的情况，同时也可以看出人均可支配收入和支出的增长变化情况。在 ECharts 中，将数据序列（series）的类型分别设置为柱图和线状图，代码运行结果如图 4-28 所示。

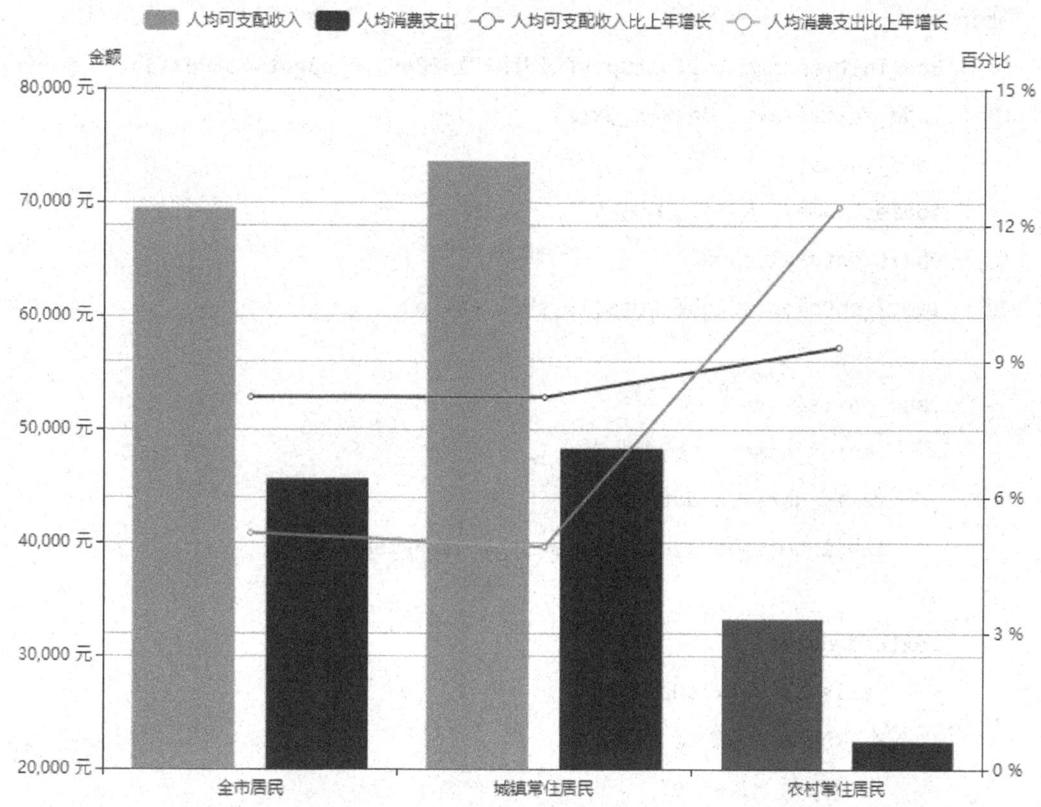

图 4-28 2019 年上海市人均可支配收入和支出

（12）使用 Pyecharts 绘制线柱图

下面使用 Pyecharts 绘制线柱图，首先，在函数 Bar() 中进行基本设置，其中 InitOpts 用于对初始化选项进行设置，定义柱图的高和宽。axislabel_opts=opts.LabelOpts(formatter="{value} %") 用于设置 y 轴单位。TooltipOpts 用于设置提示框组件。interval 用于设置间距。AxisTickOpts 用于设置坐标轴指示器。SplitLineOpts 用于设置刻度线。然后，定义了函数 Line() 类，并进行了基础配置。最后，使用 bar.overlap(line).render() 同时显示柱图和折线图。数据如表 4-7 所示。相关代码如下。

```
import pyecharts.options as opts
from pyecharts.charts import Bar, Line
x_data = ['全市居民', '城镇常住居民', '农村常住居民']
y1_data = [69442, 73615, 33195]
y2_data = [45605, 48272, 22449]
y3_data = [8.2, 8.2, 9.3]
y4_data = [5.2, 4.9, 12.4]
```

```
bar = (
    Bar(init_opts=opts.InitOpts(width="1600px", height="800px"))
    .add_xaxis(xaxis_data=x_data)
    .add_yaxis(
    series_name=" 人均可支配收入 ",
    yaxis_data=y1_data,
    label_opts=opts.LabelOpts(is_show=False),
    )
    .add_yaxis(
        series_name=" 人均消费支出 ",
        yaxis_data=y2_data,
        label_opts=opts.LabelOpts(is_show=False),
    )
    .extend_axis(
        yaxis=opts.AxisOpts(
            name=" 百分比 ",
            type_="value",
            min_=0,
            max_=15,
            interval=5,
            axislabel_opts=opts.LabelOpts(formatter="{value} %"),
        )
    )
    .set_global_opts(
        tooltip_opts=opts.TooltipOpts(
            is_show=True, trigger="axis", axis_pointer_type="cross"
        ),
        xaxis_opts=opts.AxisOpts(
            type_="category",
            axispointer_opts=opts.AxisPointerOpts(is_show=True,
type_="shadow"),
        ),
        yaxis_opts=opts.AxisOpts(
            name=" 金额 ",
```

```
            type_="value",
            min_=20000,
            max_=80000,
            interval=10000,
            axislabel_opts=opts.LabelOpts(formatter="{value} 元 "),
            axisticko_pts=opts.AxisTickOpts(is_show=True),
            splitline_opts=opts.SplitLineOpts(is_show=True),
        ),
    )
)
line = (
    Line()
    .add_xaxis(xaxis_data=x_data)
    .add_yaxis(
        series_name=" 人均可支配收入比上年增长 ",
        yaxis_index=1,
        y_axis=y3_data,
        label_opts=opts.LabelOpts(is_show=False),
    )
     .add_yaxis(
        series_name=" 人均消费支出比上年增长 ",
        yaxis_index=1,
        y_axis=y4_data,
        label_opts=opts.LabelOpts(is_show=False),
    )
)
bar.overlap(line).render("mixed_bar_and_line.html")
```

代码运行结果如图 4-29 所示。

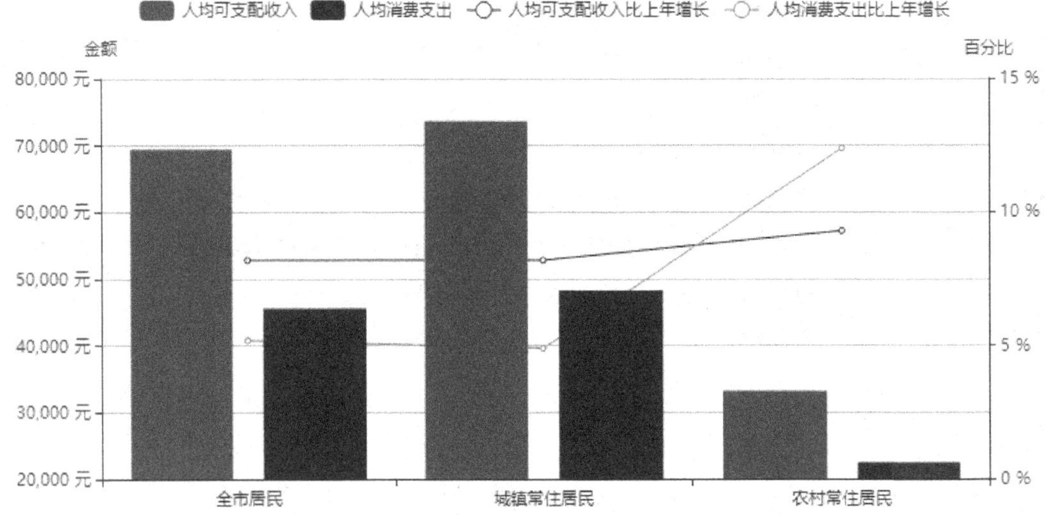

图 4-29　2019 年上海市人均可支配收入和支出

（13）使用 Recharts 绘制横向对比堆积柱图

数据如表 4-7 所示，绘制 2019 年上海市人均可支配收入与支出横向对比堆积柱图。为了显示对比效果，将其中一个函数 echartr() 中的 type 设置为 'vbar'，相关代码如下。

```
x_data = c(' 全市居民 ', ' 城镇常住居民 ', ' 农村常住居民 ')
y1_data = c(69442, 73615, 33195,-45605, -48272, -22449)
y2_data = c('yes','yes','yes','no','no','no')
df <- data.frame(
  x_data ,y1_data,y2_data
)
echartr( df,x_data, y1_data,y2_data,type='vbar')
echartr( df,x_data, y1_data,y2_data,type='bar')
```

代码运行结果如图 4-30 所示。

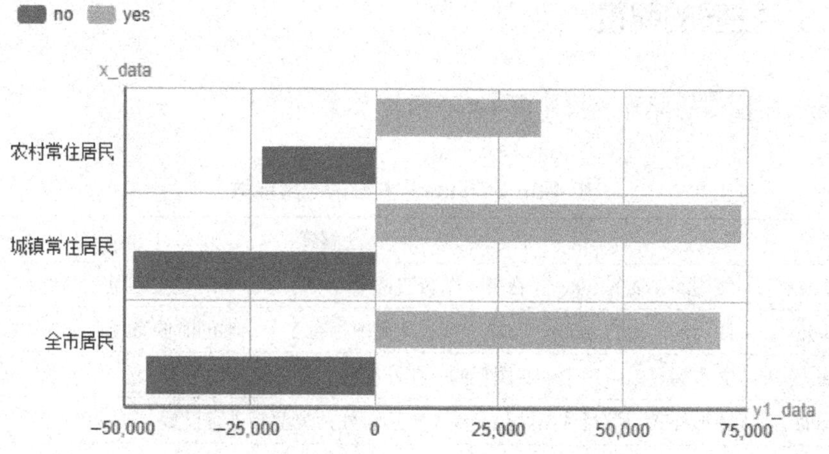

图 4-30　2019 年上海市人均可支配收入与支出

（14）使用 Recharts 绘制分组柱图

基本代码同上，数据如表4-6所示，可以将type设置成不同的形式来得到分组柱图。核心代码如下。

```
echartr(df, time, vol, industry, type='bar') %>%
setTitle('Titanic: Survival Outcome by Cabin Class')
echartr(df, time, vol, industry, type='vbar') %>%
setTitle('Titanic: Survival Outcome by Cabin Class')
```

代码运行结果如图 4-31 所示。

图 4-31　2005 年～2017 年上海市关区出口总额

4.2.3 柱图的配置

ECharts 中柱图的配置参数如表 4-8 所示。

表 4-8　ECharts 中柱图的配置参数

参数	解释
xAxisIndex	使用的 x 轴的 index，在单个图表实例中存在多个 x 轴的时候有用
yAxisIndex	使用的 y 轴的 index，在单个图表实例中存在多个 y 轴的时候有用
label	文本标签，可用于说明图形的一些数据信息，如值、名称等
itemStyle	图形样式，可对柱条颜色、柱条描边、柱条类型等进行设置
showBackground	是否显示柱条的背景色
emphasis	高亮的图形样式和标签样式
barGap	不同系列的柱间距离
barMinHeight	柱条最小高度，可用于防止某数据项的值过小而影响交互
barCategoryGap	同一系列的柱间距离，默认为类目间距的 20%，可设固定值
largeThreshold	开启绘制优化的阈值
encode	可以定义 data 的哪个维度被编码成什么
markArea	图表标域，常用于标记图表中某个范围的数据

Pyecharts 中柱图的配置参数如表 4-9 所示。

表 4-9　Pyecharts 中柱图的配置参数

参数	解释
xAxisIndex	使用的 x 轴的 index，在单个图表实例中存在多个 x 轴的时候有用
yAxisIndex	使用的 y 轴的 index，在单个图表实例中存在多个 y 轴的时候有用
show_background	是否显示柱条的背景色
stack	数据堆叠，同个类目轴上的系列配置相同的 stack 值可以堆叠放置
max_width	柱条的最大宽度，比 barWidth 优先级高
gap	同一系列的柱间距离，默认为类目间距的 20%，可设固定值
large	是否开启大数据量优化，在数据图形特别多且出现卡顿的时候可以开启
large_threshold	开启绘制优化的阈值
dimensions	使用 dimensions 定义 series.data 或者 dataset.source 的每个维度的信息
dataset_index	datasetIndex 指定本系列使用哪个 dataset
clip	是否裁剪超出坐标系部分的图形。柱图：裁掉所有超出坐标系的部分，但是保留柱子的宽度
encode	可以定义 data 的哪个维度被编码成什么

Recharts 中柱图的配置参数如表 4-10 所示。

表 4-10　Recharts 中柱图的配置参数

参数	解释
data	数据框格式的源数据
x	文本型自变量，其他类型会被转为因子。如提供多个变量，只传入第一个。*x* 为数值型自变量且 *y* 缺失，则生成直方图[①]
y	数值型因变量，如提供多个变量，只传入第一个。*y* 缺失且 *x* 为数值型自变量，则生成直方图
series	数据系列，转为因子处理。如提供多个变量，只传入第一个
t	时间轴变量，转为因子后计算。如提供多个变量，只传入第一个
type	*x* 为文本型而 *y* 为数值型，或 *x* 为数值型而 *y* 缺失，则可以忽略 type 或指定为 'auto'；也可指定为 'bar'/'column'、'hist'/'histogram'
subtype	• bar/column: c('stack') • stack: 要堆积的数据系列 • hist: c('count', 'freq', 'density') • count/freq: 按频数统计 • denstiy: 按密度统计

4.3 饼图

4.3.1 饼图介绍

饼图的英文名称为 Sector Graph 或 Pie Graph，常用于统计学。饼图可以分为基本饼图、甜甜圈图和玫瑰图等。

饼图主要用于展示不同类型的数据在总量中的份额。饼图也用于显示每个项目的大小与数据系列中所有项目的总和的比例。

① 直方图由一系列高度不等的纵向条纹或线段表示数据分布的情况，一般用横轴表示数据类型，纵轴表示分布情况。绘制直方图时，要将值的范围分段，即将整个值的范围分成一系列间隔，然后计算每个间隔中有多少值 。间隔必须相邻，并且通常是（但不必须是）相等的大小。

4.3.2 饼图绘制案例

1. 基本饼图

基本饼图是饼图的一种，支持在饼图外显示标签，支持实际值与百分比值的切换，支持自定义图形样式。

（1）使用 ECharts 绘制基本饼图

数据如表 4-11 所示，该表收集了主要年份按国家或地区分的上海关区出口总额情况。下面通过绘制饼图分析 2017 年上海关区出口总额结构。

表 4-11 主要年份按国家或地区分的上海关区出口总额

单位：亿美元

国家或地区	2010 年	2015 年	2016 年	2017 年
总计	4,233.40	5,005.80	4,798.74	5,166.76
亚洲	1,653.96	2,145.10	2,080.64	2,191.83
中国香港	210.46	260.67	249.00	252.50
中国台湾	112.52	137.00	139.29	149.05
日本	442.82	474.49	435.14	435.00
韩国	138.83	212.30	203.74	198.77
新加坡	94.80	117.74	104.80	113.33
马来西亚	73.08	78.47	78.97	85.31
泰国	61.18	99.26	100.48	109.65
菲律宾	29.43	49.70	44.95	51.96
巴基斯坦	16.12	32.55	46.09	49.13
科威特	4.05	5.48	5.66	7.05
沙特阿拉伯	19.92	34.23	27.58	26.88
阿联酋	44.97	49.20	45.33	42.10
非洲	130.79	168.00	144.26	155.40
埃及	12.11	16.43	18.63	19.68
苏丹	4.39	3.20	2.41	2.69
欧洲	1,095.67	1,033.36	973.63	1,073.72
德国	214.67	186.34	174.65	184.21
法国	110.42	75.35	71.91	79.06
意大利	118.34	84.83	79.83	86.88
荷兰	154.89	167.30	135.51	177.77

（续表）

国家或地区	2010 年	2015 年	2016 年	2017 年
英国	117.88	142.14	125.96	128.61
瑞典	20.26	19.52	18.25	19.77
俄罗斯	59.95	55.68	54.14	65.50
美洲	**1,234.11**	**1,510.83**	**1,457.21**	**1,591.58**
美国	910.54	1,127.24	1,114.53	1,199.32
加拿大	74.81	75.11	70.52	82.46
巴西	75.44	76.11	61.60	75.74
智利	20.47	25.89	26.17	28.16
大洋洲及太平洋岛屿	**118.87**	**148.52**	**143.00**	**154.07**
澳大利亚	95.45	118.27	115.08	129.06
新西兰	9.87	13.50	14.37	15.87

调用 ECharts 的 js 文件可以成功绘制基本饼图。调用 js 文件的详细代码可参见线状图和面积图部分绘制基本折线图的第一个案例，此处将数据系列的绘图类型设置为 'pie'。代码运行结果图 4-32 所示，可以看出 2017 年按地区上海关区出口总额的结构。不同的颜色色块代表了不同地区的占比情况，可以看出，亚洲的占比最高，大洋洲及太平洋岛屿占比最低。

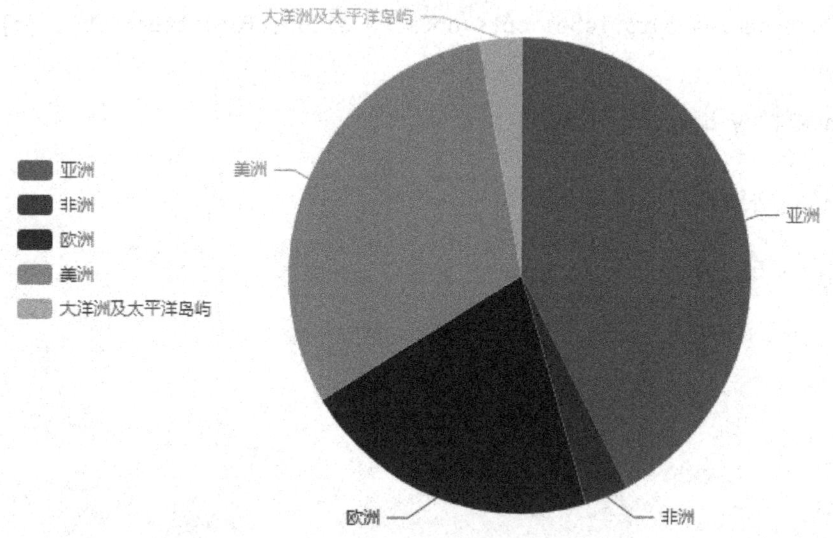

图 4-32　2017 年按地区上海关区出口总额结构

（2）使用 Pyecharts 绘制基本饼图

2015 年～2017 年按地区分的上海关区出口总额情况如表 4-12 所示。

表 4-12　2015 年～2017 年按地区分的上海关区出口总额

单位：亿美元

地区	2015 年	2016 年	2017 年
亚洲	2,145.10	2,080.64	2,191.83
非洲	168.00	144.26	155.40
欧洲	1,033.36	973.63	1,073.72
美洲	1,510.83	1,457.21	1,591.58
大洋洲及太平洋岛屿	148.52	143.00	154.07

在 Pyecharts 中输入表 4-12 中 2017 年的数据，在函数 Pie() 中进行相应配置即可得到基本饼图。相关代码如下。

```
attr = [' 亚洲 ', ' 非洲 ', ' 欧洲 ',' 美洲 ',' 大洋洲及太平洋岛屿 ']
v1 = [2191.83,155.40,1073.72,1591.58,154.07]
c = (
    Pie()
    .add("", [list(z) for z in zip(attr,v1 )])  # 数据组织成 list
    .set_global_opts(title_opts=opts.TitleOpts(title="2017 年按地区上海关
区出口总额结构 "))
    .set_series_opts(label_opts=opts.LabelOpts(formatter="{b}: {c}"))
)
c.render("py_base_pie.html")
```

代码运行结果如图 4-33 所示。

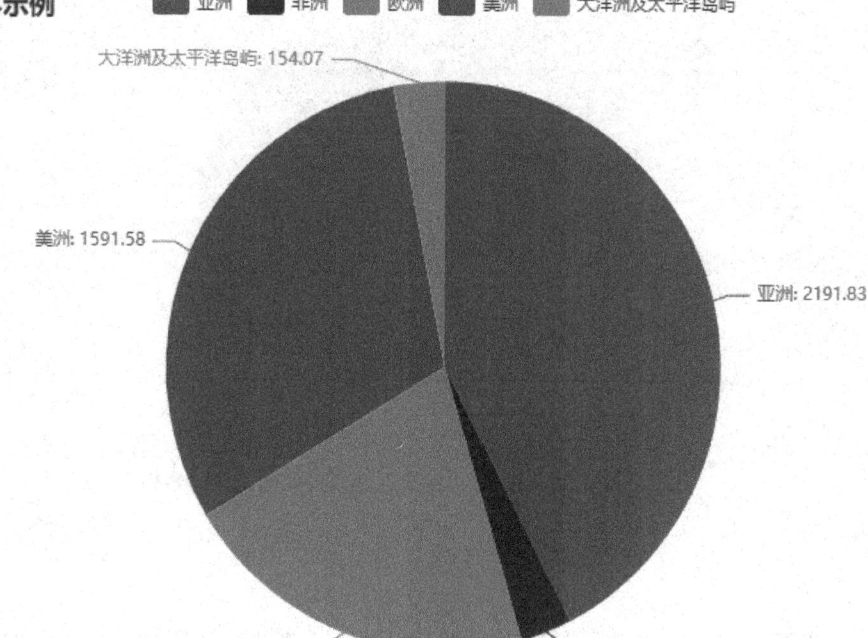

图 4-33　2017 年按地区上海关区出口总额结构

（3）使用 Recharts 绘制基本饼图

下面使用 Recharts 绘制基本饼图，将函数 echartr() 中的 type 设置为 'pie'，数据如表 4-11 所示。相关代码如下。

```
library(recharts)
x_data = c(' 亚洲 ', ' 非洲 ', ' 欧洲 ',' 美洲 ',' 大洋洲及太平洋岛屿 ')
y_data = c(2191.83,155.40,1073.72,1591.58,154.07)
df <- data.frame(
  x_data ,y_data
)
echartr( df,x_data, y_data,type='pie') %>%
setTitle('2017 年按地区上海关区出口总额结构 ')
```

代码运行结果如图 4-34 所示。

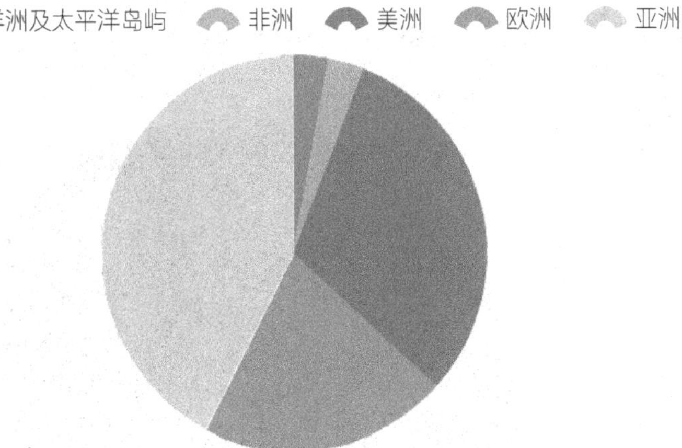

图 4-34　2017 年按地区上海关区出口总额结构

2. 甜甜圈图

甜甜圈图（Doughnut）又称环形图，形式上表现为将饼图中间的区域挖空。就像基本饼图一样，甜甜圈图显示了部分与整体的关系，但是甜甜圈图可以包含多个数据系列。在甜甜圈图中绘制每个数据系列时都会向图表中添加一个环。与基本饼图相比，甜甜圈图能够比较方便地对比各个不同的图形，使人们不将注意力放在饼图各个扇形所占的比例上。基本饼图的空间利用率不如甜甜圈图，甜甜圈图内部空心部分可以显示文本信息、标题等。

（1）使用 ECharts 绘制甜甜圈图

使用 ECharts 绘制甜甜圈图的方法与基本饼图类似，只是饼图的样式发生了改变。在数据系列中将绘图类型设置为饼图，且需要设置甜甜圈内外半径的比例大小，数据如表 4-11 所示。调用 js 文件的详细代码参见线状图和面积图部分绘制基本折线图的第一个案例。代码运行结果如图 4-35 所示。

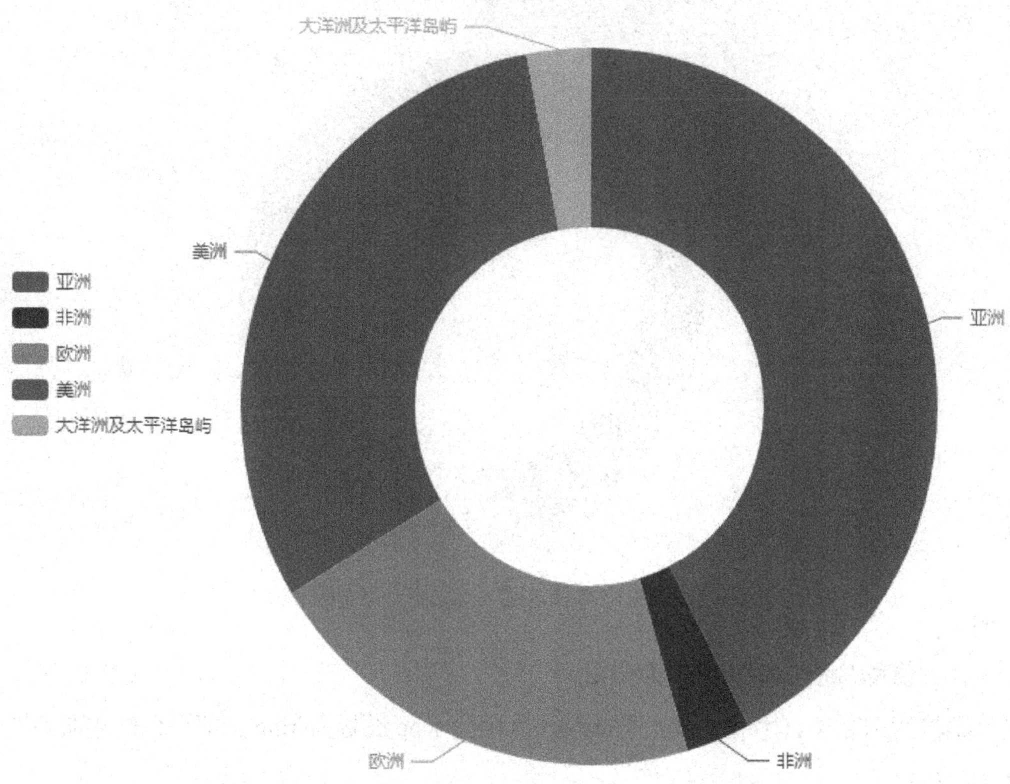

图 4-35　2017 年按地区上海关区出口总额结构

（2）**使用 Pyecharts 绘制甜甜圈图**

基本代码与使用 Pyecharts 绘制基本饼图一致，在 add() 中添加 radius 属性，数据如表 4-11 所示，在 Python 中执行代码即可得到效果图。

核心代码如下。

```
c = (
    Pie()
    .add("", [list(z) for z in zip(attr,v1 )],radius=["50%", "70%"])
    .set_global_opts(title_opts=opts.TitleOpts(title="2017 年按地区上海关
区出口总额结构 "))
    .set_series_opts(label_opts=opts.LabelOpts(formatter="{b}: {c}"))
)
c.render("py_doughnut_pie.html")
```

代码运行结果如图 4-36 所示。

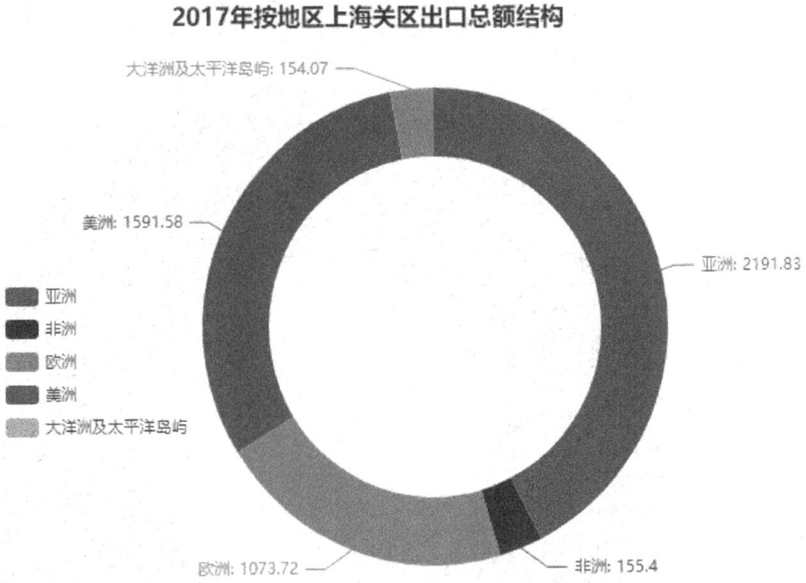

2017年按地区上海关区出口总额结构
大洋洲及太平洋岛屿: 154.07
美洲: 1591.58
亚洲: 2191.83
亚洲
非洲
欧洲
美洲
大洋洲及太平洋岛屿
欧洲: 1073.72
非洲: 155.4

图 4-36　2017 年按地区上海关区出口总额结构

（3）使用 Recharts 绘制甜甜圈图

仍然调用表 4-11 数据，将函数 echartr() 中的 type 设置为 'ring'，即可得到甜甜圈图。核心代码如下。

```
echartr( df,x_data, y_data,type='ring') %>%
setTitle('2017 年按地区上海关区出口总额结构 ')
```

代码运行结果如图 4-37 所示。

大洋洲及太平洋岛屿
非洲
美洲
欧洲
亚洲
2017年按地区上海关区出口总额结构

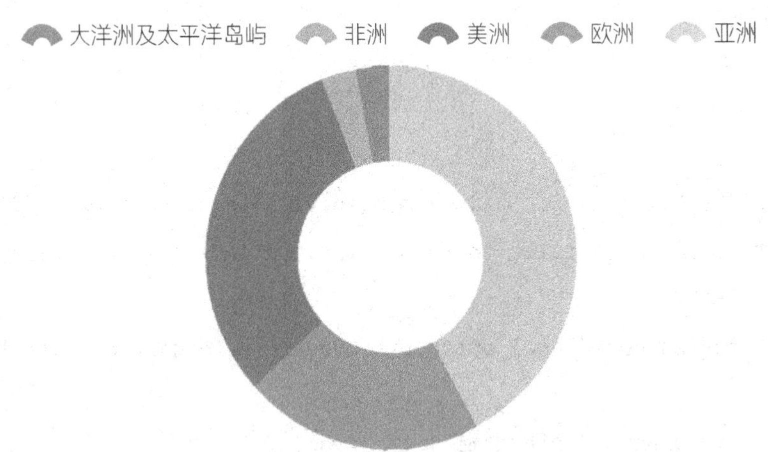

图 4-37　2017 年按地区上海关区出口总额结构

3. 玫瑰图

玫瑰图又称南丁格尔玫瑰图，是由弗罗伦斯·南丁格尔发明的。玫瑰图可以将数据的比例夸大，尤其适合对比大小相近的数值。由于圆形具有周期的特性，所以玫瑰图也适用于表示一个周期内的时间概念，如星期、月份等。

（1）使用 ECharts 绘制玫瑰图

数据如表 4-11 所示，通过在 ECharts 中调用 js 文件，对 roseType 进行设置。代码运行结果如图 4-38 所示。

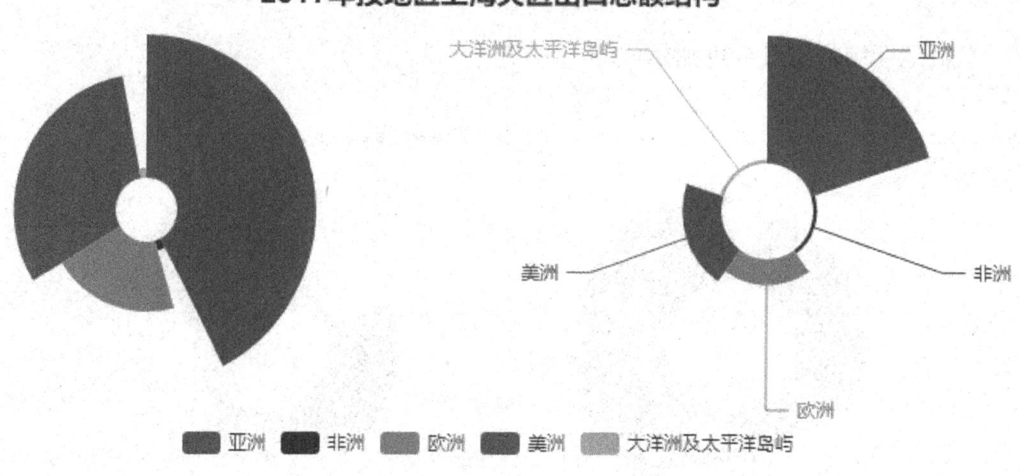

图 4-38　2017 年按地区上海关区出口总额结构

（2）使用 Pyecharts 绘制玫瑰图

在 Python 中输入代码，配置 radius，扇区圆心角展现数据的百分比，半径展现数据的大小。例如，radius=["30%", "75%"]，center=["25%", "50%"] 代表饼图的中心（圆心）坐标，数组的第一项是横坐标，第二项是纵坐标，默认设置成百分比。设置成百分比时，第一项是相对于容器宽度，第二项是相对于容器高度。数据如表 4-11 所示。

核心代码如下。

```
c = (
    Pie()
    .add("", [list(z) for z in zip(attr,v1 )],radius=["30%", "75%"],
    center=["25%", "50%"],
    rosetype="radius",
```

```
    label_opts=opts.LabelOpts(is_show=False))
    .add("", [list(z) for z in zip(attr,v1 )],radius=["30%", "75%"],
    center=["75%", "50%"],
    rosetype="area",
    label_opts=opts.LabelOpts(is_show=False))
    .set_global_opts(title_opts=opts.TitleOpts(title="2017 年按地区上海关
区出口总额结构 "))
    .set_series_opts(label_opts=opts.LabelOpts(formatter="{b}: {c}"))
)
c.render("py_rose_pie.html")
```

代码运行结果如图 4-39 所示。

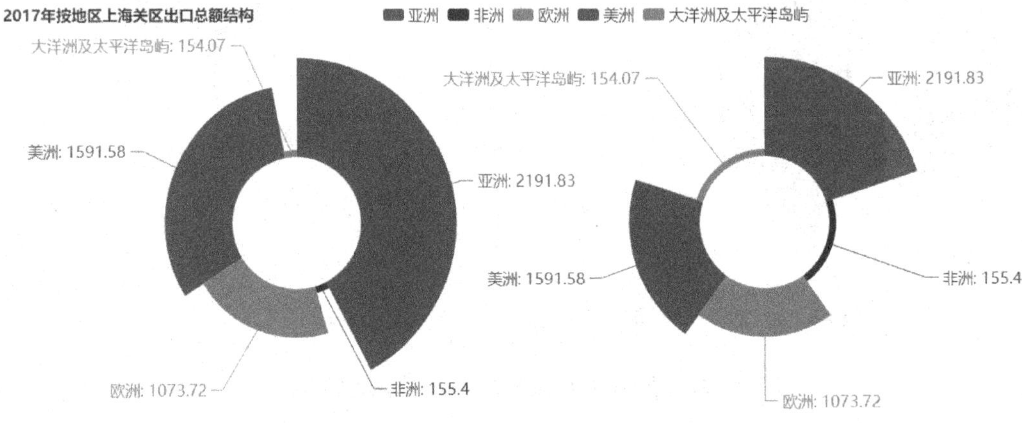

图 4-39　2017 年按地区上海关区出口总额结构

（3）使用 Recharts 绘制玫瑰图

调用表4-11数据，将type设置为'rose'，将subtype设置为'radius'，即可得到玫瑰图。核心代码如下。

```
echartr( df,x_data, y_data,type='rose',subtype='radius') %>%
setTitle('2017 年按地区上海关区出口总额结构 ')
```

代码运行结果如图 4-40 所示。

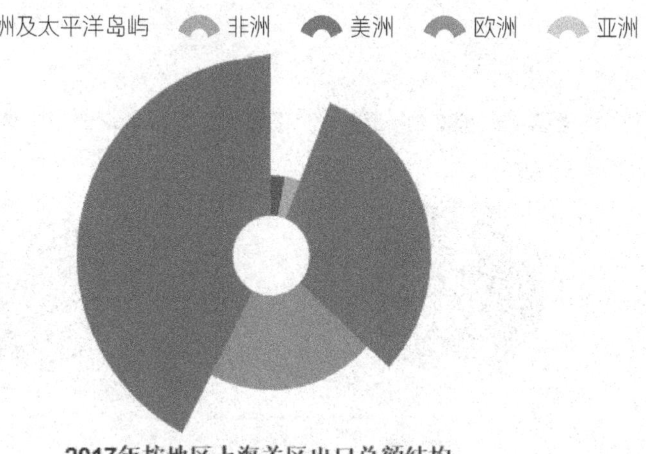

图 4-40　2017 年按地区上海关区出口总额结构

如果将 subtype 设置为 'area'，则图形效果如图 4-41 所示。

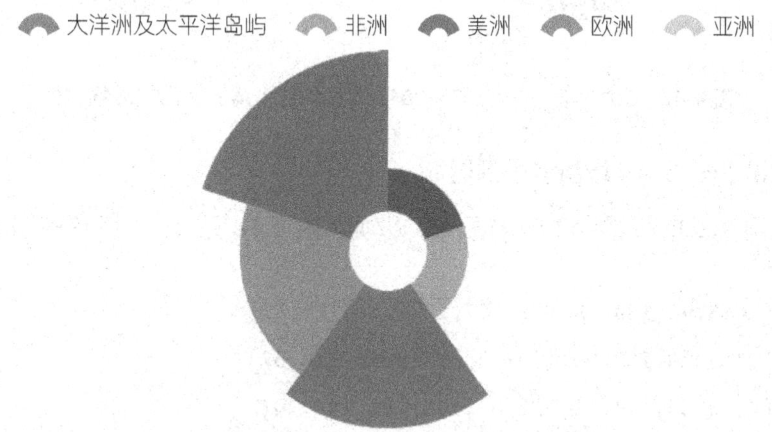

图 4-41　2017 年按地区上海关区出口总额结构

4.3.3　绘制多个饼图

多个饼图可以被一起绘制。单个饼图主要用于显示一个组中不同类别数据的部分与整体的关系，多个饼图主要用于显示不同组中某个类别的数据结构。例如，如果想说明一个品牌在不同市场的市场份额，那么多个饼图是最佳选择。

（1）使用 ECharts 绘制多个饼图

数据如表 4-11 所示，ECharts 的代码实现与饼图类似，需要注意的是，使用序列的设置项“center”，可以在绘图区域确定多个饼图的放置位置。代码运行结果如图 4-42

所示。

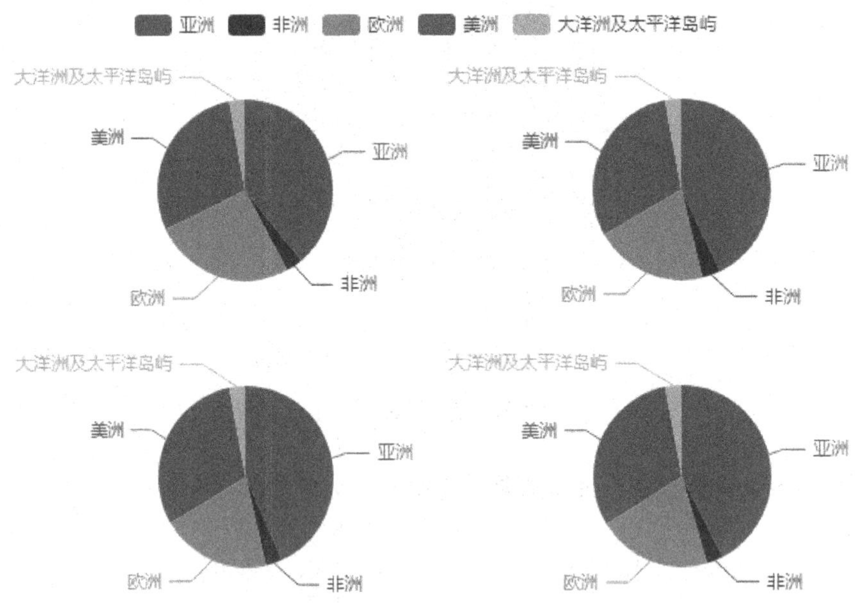

图 4-42　2010 年、2015 年～2017 年按地区上海关区出口总额结构

（2）**使用 Pyecharts 绘制多个饼图**

下面使用 Pyecharts 绘制 Mutiple_pie，数据如表 4-11 所示，相关代码如下。

```
v10 = [1653.96,130.79,1095.67,1234.11,118.87]
v15 = [2145.10,168.00,1033.36,1510.83,148.52]
v16 = [2080.64,144.26,973.63,1457.21,143.00]
v17 = [2191.83,155.40,1073.72,1591.58,154.07]
c = (
    Pie()
    .add("", [list(z) for z in zip(attr,v10 )],
        center=["25%", "30%"],radius=[60, 80])
    .add("", [list(z) for z in zip(attr,v15 )],
        center=["55%", "30%"],radius=[60, 80])
    .add("", [list(z) for z in zip(attr,v16 )],
        center=["20%", "70%"],radius=[60, 80])
    .add("", [list(z) for z in zip(attr,v17 )],
        center=["55%", "70%"],radius=[60, 80])
    .set_series_opts(label_opts=opts.LabelOpts(formatter="{b}: {c}"))
```

```
)
c.render("py_Mutiple_pie.html")
```

代码运行结果如图 4-43 所示。

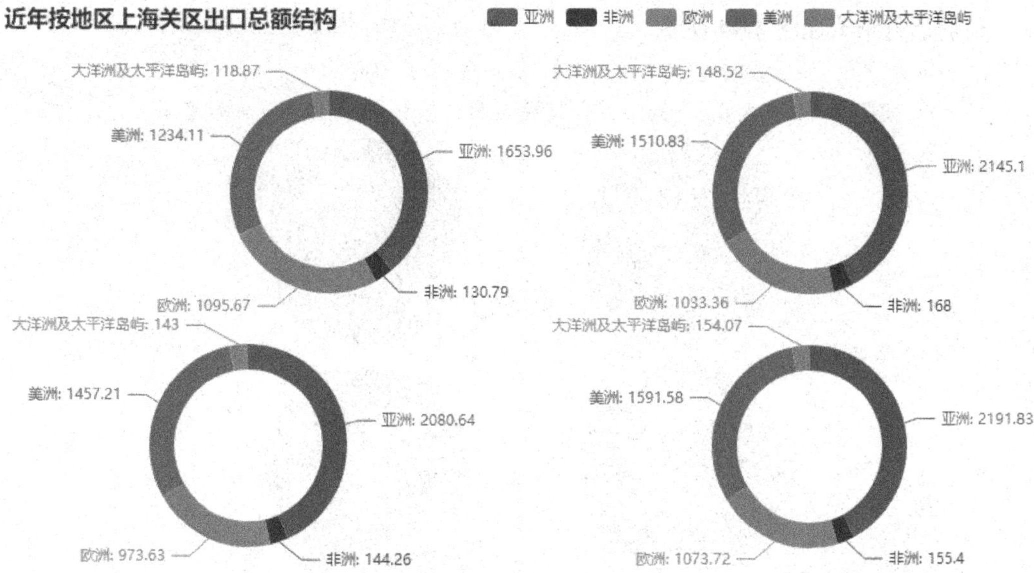

图 4-43　2010 年、2015 年～2017 年按地区上海关区出口总额结构

（3）使用 Recharts 绘制多个饼图

下面使用 Recharts 绘制 Mutiple_pie，数据如表 4-11 所示，相关代码如下。

```
year=c(2010,2010,2010,2010,2010,
       2015,2015,2015,2015,2015,
       2016,2016,2016,2016,2016,
       2017,2017,2017,2017,2017)
amount=c(1653.96,130.79,1095.67,1234.11,118.87,
      2145.10,168.00,1033.36,1510.83,148.52,
      2080.64,144.26,973.63,1457.21,143.00,
      2191.83,155.40,1073.72,1591.58,154.07)
x_data = c('亚洲', '非洲', '欧洲','美洲','大洋洲及太平洋岛屿',
           '亚洲', '非洲', '欧洲','美洲','大洋洲及太平洋岛屿',
           '亚洲', '非洲', '欧洲','美洲','大洋洲及太平洋岛屿',
           '亚洲', '非洲', '欧洲','美洲','大洋洲及太平洋岛屿')
df <- data.frame(
```

```
    x_data ,amount,year
)
echartr(df, x_data, amount, facet=year, type='pie') %>%
setTitle(' 近年按地区上海关区出口总额结构 ')
```

代码运行结果如图 4-44 所示。

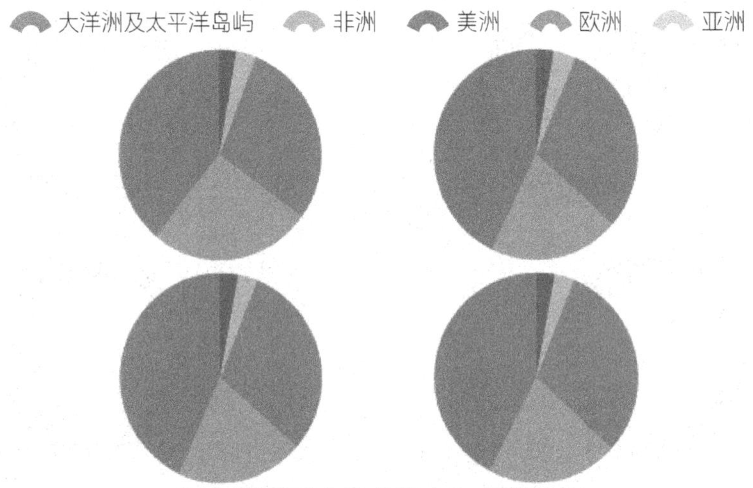

图 4-44　2010 年、2015 年～2017 年按地区上海关区出口总额结构

4.3.4　饼图的配置

ECharts 中饼图的配置参数如表 4-13 所示。

表 4-13　ECharts 中饼图的配置参数

参数	解释
xAxisIndex	使用的 x 轴的 index，在单个图表实例中存在多个 x 轴的时候有用
yAxisIndex	使用的 y 轴的 index，在单个图表实例中存在多个 y 轴的时候有用
hoverAnimation	是否开启 hover 在扇区上的放大动画效果
selectedMode	选中模式，表示是否支持多个选中
clockwise	饼图的扇区是否是顺时针排布
label	饼图图形上的文本标签，可用于说明图形的一些数据信息，如值、名称等
emphasis	高亮的扇区和标签样式
center	饼图的中心（圆心）坐标，数组的第一项是横坐标，第二项是纵坐标
radius	饼图的半径

（续表）

参数	解释
data	系列中的数据内容数组。数组项可以为单个数值
markPoint	图表标注

Pyecharts 中饼图的配置参数如表 4-14 所示。

表 4-14　Pyecharts 中饼图的配置参数

参数	解释
xAxisIndex	使用的 *x* 轴的 index，在单个图表实例中存在多个 *x* 轴的时候有用
yAxisIndex	使用的 *y* 轴的 index，在单个图表实例中存在多个 *y* 轴的时候有用
data_pair	系列数据项，格式为 [(key1, value1), (key2, value2)]
radius	饼图的半径，数组的第一项是内半径，第二项是外半径
center	饼图的中心（圆心）坐标
rosetype	是否展示成南丁格尔图，通过半径区分数据大小，有 'radius' 和 'area' 两种模式
clockwise	饼图的扇区是否是顺时针排布

Recharts 中饼图的配置参数如表 4-15 所示。

表 4-15　Recharts 中饼图的配置参数

参数	解释
data	数据框格式的源数据
x	文本型自变量。*x* 的每个水平被处理为一个数据系列。其他类型会被转为因子后计算。如提供多个变量，只传入第一个
y	数值型因变量。如提供多个变量，只传入第一个
series	转为因子后计算。series 的每个水平被处理为分组因子，由外向内产生圈层。如提供多个变量，只传入第一个
facet	转为因子后计算。facet 的每个水平被处理为分组因子，用于产生独立的饼图。如提供多个变量，只传入第一个
t	时间轴变量，转为因子后计算。如提供多个变量，只传入第一个
type	'pie'、'ring' 和 'rose'
subtype	• pie: c('multi', 'clock', 'clockwise') • multi: 多选模式 • clock/clokwise: 饼图顺时针显示 • ring: c('info', 'multi', 'clock', 'clockwise') • info: 信息图样式环图 • rose: c('area', 'radius', 'multi', 'clock', 'clockwise') • area: 面积模式玫瑰图 • radius: 半径模式玫瑰图

4.4 散点图与雷达图

4.4.1 散点图与雷达图介绍

散点图可以展示回归分析中数据点在笛卡尔坐标系平面上的分布，它指明了因变量随自变量变化的整体趋势。散点图可分为基本散点图和气泡图。绘制散点图时，可以使用两个数据集创建多个坐标点，检查坐标点的分布可以判断两个变量之间是否存在相关性，或者总结一个坐标点的分布模型。散点图将数据系列显示为一组点，值由点在图表中的位置表示，类别由图表中的不同标记表示。

雷达图是一种以二维图表的形式显示多变量数据的图形，从同一点开始在一个轴上显示三个或三个以上的定量变量。轴的相对位置和角度通常并不重要。

4.4.2 散点图与雷达图绘制案例

1. 基本散点图

基本散点图是使用散点来展示数据的一种图表，支持自定义 x 轴，y 轴和散点的样式，支持多系列数据配置。

（1）使用 ECharts 绘制基本散点图

下面使用上海市主要年份引进技术设备实际到货金额的数据来绘制散点图（数据来自上海市统计局），如表 4-16 所示。

表 4-16　上海市主要年份引进技术设备实际到货金额

单位：万美元

国家或地区	2000 年	2010 年	2016 年	2017 年
总计	104,558	3,903,807	5,412,147	6,159,637
中国香港	10,746	17,414	7,458	10,688
日本	10,069	886,132	810,804	948,615
德国	16,314	814,006	1,223,677	1,405,285
意大利	622	123,823	203,975	335,278
美国	49,431	427,275	797,393	784,589
瑞士	1,862	126,605	143,539	162,130

（续表）

国家或地区	2000 年	2010 年	2016 年	2017 年
英国	712	85,649	376,559	403,744
瑞典	639	72,594	84,897	111,931
奥地利	1,162	31,804	40,921	52,015
法国	1,926	98,172	138,716	121,582

通过散点图，可以十分直观地看出 2016 年与 2017 年主要年份引进技术设备实际到货金额。调用 js 文件的详细代码可参见线状图和面积图部分绘制基本折线图的第一个案例，此处将序列中的图形参数设置为 'scatter'，并可以通过 symbolSize 设置图中点的大小。

代码运行结果如图 4-45 所示。

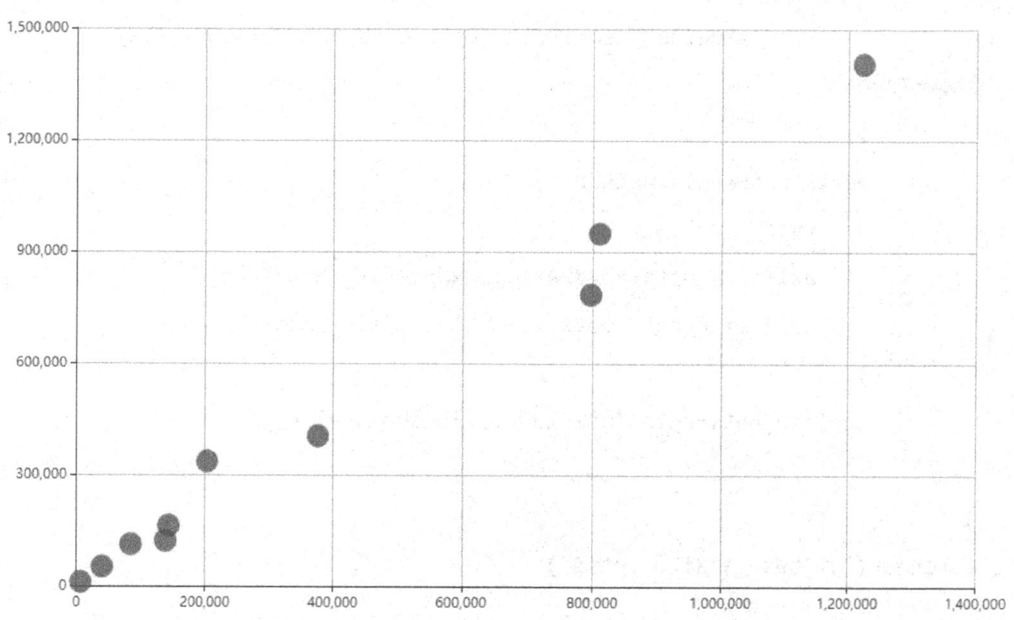

图 4-45　2016 年与 2017 年上海市引进技术设备实际到货金额

（2）使用 Pyecharts 绘制基本散点图

在 Python 中输入以下代码，在函数 Scatter() 中进行基础设置可以得到基本散点图，其中 splitline 是用于设置刻度线的。数据如表 4-16 所示。

```
ite2016=[7458,810804,1223677,203975,797393,143539,376559,84897,40921,138
```

```
716]
ite2017=[10688,948615,1405285,335278,784589,162130,403744,111931,52015,1
21582]
c = (
    Scatter()
    .add_xaxis(xaxis_data=ite2016)
    .add_yaxis(
    series_name="",
    y_axis=ite2017,
    label_opts=opts.LabelOpts(is_show=False),
    )
    .set_series_opts()
    .set_global_opts(
        xaxis_opts=opts.AxisOpts(
            type_="value", splitline_opts=opts.SplitLineOpts(is_
show=True)
        ),
        yaxis_opts=opts.AxisOpts(
            type_="value",
            axistick_opts=opts.AxisTickOpts(is_show=True),
            splitline_opts=opts.SplitLineOpts(is_show=True),
        ),
        tooltip_opts=opts.TooltipOpts(is_show=False),
    )
)
c.render("py_base_scatter.html")
```

代码运行结果如图 4-46 所示。

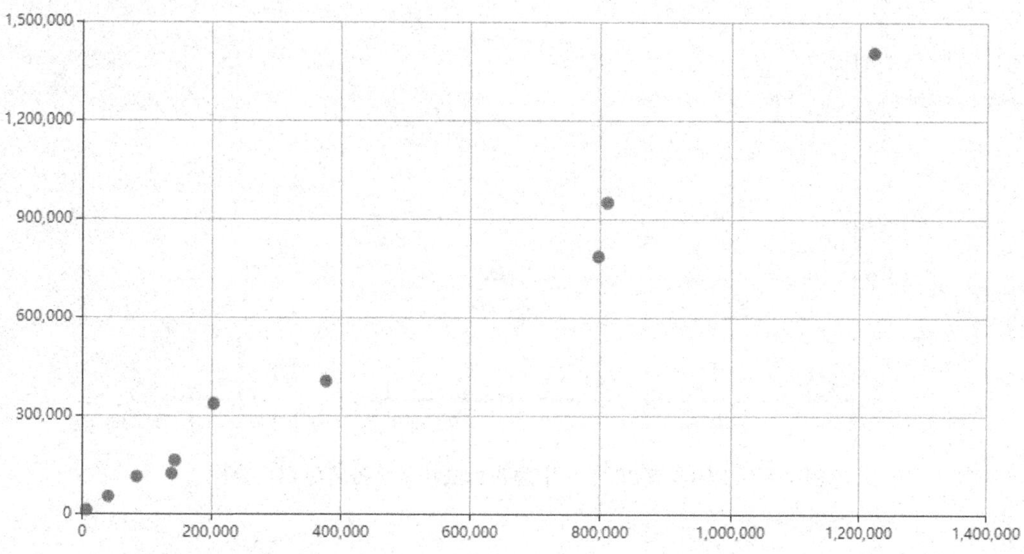

图 4-46　2016 年与 2017 年上海市引进技术设备实际到货金额

（3）使用 Recharts 绘制基本散点图

数据如表 4-16 所示，通过 Recharts 绘制基本散点图，不需要指定 type，相关代码如下。

```
ite2016=c(7458,810804,  1223677,203975,797393,143539,376559,84897,40921,
138716)
ite2017
=c(10688,948615,1405285,335278,784589,162130,403744,111931,52015,121582)
df <- data.frame(
  ite2016 ,ite2017
)
echartr(df, x=ite2016, y=ite2017)
```

代码运行结果如图 4-47 所示。

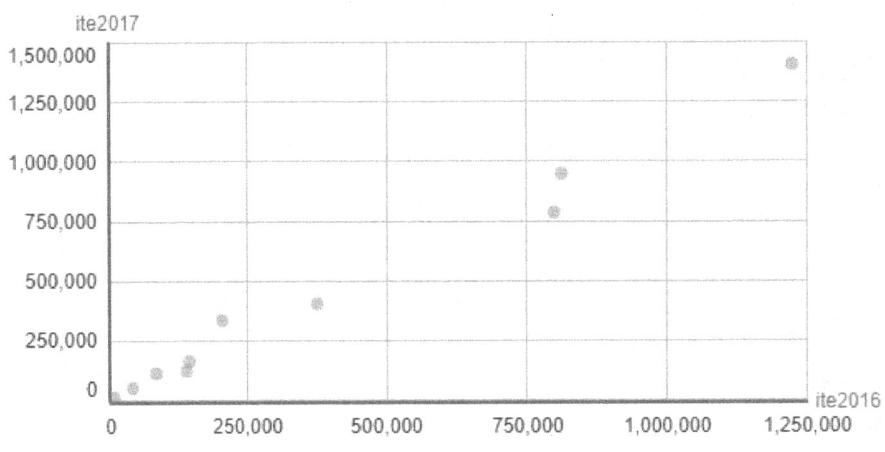

图 4-47　2016 与 2017 年上海市引进技术设备实际到货金额

2. 气泡图

气泡图是一种多变量图形，是基本散点图的变体，也可以认为是散点图和面积图的组合。

与散点图相同，气泡图将两个维度的数据值分别映射到坐标系上的坐标点。然而，与散点图不同的是，每个气泡都指定了一个标签或类别（显示在图例旁边或图例上）。然后，每个绘制点以其圆的面积表示第三个变量的数值。颜色也可以用来区分类别或表示一个额外的数据变量。时间可以通过将其作为一个轴上的变量来显示，也可以通过设置数据变量随时间变化的动画来显示。

（1）使用 ECharts 绘制气泡图

下面使用 2017 年上海市各区人口与人口密度（数据来自上海市统计局）来绘制气泡图，如表 4-17 所示。

表 4-17　2017 年上海市各区人口与人口密度

地区	行政区划面积（平方公里）	年末常住人口（万人）	其中外来人口（万人）	人口密度（人 / 平方公里）
全市	**6,340.50**	**2,418.33**	**972.68**	**3,814**
浦东新区	1,210.41	552.84	235.09	4,567
黄浦区	20.46	65.48	16.63	32,004
徐汇区	54.76	108.83	26.98	19,874
长宁区	38.30	69.37	17.48	18,112
静安区	36.88	106.62	26.68	28,910

（续表）

地区	行政区划面积（平方公里）	年末常住人口（万人）	其中外来人口（万人）	人口密度（人 / 平方公里）
普陀区	54.83	128.47	33.80	23,431
虹口区	23.46	79.90	15.37	34,058
杨浦区	60.73	131.34	26.86	21,627
闵行区	370.75	253.43	124.59	6,836
宝山区	270.99	203.08	83.47	7,494
嘉定区	464.20	158.18	89.90	3,408
金山区	586.05	80.14	27.00	1,367
松江区	605.64	175.13	105.95	2,892
青浦区	670.14	120.53	70.75	1,799
奉贤区	687.39	115.53	57.94	1,681
崇明区	1,185.49	69.46	14.19	586

下面使用ECharts绘制气泡图，数据如表4-17所示。调用js文件可以得到运行结果。调用 js 文件的详细代码可见线状图和面积图部分绘制基本折线图的第一个案例。

代码运行结果如图 4-48 所示。其中横轴表示年末常住人口，纵轴表示外来人口，气泡大小表示人口密度。

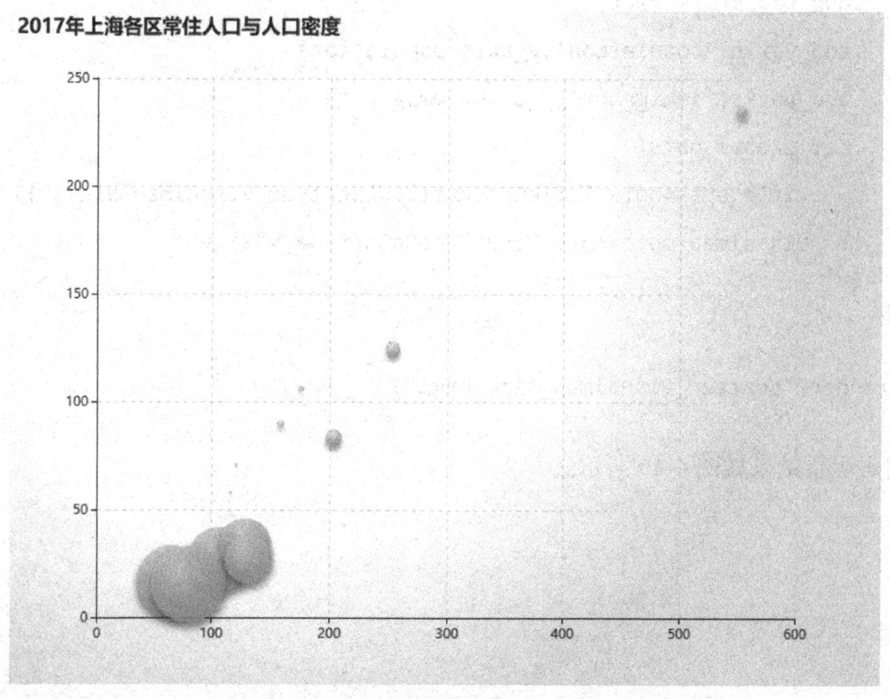

图 4-48　2017 年上海市各区人口与人口密度

（2）使用 Pyecharts 绘制气泡图

下面使用 Pyecharts 绘制气泡图，visualMap 是视觉映射组件，用于进行视觉编码，也就是将数据映射到视觉元素（视觉通道）。视觉元素包含图元的图形类别（symbol）、大小（symbolSize）、颜色（color）、透明度。其中，颜色包含颜色的明暗度（colorLightness）、颜色的饱和度（colorSaturation）和颜色的色调（colorHue）。透明度包含颜色的透明度和附属物（如文字标签）的透明度。主要代码如下。

```
population =[552.84,65.48,108.83,69.37,106.62,128.47,79.9,131.34,253.43,
203.08,158.18,80.14,175.13,120.53,115.53,69.46]
immigrant =[235.09,16.63,26.98,17.48,26.68,33.8,15.37,26.86,124.59,83.47
,89.9,27,105.95,70.75,57.94,14.19]
density =[45.67,320.04,198.74,181.12,289.10,234.31,340.58,216.27,68.36,7
4.94,34.08,13.67,28.92,17.99,16.81,5.86]
district=['浦东新区','黄浦区','徐汇区','长宁区','静安区','普陀区','虹
口区','杨浦区','闵行区','宝山区','嘉定区','金山区','松江区','青浦区','
奉贤区','崇明区']
c = (
    Scatter()
    .add_xaxis(district)
    .add_yaxis('population',y_axis=population)
    .add_yaxis('immigrant',y_axis=immigrant)
    .set_global_opts(
        title_opts=opts.TitleOpts(title="Scatter-VisualMap(Size)"),
        visualmap_opts=opts.VisualMapOpts(type_="size"),
    )
)
c.render("scatter_visualmap_size.html")
```

代码运行结果如图 4-49 所示。

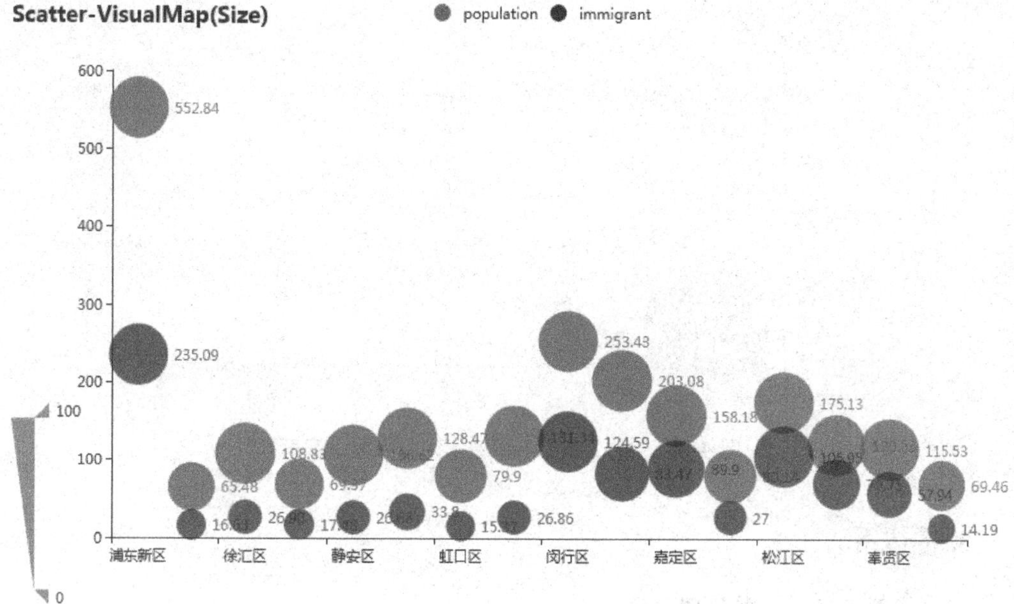

图 4-49　2017 年上海市各区人口与人口密度

（3）使用 Recharts 绘制气泡图

下面使用 Recharts 绘制气泡图，将 type 设置为 'bubble'，根据 density 决定气泡大小，数据如表 4-17 所示，相关代码如下。

```
library(recharts)
population =c(552.84,65.48,108.83,69.37,106.62,128.47,79.9,131.34,253.43
,203.08,158.18,80.14,175.13,120.53,115.53,69.46)
immigrant= c(235.09,16.63,26.98,17.48,26.68,33.8,15.37,26.86,124.59,83.4
7,89.9,27,105.95,70.75,57.94,14.19)
density =c(45.67,320.04,198.74,181.12,289.10,234.31,340.58,216.27,68.36,
74.94,34.08,13.67,28.92,17.99,16.81,5.86)
df <- data.frame(
  population,immigrant,density
)
echartr(df, population, immigrant, weight=density, type='bubble')
```

代码运行结果如图 4-50 所示。

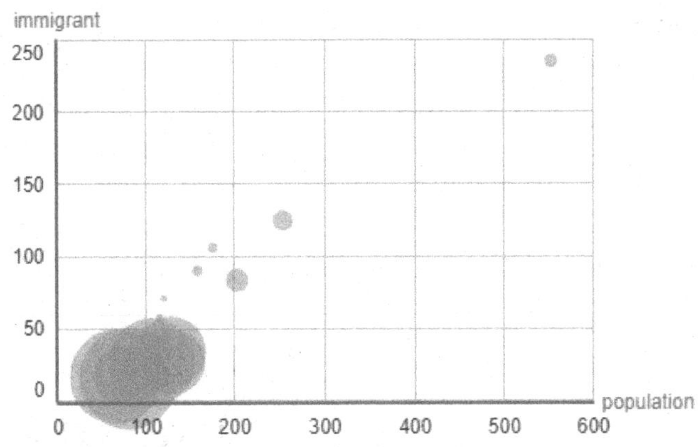

图 4-50 2017 年上海市各区人口与人口密度

3. 雷达图

（1）使用 ECharts 绘制雷达图

下面使用 2017 年上海市各区一般公共预算收支（数据来自上海市统计局）来绘制雷达图，如表 4-18 所示。

表 4-18 2017 年上海市各区一般公共预算收支

地区	行政区划面积（平方公里）	年末常住人口（万人）	人口密度（人 / 平方公里）	一般公共预算收入（亿元）	一般公共预算支出（亿元）
浦东新区	1,210.41	552.84	4,567	996.26	1,257.69
黄浦区	20.46	65.48	32,004	212.21	263.45
徐汇区	54.76	108.83	19,874	186.02	264.52
长宁区	38.30	69.37	18,112	154.28	183.92
静安区	36.88	106.62	28,910	232.80	312.17
普陀区	54.83	128.47	23,431	108.10	174.46
虹口区	23.46	79.90	34,058	110.11	173.45
杨浦区	60.73	131.34	21,627	119.52	206.18
闵行区	370.75	253.43	6,836	278.71	416.06
宝山区	270.99	203.08	7,494	151.11	271.83
嘉定区	464.20	158.18	3,408	252.26	370.74
金山区	586.05	80.14	1,367	108.36	234.39
松江区	605.64	175.13	2,892	192.56	288.84
青浦区	670.14	120.53	1,799	188.01	383.95
奉贤区	687.39	115.53	1,681	128.11	312.72
崇明区	1,185.49	69.46	586	67.00	221.45

雷达图可用于对比上海市 2017 年各区公共预算收入和公共预算支出情况。序列中的参数设置为 'radar'，在 ECharts 中调用 js 文件，代码运行结果如图 4-51 所示。

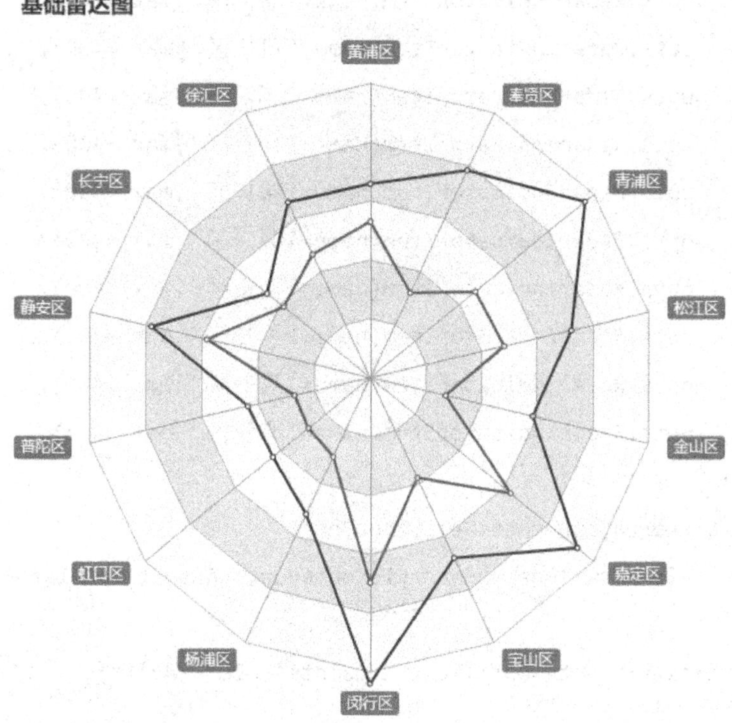

图 4-51　2017 年上海市各区一般公共预算收支对比

（2）使用 Pyecharts 绘制雷达图

下面使用 Pyecharts 绘制雷达图，在函数 Radar() 中进行基础配置，其中 LegendOpts 用于配置图例项，数据如表 4-18 所示，相关代码如下。

```
v1=[[212.21,186.02,154.28,232.8,108.1,110.11,119.52,278.71,151.11,252.26
,108.36,192.56,188.01,128.11]]
v2=[[263.45,264.52,183.92,312.17,174.46,173.45,206.18,416.06,271.83,370.
74,234.39,288.84,383.95,312.72]]
c=(
    Radar(init_opts=opts.InitOpts(width="1280px", height="720px", bg_
color="#CCCCCC"))
    .add_schema(
        schema=[
            opts.RadarIndicatorItem(name=' 黄浦区 ',max_=400),
```

```
            opts.RadarIndicatorItem(name=' 徐汇区 ',max_=400),
            opts.RadarIndicatorItem(name=' 长宁区 ',max_=400),
            opts.RadarIndicatorItem(name=' 静安区 ',max_=400),
            opts.RadarIndicatorItem(name=' 普陀区 ',max_=400),
            opts.RadarIndicatorItem(name=' 虹口区 ',max_=400),
            opts.RadarIndicatorItem(name=' 杨浦区 ',max_=400),
            opts.RadarIndicatorItem(name=' 闵行区 ',max_=400),
            opts.RadarIndicatorItem(name=' 宝山区 ',max_=400),
            opts.RadarIndicatorItem(name=' 嘉定区 ',max_=400),
            opts.RadarIndicatorItem(name=' 金山区 ',max_=400),
            opts.RadarIndicatorItem(name=' 松江区 ',max_=400),
            opts.RadarIndicatorItem(name=' 青浦区 ',max_=400),
            opts.RadarIndicatorItem(name=' 奉贤区 ',max_=400)
        ],
        splitarea_opt=opts.SplitAreaOpts(
            is_show=True, areastyle_opts=opts.AreaStyleOpts(opacity=1)
        ),
        textstyle_opts=opts.TextStyleOpts(color="#fff"),
    )
    .add(
        series_name=" 一般公共预算收入 ",
        data=v1,
        linestyle_opts=opts.LineStyleOpts(color="#CD0000"),
    )
    .add(
        series_name=" 一般公共预算支出 ",
        data=v2,
        linestyle_opts=opts.LineStyleOpts(color="#5CACEE"),
    )
    .set_series_opts(label_opts=opts.LabelOpts(is_show=False))
    .set_global_opts(
        title_opts=opts.TitleOpts(title=" 基础雷达图 "), legend_opts=opts.
LegendOpts()
    )
```

```
)
c.render("basic_radar_chart.html")
```

代码运行结果如图 4-52 所示。

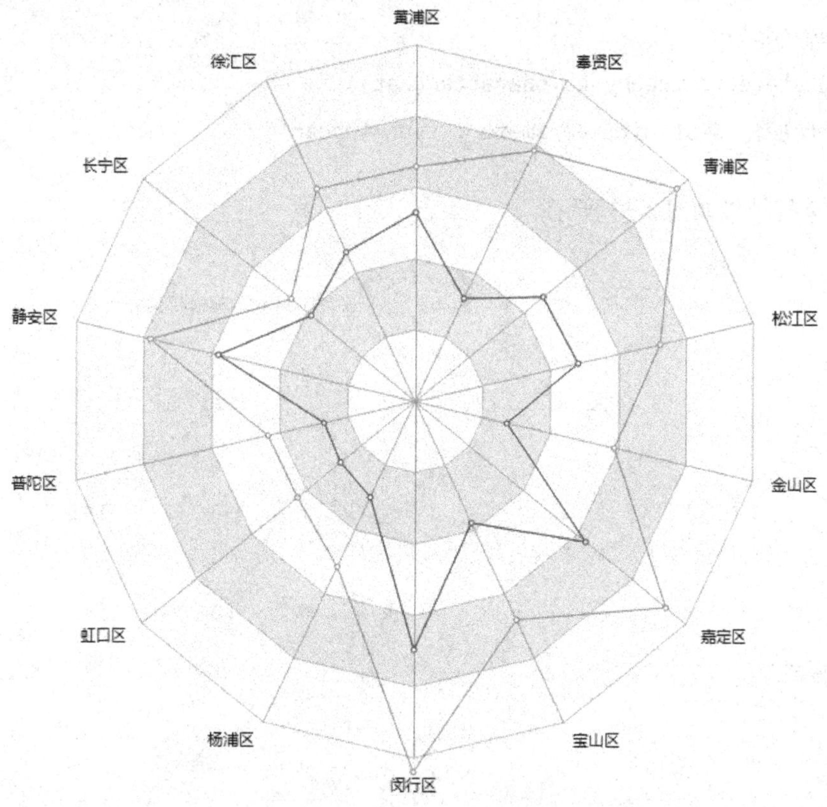

图 4-52　2017 年上海市各区一般公共预算收支对比

（3）使用 Recharts 绘制雷达图

下面使用 Recharts 绘制雷达图，将函数 echartr() 中的 type 设置为 'radar'，mutate 用于转换数据类型，数据如表 4-18 所示，核心代码如下。

```
distrcit=c('黄浦区','徐汇区','长宁区','静安区','普陀区','虹口区',
           '杨浦区','闵行区','宝山区','嘉定区','金山区','松江区',
           '青浦区','奉贤区','黄浦区','徐汇区','长宁区','静安区',
           '普陀区','虹口区','杨浦区','闵行区','宝山区','嘉定区',
           '金山区','松江区','青浦区','奉贤区'
```

```
)
Parameter =c(212.21,186.02,154.28,232.8,108.1,110.11,119.52,278.71,151.1
1,252.26,108.36,192.56,188.01,128.11,263.45,264.52,183.92,312.17,174.46,
173.45,206.18,416.06,271.83,370.74,234.39,288.84,383.95,312.72)
df <- data.frame(
  cat ,distrcit,Parameter
)
library(dplyr)
df=mutate(df,category=as.character(cat))
echartr(df, distrcit, Parameter, type='radar')
```

代码运行结果如图 4-53 所示。

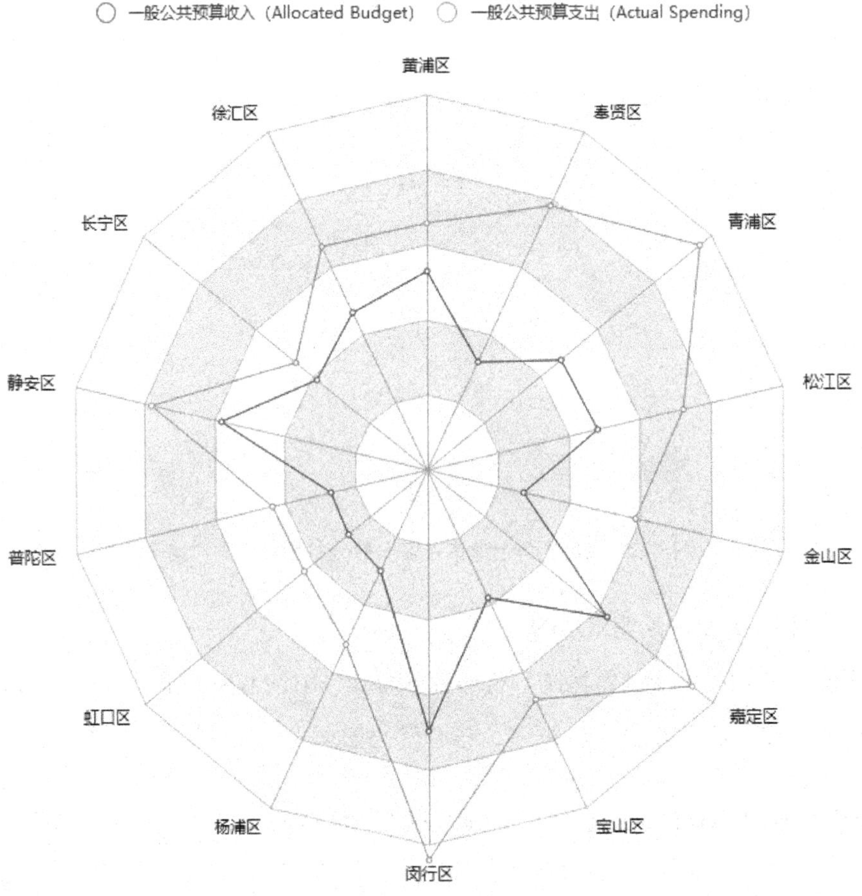

图 4-53　2017 年上海市各区一般公共预算收支对比

4.4.3 散点图与雷达图的配置

ECharts 中散点图和雷达图的配置参数如表 4-19 和表 4-20 所示。

表 4-19　ECharts 中散点图的配置参数

参数	解释
xAxisIndex	使用的 x 轴的 index，在单个图表实例中存在多个 x 轴的时候有用
yAxisIndex	使用的 y 轴的 index，在单个图表实例中存在多个 y 轴的时候有用
polarIndex	使用的极坐标系的 index，在单个图表实例中存在多个极坐标系的时候有用
geoIndex	使用的地理坐标系的 index，在单个图表实例中存在多个地理坐标系的时候有用
symbolRotate	标记的旋转角度（而非弧度），正值表示逆时针旋转
symbolOffse	标记相对于原本位置的偏移。默认情况下，标记居中置放在数据对应的位置
large	是否开启大数据量优化
cursor	鼠标悬浮在图形元素上时鼠标的样式是什么
progressiveThreshold	启用渐进式渲染的图形数量阈值，在单个系列的图形数量超过该阈值时启用渐进式渲染

表 4-20　ECharts 中雷达图的配置参数

参数	解释
itemStyle	折线拐点标志的样式
areaStyle	区域填充样式，可设置区域颜色、阴影颜色及阴影偏移位置等属性
data	雷达图的数据是多变量（维度）的，可以设置单个数据项的大小、旋转角度及拐点位置等属性
silent	图形是否不响应和触发鼠标事件，默认为 false，即响应和触发鼠标事件

Pyecharts 中散点图和雷达图的配置参数如表 4-21 和表 4-22 所示。

表 4-21　Pyecharts 中散点图的配置参数

参数	解释
xAxisIndex	使用的 x 轴的 index，在单个图表实例中存在多个 x 轴的时候有用
yAxisIndex	使用的 y 轴的 index，在单个图表实例中存在多个 y 轴的时候有用
symbol_rotate	标记的旋转角度。注意：在 markLine 中，当 symbol 为 'arrow' 时会忽略 symbolRotate，强制设置为切线的角度
markpoint_opts	标记点配置项
markline_opts	标记线配置项
markarea_opts	图表标域，常用于标记图表中某个范围的数据

表 4-22　Pyecharts 中雷达图的配置参数

参数	解释
shape	雷达图绘制类型，可选值：'polygon' 和 'circle'
center	雷达的中心（圆心）坐标，数组的第一项是横坐标，第二项是纵坐标
splitline	分割线配置项
axisline	坐标轴轴线配置项
symbol	标记的图形，提供的标记类型包括 'circle'、'rect'、'roundRect'、'triangle'、'diamond'、'pin'、'arrow' 和 'none'
linestyle	线样式配置项
areastyle	区域填充样式配置项

Recharts 中散点图和雷达图的配置参数如表 4-23 和表 4-24 所示。

表 4-23　Recharts 中散点图的配置参数

参数	解释
data	数据框格式的源数据
x	文本型自变量。*x* 的每个水平被处理为一个数据系列。其他类型会被转为因子后计算。如提供多个变量，只传入第一个
y	数值型因变量。如提供多个变量，只传入第一个
series	转为因子后计算。series 的每个水平被处理为分组因子，由外向内产生圈层。如提供多个变量，只传入第一个
weight	数值型权重变量，如提供多个变量，则只传入第一个。weight 与 dataRange 控件相关联。如果 type 设为 'bubble'，则显示气泡图
t	时间轴变量，转为因子后计算。如提供多个变量，只传入第一个
type	如 *x* 和 *y* 均为数值型，则可以忽略 type 或将其设为 'auto'，也可指定 'scatter'、'point' 或 'bubble'

表 4-24　Recharts 中雷达图的配置参数

参数	解释
data	数据框格式的源数据
x	文本型自变量。*x* 的每个水平被处理为一个数据系列。其他类型会被转为因子后计算。如提供多个变量，只传入第一个
y	数值型因变量。如提供多个变量，只传入第一个
series	转为因子后计算。series 的每个水平被处理为分组因子，由外向内产生圈层。如提供多个变量，只传入第一个
facet	转为因子后计算。facet 的每个水平被处理为分组因子，用于产生独立的极坐标系。如提供多个变量，只传入第一个

（续表）

参数	解释
t	时间轴变量，转为因子后计算。如提供多个变量，只传入第一个
type	'radar'
subtype	radar: 'fill' fill: 雷达图填色（默认不填色）

4.5　漏斗图与仪表盘

4.5.1　漏斗图与仪表盘介绍

漏斗图又称倒三角图。漏斗图提供了多个阶段的数据，每个阶段的数据都是一个集合的一部分。从一个阶段到下一个阶段，数据从上到下逐渐减少，所有阶段的总和为 100%。与饼图一样，漏斗图不显示具体数据，只显示数据占总数的比例。漏斗图不需要使用数据轴。

仪表盘是一种拟物化图表，目前在许多管理报告和报告中被使用。仪表盘的刻度代表测量值，指针代表大小，指针的角度代表数值。仪表盘就像一个汽车速度表，它有一个圆形表盘和相应的刻度，指针指示当前值。

4.5.2　漏斗图与仪表盘绘制案例

1. 漏斗图

下面按国家或地区绘制 2017 年上海关区出口总额的漏斗图。2017 年上海关区出口总额是 5,166.76 亿美元，其中美洲为 1,591.58 亿美元，占比 30.80%；北美为 1,281.92 亿美元，占比 24.81%；美国为 1,199.32 亿美元，占比 23.21%（数据来自上海市统计局）。

（1）使用 ECharts 绘制漏斗图

调用 ECharts 的 js 文件，并将序列的图表类型设置为 'funnel'，可得到漏斗图。通过漏斗图，我们可以直观看出美洲、北美和美国出口额占上海关区出口总额的比例大小。代码运行结果如图 4-54 所示。

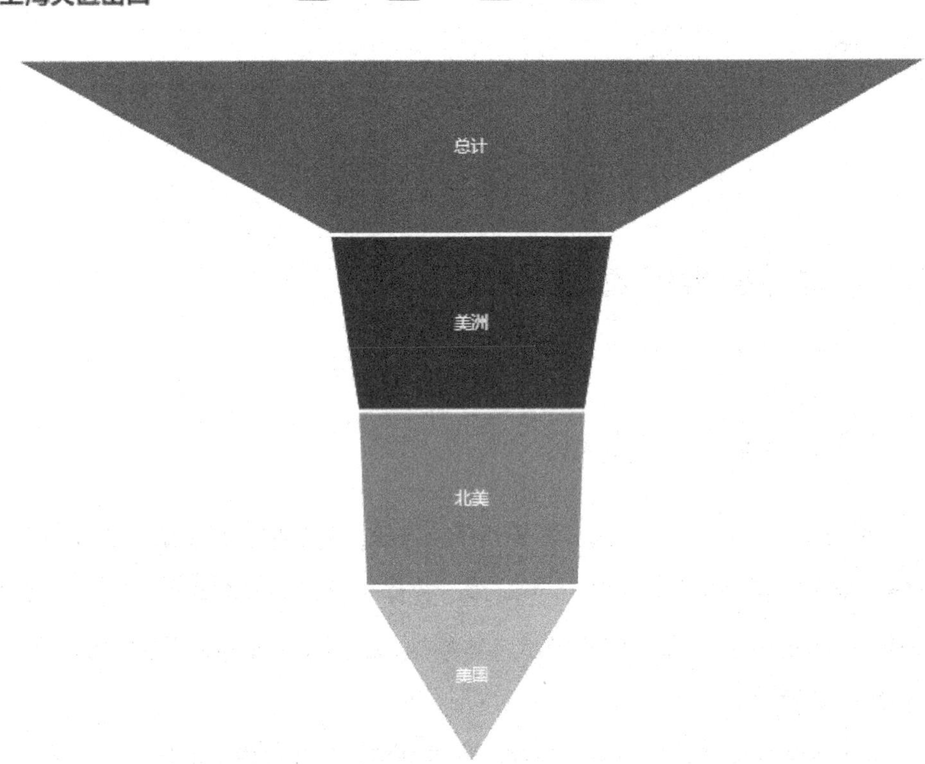

图 4-54　2017 年部分国家或地区上海关区出口总额

（2）使用 Pyecharts 绘制漏斗图

下面使用 Pyecharts 绘制漏斗图，在函数 Funnel() 中进行基础设置，相关代码如下。

```
v1 = ['总计','美洲','北美','美国']
v2 = [100,30.80,24.81,23.21]
c = (
    Funnel()
    .add("", [list(z) for z in zip(v1 , v2)])
    .set_global_opts(title_opts=opts.TitleOpts(title="Funnel-上海关区出口
"))
)
c.render("base_funnel.html")
```

代码运行结果如图 4-55 所示。

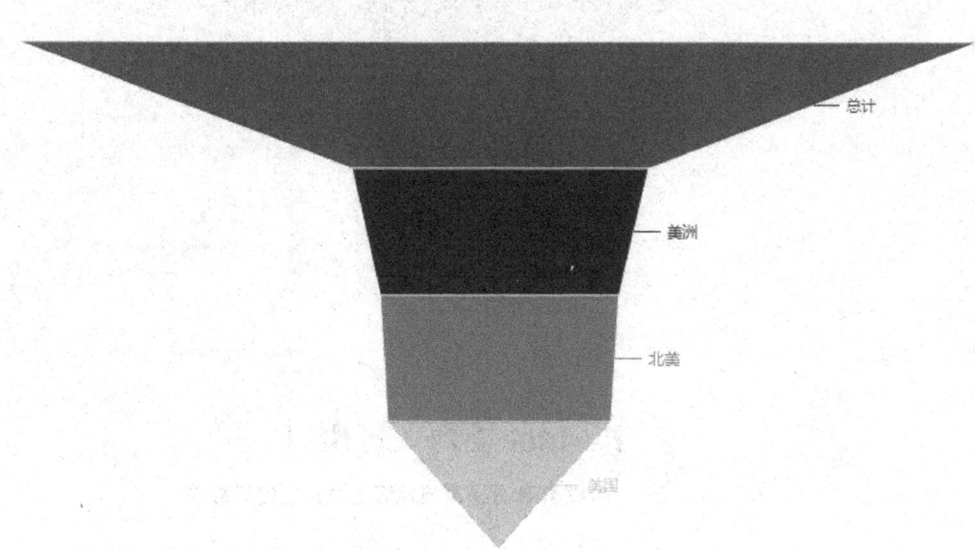

图 4-55　2017 年部分国家或地区上海关区出口总额

（3）使用 Recharts 绘制漏斗图

下面使用 Recharts 绘制漏斗图，将函数 echartr() 中的 type 设定为 'funnel'，数据如表 4-12 所示，相关代码如下。

```
library(recharts)
v1 = c('总计','美洲','北美','美国')
v2 = c(100,30.80,24.81,23.21)
df <- data.frame(
  v1,v2
)
echartr(df, v1, v2, type='funnel') %>%
setTitle('Funnel-上海关区出口')
```

代码运行结果如图 4-56 所示。

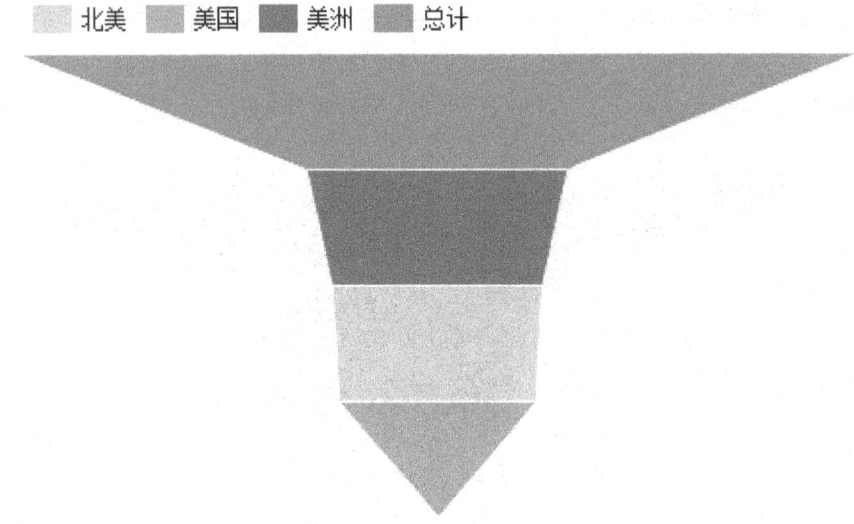

图 4-56　2017 年部分国家或地区上海关区出口总额

2. 仪表盘

（1）使用 ECharts 绘制仪表盘

下面使用上海市主要年份城镇登记失业人数和城镇登记失业率（数据来自上海市统计局）来绘制仪表盘，如表 4-25 所示。

表 4-25　上海市主要年份城镇登记失业人数和城镇登记失业率

指标	2000 年	2010 年	2016 年	2017 年
城镇登记失业人数（万人）	20.08	27.73	24.26	22.06
城镇登记失业率	3.5%	4.2%	4.1%	3.9%

通过调用 ECharts 的 js 文件，将序列的图表类型设置为 'gauge'，可以绘制仪表盘，代码运行结果如图 4-57 所示。

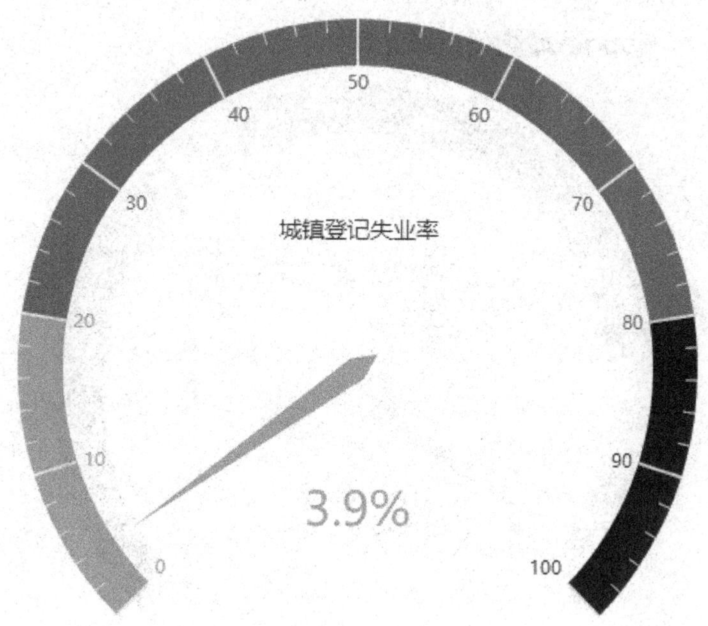

图 4-57　2017 年上海市城镇登记失业率

（2）使用 Pyecharts 绘制仪表盘

下面使用 Pyecharts 绘制仪表盘，在函数 Gauge() 中进行基础配置，数据如表 4-25 所示，相关代码如下。

```
from pyecharts import options as opts
from pyecharts.charts import Gauge
c = (
    Gauge()
    .add("", [(" 城镇登记失业率 ", 3.9)])
    .set_global_opts(title_opts=opts.TitleOpts(title="Gauge- 城镇登记失业
率 "))
    .render("base_gauge.html")
)
```

代码运行结果如图 4-58 所示。

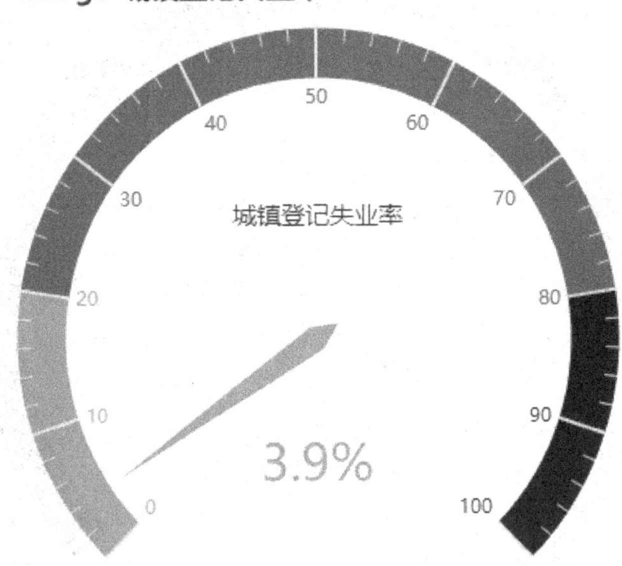

图 4-58　2017 年上海市城镇登记失业率

（3）使用 Recharts 绘制仪表盘

下面使用 Recharts 绘制仪表盘，在函数 echartr() 中设定 type 为 'gauge'，数据如表 4-25 所示，相关代码如下。

```
library(recharts)
x = c(' 城镇登记失业率 ')
y = c(3.9,100)
z = c(3.9)
df <- data.frame(
  x,y
)
echartr(df, x, y, type='gauge')
dff <- data.frame(
  x,z
)
echartr(dff, x, z, type='gauge')
```

代码运行结果如图 4-59 所示。

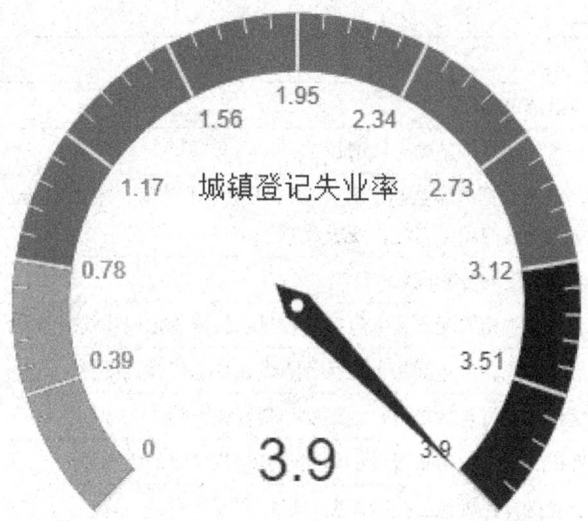

图 4-59　2017 年上海市城镇登记失业率

4.5.3　漏斗图与仪表盘的配置

ECharts 中漏斗图和仪表盘的配置参数如表 4-26 和表 4-27 所示。

表 4-26　ECharts 中漏斗图的配置参数

参数	解释
xAxisIndex	使用的 *x* 轴的 index，在单个图表实例中存在多个 *x* 轴的时候有用
yAxisIndex	使用的 *y* 轴的 index，在单个图表实例中存在多个 *y* 轴的时候有用
minSize	数据最小值 min 映射的宽度
maxSize	数据最大值 max 映射的宽度，可以是绝对的像素大小，也可以是相对布局宽度的百分比
sort	数据排序，可以取 'ascending'、'descending'、'none'（表示按 data 顺序）或者一个函数（即 Array.prototype.sort(function (a, b) { ... })）
funnelAlign	水平方向对齐布局类型，默认居中对齐，可用选项还有 'left'、'right'、'center'
labelLine	标签的视觉引导线样式，在 label 位置设置为 'left' 或者 'right' 的时候会显示视觉引导线
seriesLayoutBy	当使用 dataset 时，seriesLayoutBy 指定了 dataset 中用行或列对应到系列上，也就是说，系列“排布”到 dataset 的行或列上

表 4-27　ECharts 中仪表盘的配置参数

参数	解释
startAngle	仪表盘起始角度。圆心正右手侧为 0 度，正上方为 90 度，正左手侧为 180 度

（续表）

参数	解释
endAngle	仪表盘结束角度
clockwise	仪表盘刻度是否是顺时针增长
data	系列中的数据内容数组。数组项可以为单个数值，或在 visualMap 中将其他维度映射到颜色等其他图形属性，变成数组
splitNumber	仪表盘刻度的分割段数
axisLine	仪表盘轴线相关配置，可包括是否显示仪表盘轴线和仪表盘轴线样式设置
splitLine	分隔线样式，可包括是否显示分隔线和分隔线样式设置
axisTick	刻度样式，可包括是否显示刻度和刻度线长等
axisLabel	刻度标签，可包括是否显示刻度标签和刻度线的距离等
pointer	仪表盘指针，可包括指针长度、指针宽度
detail	仪表盘详情，用于显示数据，可以对文字块的宽度、长度、颜色等属性进行设置

Pyecharts 中漏斗图和仪表盘的配置参数如表 4-28 和表 4-29 所示。

表 4-28　Pyecharts 中漏斗图的配置参数

参数	解释
xAxisIndex	使用的 x 轴的 index，在单个图表实例中存在多个 x 轴的时候有用
yAxisIndex	使用的 y 轴的 index，在单个图表实例中存在多个 y 轴的时候有用
sort	数据排序，可以取 'ascending'、'descending' 或 'none'
gap	数据图形间距
label	标签配置项

表 4-29　Pyecharts 中仪表盘的配置参数

参数	解释
split_number	仪表盘平均分割段数
radius	仪表盘半径，可以是相对于容器高宽中较小的一项的一半的百分比，也可以是绝对的数值
start_angle	仪表盘起始角度
end_angle	仪表盘结束角度
axisline	坐标轴轴线配置项
clock_wise	仪表盘刻度是否是顺时针增长
title_label	轮盘内标题文本项标签配置项
detail_label	轮盘内数据项标签配置项
pointer	仪表盘指针配置项目

（续表）

参数	解释
offset_center	相对于仪表盘中心的偏移位置，数组第一项是水平方向的偏移，第二项是垂直方向的偏移
formatter	格式化函数或者字符串
border_radius	文字块的圆角
shadow_blur	文字块的背景阴影长度
shadow_offset_x	文字块的背景阴影 x 偏移

Recharts 中漏斗图和仪表盘的配置参数如表 4-30 和表 4-31 所示。

表 4-30　Recharts 中漏斗图的配置参数

参数	解释
data	数据框格式的源数据
x	文本型自变量。x 的每个水平被处理为一个数据系列。其他类型会被转为因子后计算。如提供多个变量，只传入第一个
y	数值型因变量。如提供多个变量，只传入第一个
series	转为因子后计算。series 的每个水平被处理为分组因子，用于产生嵌套漏斗图。如提供多个变量，只传入第一个
facet	转为因子后计算。facet 的每个水平被处理为分组因子，用于产生独立的极坐标系。如提供多个变量，只传入第一个
t	时间轴变量，转为因子后计算。如提供多个变量，只传入第一个
type	'funnel'、'pyramid'
subtype	funnel: c('left', 'center', 'right') left: funnelAlign 为左（左对齐） center: funnelAlign 为居中（默认） right: funnelAlign 为右（右对齐） pyramid: c('left', 'center', 'right')

表 4-31　Recharts 中仪表盘的配置参数

参数	解释
data	数据框格式的源数据
x	文本型自变量。x 的每个水平被处理为一个数据系列。其他类型会被转为因子后计算。如提供多个变量，只传入第一个
y	数值型因变量。如提供多个变量，只传入第一个
series	转为因子后计算。series 的每个水平被处理为分组因子。如提供多个变量，只传入第一个

（续表）

参数	解释
facet	转为因子后计算。facet 的每个水平被处理为分组因子，用于产生独立的极坐标系。如提供多个变量，只传入第一个
t	时间轴变量，转为因子后计算。如提供多个变量，只传入第一个
type	'gauge'

4.6 盒式图与热力图

4.6.1 盒式图与热力图介绍

盒式图又称盒须图、箱线图或箱形图，是用于表示分散数据集的统计图，因其形状像一个盒子而得名。盒式图可以应用于各个领域，在质量管理中非常常见。盒式图主要用于反映原始数据分布的特征，也可以用于比较多个数据集的分布特征。在方框中，绘制图表的方法如下：首先找出数据集的最大值、最小值、平均值和两个四分位数；然后将两个四分位数连接起来画一个盒子；最后把框的最大值和最小值加在最上面，中位数在盒子的中间。

热力图使用颜色来表示数据的分布，如突出显示访问者感兴趣的页面区域和访问者所在的地理区域。热力图也可以显示不可点击区域中发生的事情。热力图的本质是对点数据的分析。一般来说，点数据分析可以表征任何类型的事件数据。点数据可以用来分析数据背后的规律。

4.6.2 盒式图与热力图绘制案例

1. 基本盒式图

（1）使用 ECharts 绘制基本盒式图

我国 2015 年～2018 年的地区生产总值（数据来自国家统计局网站）如表 4-32 所示。

表 4-32　2015 年～2018 年地区生产总值

单位：亿元

地区	2018 年	2017 年	2016 年	2015 年
北京市	33,105.97	28,014.94	25,669.13	23,014.59
天津市	13,362.92	18,549.19	17,885.39	16,538.19
河北省	32,494.61	34,016.32	32,070.45	29,806.11
山西省	15,958.13	15,528.42	13,050.41	12,766.49
内蒙古自治区	16,140.76	16,096.21	18,128.1	17,831.51
辽宁省	23,510.54	23,409.24	22,246.9	28,669.02
吉林省	11,253.81	14,944.53	14,776.8	14,063.13
黑龙江省	12,846.48	15,902.68	15,386.09	15,083.67
上海市	36,011.82	30,632.99	28,178.65	25,123.45
江苏省	93,207.55	85,869.76	77,388.28	70,116.38
浙江省	58,002.84	51,768.26	47,251.36	42,886.49
安徽省	34,010.91	27,018	24,407.62	22,005.63
福建省	38,687.77	32,182.09	28,810.58	25,979.82
江西省	22,716.51	20,006.31	18,499	16,723.78
山东省	66,648.87	72,634.15	68,024.49	63,002.33
河南省	49,935.9	44,552.83	40,471.79	37,002.16
湖北省	42,021.95	35,478.09	32,665.38	29,550.19
湖南省	36,329.68	33,902.96	31,551.37	28,902.21
广东省	99,945.22	89,705.23	80,854.91	72,812.55
广西壮族自治区	19,627.81	18,523.26	18,317.64	16,803.12
海南省	4,910.69	4,462.54	4,053.2	3,702.76
重庆市	21,588.8	19,424.73	17,740.59	15,717.27
四川省	42,902.1	36,980.22	32,934.54	30,053.1
贵州省	15,353.21	13,540.83	11,776.73	10,502.56
云南省	20,880.63	16,376.34	14,788.42	13,619.17
西藏自治区	1,548.39	1,310.92	1,151.41	1,026.39
陕西省	23,941.88	21,898.81	19,399.59	18,021.86
甘肃省	8,104.07	7,459.9	7,200.37	6,790.32
青海省	2,748	2,624.83	2,572.49	2,417.05
宁夏回族自治区	3,510.21	3,443.56	3,168.59	2,911.77
新疆维吾尔自治区	12,809.39	10,881.96	9,649.7	9,324.8

通过调用 js 文件可以得到盒式图，将序列的图表类型设置为 'boxplot'，调用 js 文件的详细代码可参见线状图和面积图部分绘制基本折线图的第一个案例。数据如表 4-32 所示，图形展示了上四分位数 Q_3、中位数、下四分位数 Q_1、下边缘和异常值等信息。代码运行结果如图 4-60 所示。

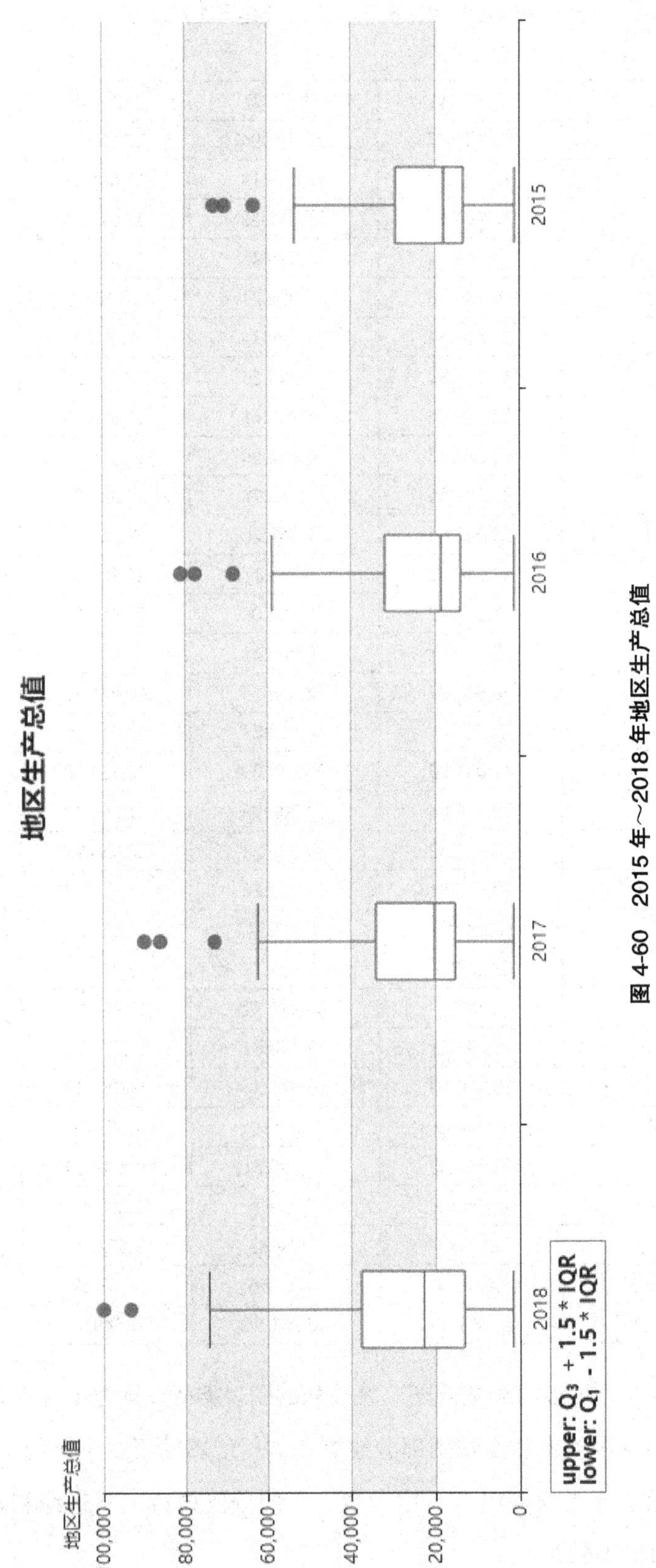

图 4-60　2015 年～2018 年地区生产总值

（2）使用 Pyecharts 绘制基本盒式图

下面使用 Pyecharts 绘制基本盒式图，在函数 Boxplot() 中进行基础配置，数据如表 4-32 所示，相关代码如下。

```
from pyecharts import options as opts
from pyecharts.charts import Boxplot
v1=[[33105.97,13362.92,32494.61,15958.13,16140.76,23510.54,11253.81,1284
6.48,...,23941.88,8104.07,2748,3510.21,12809.39],
[28014.94,18549.19,34016.32,15528.42,16096.21,23409.24,14944.53,15902.68
,30632.99,...,7459.9,2624.83,3443.56,10881.96],
[25669.13,17885.39,32070.45,13050.41,18128.1,22246.9,14776.8,15386.09,28
178.65,...,7200.37,2572.49,3168.59,9649.7],
[23014.59,16538.19,29806.11,12766.49,17831.51,28669.02,14063.13,15083.67
,...,18021.86,6790.32,2417.05,2911.77,9324.8]]
c = Boxplot()
c.add_xaxis(["2018","2017","2016","2015"])
c.add_yaxis(" 地区生产总值 ", c.prepare_data(v1))
c.set_global_opts(title_opts=opts.TitleOpts(title="BoxPlot- 基本示例 "))
c.render("boxplot_base.html")
```

代码运行结果如图 4-61 所示。

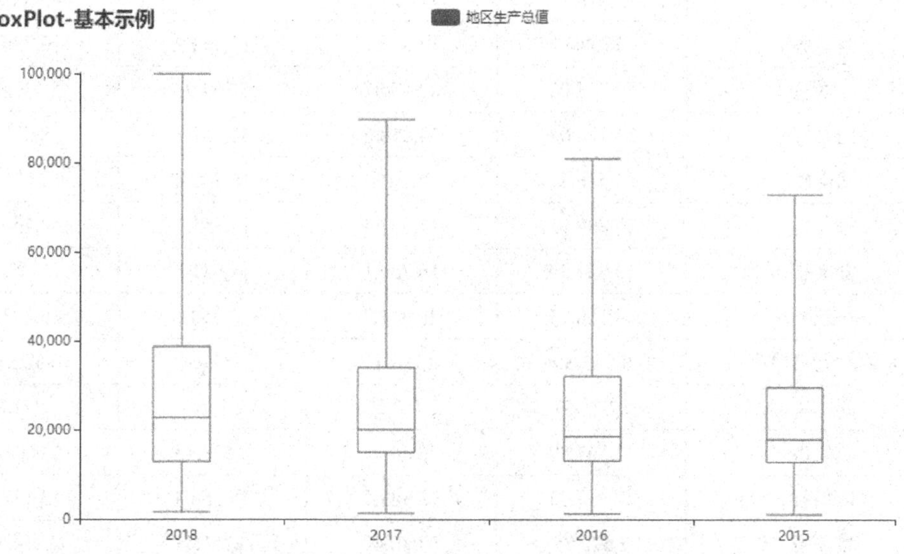

图 4-61　2015 年～2018 年地区生产总值

2. 多类别盒式图

（1）使用 ECharts 绘制多类别盒式图

我们可以通过调用 js 文件得到多类别的盒式图，在数据序列中指定类别，调用 js 文件方式与使用 ECharts 绘制基本盒式图的方式类似。数据如表 4-32 和表 4-33 所示，该多类别盒式图包含两部分，共四个盒式图，分别是我国 2017 年和 2018 年地区生产总值和第三产业增加值。

表 4-33　2015 年～2018 年地区第三产业增加值

单位：亿元

地区	2018 年	2017 年	2016 年	2015 年
北京市	27,508.06	22,567.8	20,594.9	18,331.7
天津市	8,352.32	10,786.6	10,093.8	8,625.15
河北省	16,251.96	15,040.1	13,320.7	11,979.8
山西省	8,142.92	8,030.37	7,236.64	6,789.06
内蒙古自治区	8,054.7	8,046.76	7,937.08	7,213.51
辽宁省	12,441.02	12,307.2	11,467.3	13,243
吉林省	6,041.58	6,850.66	6,273.33	5,461.14
黑龙江省	6,309.34	8,876.83	8,314.94	7,652.09
上海市	25,546.26	21,191.5	19,662.9	17,022.6
江苏省	46,936.47	43,169.7	38,691.6	34,085.9
浙江省	30,718.83	27,602.3	24,091.6	21,341.9
安徽省	17,278.47	11,597.5	10,018.3	8,602.11
福建省	17,461	14,612.7	12,353.9	10,796.9
江西省	10,758.02	8,543.07	7,764.93	6,539.23
山东省	34,174.68	34,858.6	31,751.7	28,537.4
河南省	23,586.21	19,308	16,909.8	14,875.2
湖北省	20,899.91	16,507.4	14,351.7	12,736.8
湖南省	19,341.39	16,759.1	14,631.8	12,759.8
广东省	54,710.37	48,085.7	42,050.9	36,853.5
广西壮族自治区	9,913.85	8,194.11	7,247.18	6,520.15
海南省	2,871.59	2,503.35	2,198.9	1,972.22
重庆市	11,367.89	9,564.03	8,538.43	7,497.75
四川省	22,417.73	18,389.7	15,556.3	13,127.7
贵州省	7,690.95	6,080.42	5,261.01	4,714.12

（续表）

地区	2018 年	2017 年	2016 年	2015 年
云南省	11,114.46	7,833	6,903.15	6,147.27
西藏自治区	837.33	674.55	606.46	552.16
陕西省	10,896.42	9,274.48	8,215.02	7,342.1
甘肃省	4,416.38	4,038.36	3,701.42	3,341.46
青海省	1,386.18	1,224.01	1,101.32	1,000.81
宁夏回族自治区	1,742.69	1,612.37	1,438.55	1,294.41
新疆维吾尔自治区	6,460.14	4,999.23	4,353.72	4,169.32

代码运行结果如图 4-62 所示。

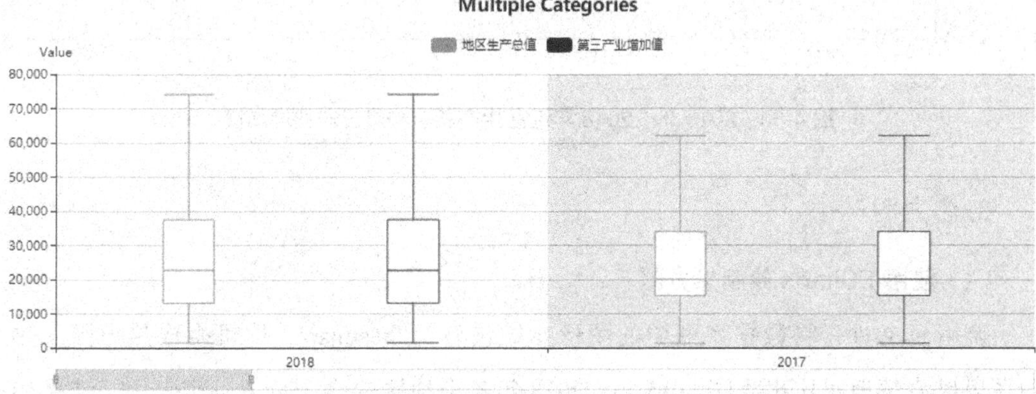

图 4-62　2017 年与 2018 年地区生产总值和第三产业增加值

（2）使用 Pyecharts 绘制多类别盒式图

下面使用 Pyecharts 绘制多类别盒式图，数据如表 4-32 和表 4-33 所示，核心代码如下。

```
c = Boxplot()
c.add_xaxis(["2018","2017","2016","2015"])
c.add_yaxis(" 地区生产总值 ", c.prepare_data(v1))
c.add_yaxis(" 第三产业增加值 ", c.prepare_data(v2))
c.set_global_opts(title_opts=opts.TitleOpts(title="BoxPlot2- 基本示例 "))
c.render("boxplot_base2.html")
```

代码运行结果如图 4-63 所示。

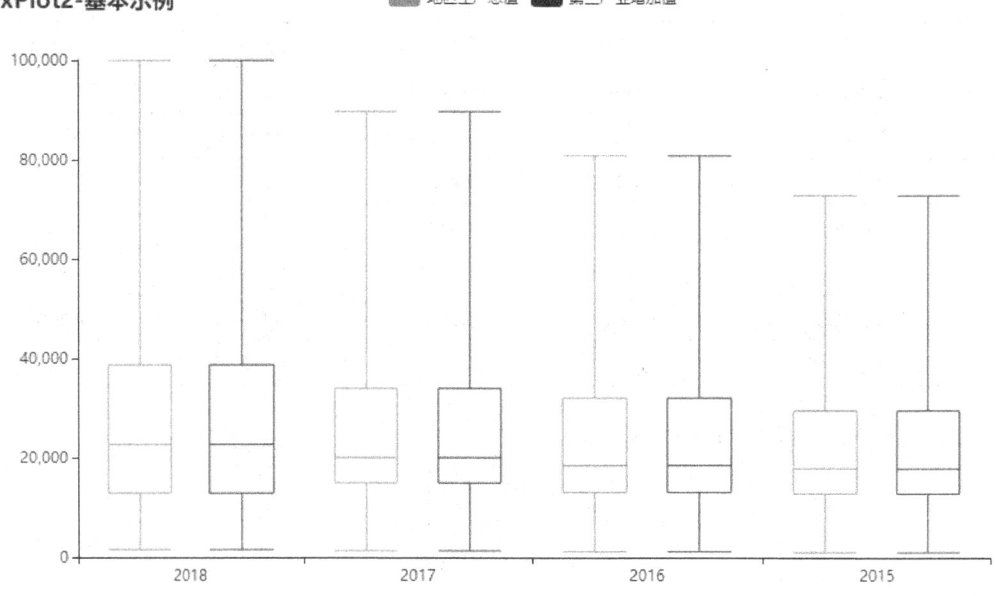

图 4-63　2015 年～2018 年地区生产总值和第三产业增加值

3. 热力图

（1）使用 ECharts 绘制热力图

调用 js 文件，将数据系列中的图形参数设置为 'heatmap'，即可生成热力图。热力图可以清楚地对比出我国 2015 年～2018 年各个地区的生产总值。代码运行结果如图 4-64 所示。

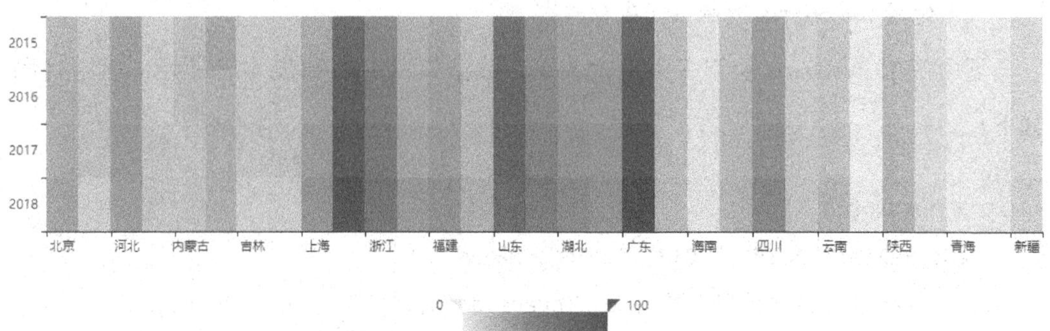

图 4-64　2015 年～2018 年地区生产总值

（2）使用 Pyecharts 绘制热力图

下面使用 Pyecharts 绘制热力图，在函数 HeatMap() 中进行基础配置，数据如表 4-32 所示，相关代码如下。

```
from pyecharts.charts import HeatMap
import xlrd
year=["2018","2017","2016","2015"]
province=["北京","天津","河北","山西","内蒙古","辽宁","吉林","黑龙江","上海","江苏","浙江","安徽","福建","江西","山东","河南","湖北","湖南","广东","广西","海南","重庆","四川","贵州","云南","西藏","陕西","甘肃","青海","宁夏","新疆"]
value=[["北京","2018",33.10597          ],
      ["天津","2018", 13.36292          ],
      ["河北","2018", 32.49461          ],
        … … … …
      ["青海","2015",2.41705          ],
      ["宁夏","2015",2.91177          ],
      ["新疆","2015",9.3248           ]]
  c = (
    HeatMap()
    .add_xaxis(province)
    .add_yaxis("series2",year,value)
    .set_global_opts(
        title_opts=opts.TitleOpts(title="HeatMap-基本示例"),
        visualmap_opts=opts.VisualMapOpts()
    )
  )
c.render("heatmap_base.html")
```

代码运行结果如图 4-65 所示。

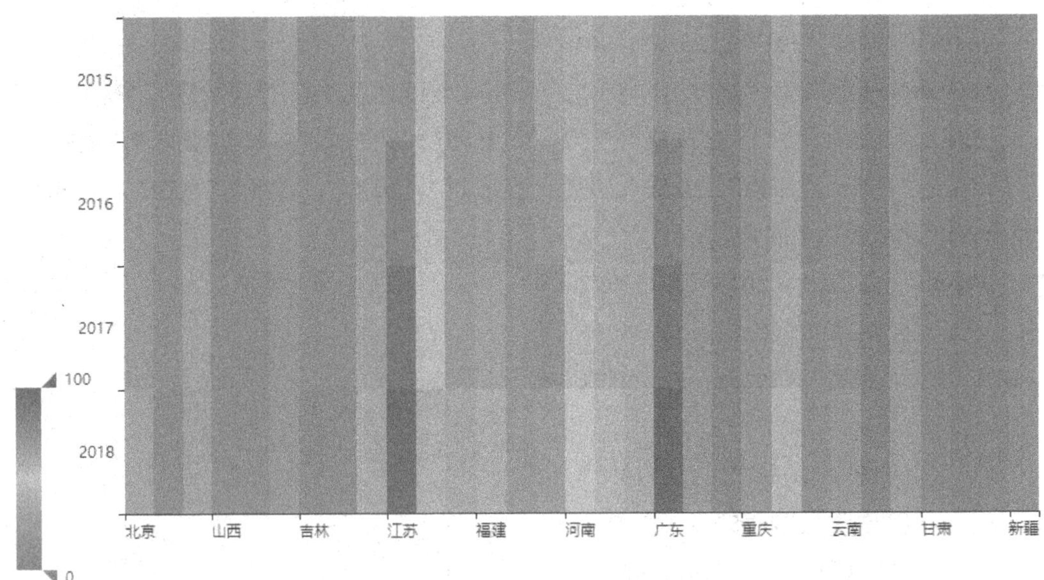

图 4-65　2015 年～2018 年地区生产总值

4.6.3　盒式图与热力图的配置

ECharts 中盒式图与热力图的配置参数如表 4-34 和表 4-35 所示。

表 4-34　ECharts 中盒式图的配置参数

参数	解释
xAxisIndex	使用的 x 轴的 index，在单个图表实例中存在多个 x 轴的时候有用
yAxisIndex	使用的 y 轴的 index，在单个图表实例中存在多个 y 轴的时候有用
data	二维数组的每一数组项渲染一个 box，它含有五个量值
markPoint	图表标注
markLine	图表标线，可对标线两端的标记类型、大小、精度、文本、样式进行设置
markArea	图表标域，常用于标记图表中某个范围的数据，可对标域文本、样式进行设置

表 4-35　ECharts 中热力图的配置参数

参数	解释
pointSize	每个点的大小，在地理坐标系 (coordinateSystem:'geo') 上有效
blurSize	每个点模糊的大小，在地理坐标系 (coordinateSystem:'geo') 上有效
minOpacity	最小的透明度，在地理坐标系 (coordinateSystem:'geo') 上有效

（续表）

参数	解释
progressive	渐进式渲染时每一帧绘制图形数量，设为 0 时不启用渐进式渲染，支持每个系列单独配置
progressiveThreshold	启用渐进式渲染的图形数量阈值，在单个系列的图形数量超过该阈值时启用渐进式渲染
markPoint	图表标注，可对标记的大小、旋转角度、文本等进行设置
markLine	图表标线，可对标线两端的标记类型、大小、精度、文本、样式、高亮进行设置

Pyecharts 中盒式图和热力图的配置参数如表 4-36 和表 4-37 所示。

表 4-36　Pyecharts 中盒式图的配置参数

参数	解释
xAxisIndex	使用的 x 轴的 index，在单个图表实例中存在多个 x 轴的时候有用
yAxisIndex	使用的 y 轴的 index，在单个图表实例中存在多个 y 轴的时候有用
markpoint_opts	标记点配置项
markline_opts	标记线配置项
tooltip_opts	提示框组件配置项
value	单个数据项的数值

表 4-37　Pyecharts 中热力图的配置参数

参数	解释
xAxisIndex	使用的 x 轴的 index，在单个图表实例中存在多个 x 轴的时候有用
yAxisIndex	使用的 y 轴的 index，在单个图表实例中存在多个 y 轴的时候有用
markpoint_opts	标记点配置项
markline_opts	标记线配置项
tooltip_opts	提示框组件配置项
itemstyle_opts	图元样式配置项
HeatMapItem：	热力图数据项
value	数据项的值

4.7 小结

本章主要介绍了基本图形，包括线状图与面积图、柱图、饼图、散点图与雷达图、漏斗图与仪表盘、盒式图与热力图等，并结合搜集的实际数据，使用 ECharts、Pyecharts 和 Recharts 进行实现，还介绍了可视化主要工具的配置。

4.8 习题

1. 在描绘数据特征方面，线状图和面积图各有什么特征？

2. 实现柱图可以使用 ECharts、Pyecharts 和 Recharts，您更倾向使用哪一种？还有更好的实现方式吗？

3. 您认为散点图和雷达图分别适合应用于什么场景？

4. 您认为漏斗图在绘制的过程中为什么不需要数据轴？

5. 您认为盒式图是怎么绘制出来的，以及热力图是使用什么元素代表数据分布的？

第5章
极坐标系和平行坐标系下各类图形制作

5.1 极坐标系下的线状图

5.1.1 极坐标系下线状图介绍

在日常生活中我们经常接触直角坐标系，但在有些特殊场景下需要使用另一种坐标系统——极坐标系。极坐标系由极点、极轴和极径构成。在图 5-1 中，O 点被称为极点，从 O 点引出的射线 OL 被称为极轴，r 被称为极径。在极坐标系中，通常规定逆时针方向为正，这样平面上任意一点的位置就可以用其距离极点 O 的长度和与极轴 OL 的角度 θ 来确定。例如，在图 5-1 中，点（3, 60°）的极径是 3，极角是 60°；点（4, 210°）的极径是 4，极角是 210°。

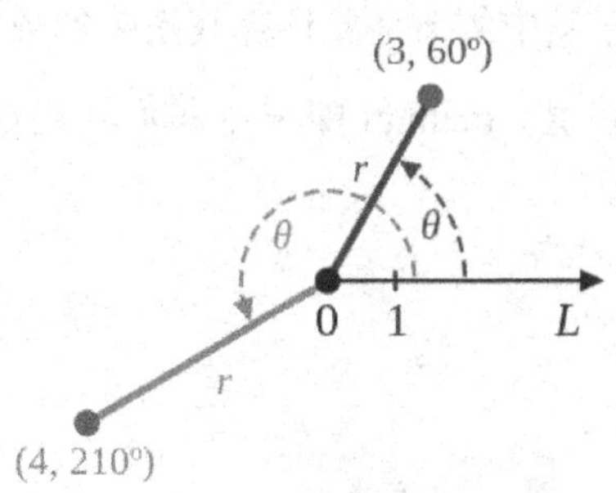

图 5-1 极坐标系示例

极坐标系一个重要的特性是，平面直角坐标中的任意一点在极坐标系中有无限种表达形式。通常来说，点（r, θ）可以任意表示为（$r, \theta \pm n \times 360°$）或 [$-r, \theta \pm (2n+1) 180°$]，这里的 n 是任意整数。如果某一点的 r 坐标为 0，那么无论 θ 取何值，该点都落在极点上。

极坐标系中的角度通常表示为角度或弧度，计算公式为 2π rad=360°。具体使用哪一种方式则根据使用场合而定。航海领域经常使用角度进行测量，而物理学的某些领域大量使用半径和圆周的比来做运算，所以物理学领域更倾向使用弧度。

极坐标系下的玫瑰线（Polar Rose）是非常著名的数学曲线，看上去像花瓣，它只能用极坐标方程来描述，方程如下。

$$r(\theta)=a\cos k\theta$$

或 $r(\theta)=a\sin k\theta$（a 为定长，k 为整数）

玫瑰图形状如图 5-2 所示。

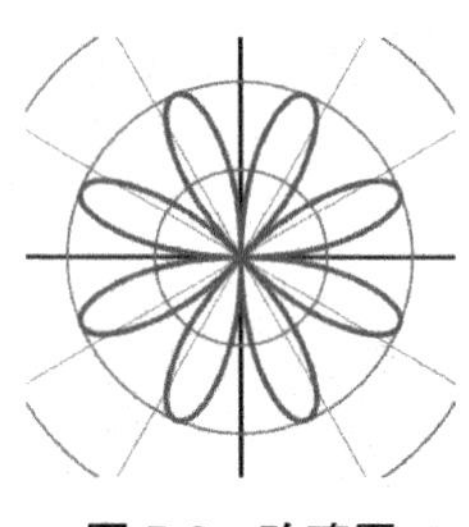

图 5-2　玫瑰图

5.1.2　极坐标系下线状图绘制案例

1. 使用 Pyecharts 绘制极坐标系下的线状图

下面使用 Pyecharts 绘制极坐标系下的线状图，以心形图为例。这里引入了 Python 中的 math 库函数 math.sin()，其中的 x 是要计算其正弦的数字，该函数会返回一个浮点值，该值是数字 x 弧度的正弦值。math.pi 即 π。核心代码如下。

```
import math
data = []
for i in range(101):
    theta = i / 100 * 360
    r = 5 * (1 + math.sin(theta / 180 * math.pi))
    data.append([r, theta])
hour = [i for i in range(1, 25)]
```

在函数 Polar() 中进行基本配置，其中，在极坐标角度 angleaxis_opts 中设置 boundary_

gap 为 true，表示在坐标轴两边留白。这时，刻度只是作为分隔线，标签和数据点都会在两个刻度之间的带（band）中间。在提示框设置 tooltip_opts 中设置 trigger 为 "axis"，表示会有多个系列的数据，此时可以通过 {a0}, {a1}, {a2} 这种后面加索引的方式表示系列的索引。axis_pointer_type 表示选择指示器类型，设置为 "cross" 代表十字准星指示器，核心代码如下。

```
c = (
    Polar()
    .add_schema(
        angleaxis_opts=opts.AngleAxisOpts(
            boundary_gap=False, start_angle=0,is_clockwise=True
        )
    )
    .add("love", data,type_="line", label_opts=opts.LabelOpts(is_
show=False))
    .set_global_opts(title_opts=opts.TitleOpts(title="Polar-Love"),
tooltip_opts=opts.TooltipOpts(trigger="axis", axis_pointer_type="cross"))
)
c.render("polar_love.html")
```

代码运行结果如图 5-3 所示。

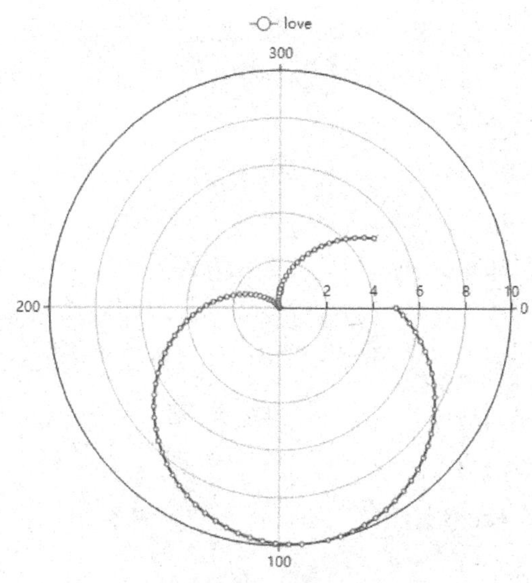

图 5-3　心形图

2. 使用 ECharts 绘制极坐标系下的线状图

下面使用 ECharts 绘制极坐标系下的线状图。引入 math 库函数 math.sin()，核心代码如下。

```
var data = [];
for (var i = 0; i <= 360; i++) {
    var t = i / 180 * Math.PI;
    var r = Math.sin(2 * t) * Math.cos(2 * t);
    data.push([r, i]);
}
```

以下代码用来指定图表的配置项，angleAxis 代表极坐标系角度轴，radiusAxis 代表极坐标系半径轴。legend 用来设置图例组件，data 是图例的数据数组。数组项通常为一个字符串，每一项代表一个系列的 name。polar 代表极坐标系底板，这里的 center 用于设置极坐标系的中心（圆心）坐标，数组的第一项是横坐标，第二项是纵坐标。在这里将它设置成百分比，第一项 50% 是相对于容器宽度，第二项 54% 是相对于容器高度，核心代码如下。

```
option = {
    title: {
        text: ' 极坐标双数值轴 '
    },
    legend: {
        data: ['line']
    },
    polar: {
        center: ['50%', '54%']
    },
    tooltip: {
        trigger: 'axis',
        axisPointer: {
            type: 'cross'
        }
```

```
    },
    angleAxis: {
        type: 'value',
        startAngle: 0
    },
    radiusAxis: {
        min: 0
    },
```

series 是数据系列，在系列列表中设置坐标系 coordinateSystem 为 'polar' 极坐标系。animationDuration 用于设置图例翻页时的动画时长，这里设置为 2,000 毫秒，核心代码如下。

```
    series: [{
        coordinateSystem:
'polar',
        name: 'line',
        type: 'line',
        showSymbol: false,
        data: data
    }],
    animationDuration: 2000
};
```

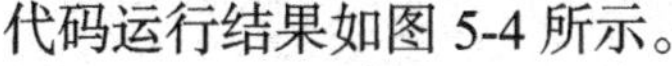

代码运行结果如图 5-4 所示。

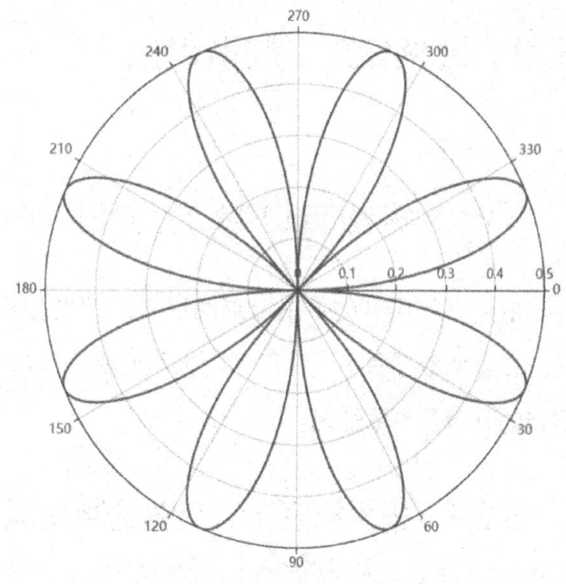

图 5-4　极坐标下的线状图

5.1.3　极坐标系下线状图的配置

Pyecharts 中极坐标系下线状图的配置参数如表 5-1 所示。

表 5-1　Pyecharts 中极坐标系下线状图的配置参数

参数	解释
xaxis_index	使用的 x 轴的 index，在单个图表实例中存在多个 x 轴的时候有用
yaxis_index	使用的 y 轴的 index，在单个图表实例中存在多个 y 轴的时候有用

（续表）

参数	解释
symbol	标记的图形，提供的标记类型包括 'circle'、'rect'、'roundRect'、'triangle'、'diamond'、'pin'、'arrow' 和 'none'
clip	是否裁剪超出坐标系部分的图形。折线图：裁掉所有超出坐标系的折线部分
step	是否显示为阶梯图
value	数据项的值
offset	单个数据标记相对于原本位置的偏移

5.2 极坐标系下的散点图

5.2.1 极坐标系下散点图介绍

散点图将所有的数据以点的形式展现在坐标系中，我们可以观察数据点的分布情况。在直角坐标系中，我们可以推断变量之间的相关性，而在极坐标系中，我们更重视数据的分布及离散情况。

5.2.2 极坐标系下散点图绘制案例

1. 使用 Pyecharts 绘制极坐标系下的散点图

此处以上海市 2016 年～2017 年从 10 个国家或地区引进技术设备实际到货金额为例（数据来自上海市统计局），绘制极坐标系下的散点图，如表 5-2 所示。

表 5-2 上海市 2016 年～2017 年从 10 个国家或地区引进技术设备实际到货金额

单位：万美元

国家或地区	2016 年	2017 年
中国香港	7,458	10,688
日本	810,804	948,615

（续表）

国家或地区	2016 年	2017 年
德国	1,223,677	1,405,285
意大利	203,975	335,278
美国	797,393	784,589
瑞士	143,539	162,130
英国	376,559	403,744
瑞典	84,897	111,931
奥地利	40,921	52,015
法国	138,716	121,582

下图主要分析上海市 2016 年和 2017 两年从 10 个国家或地区引进技术设备实际到货金额，使用 Pyecharts 绘制极坐标系下的散点图。核心代码如下。

```
ite2016 = [7458,810804, 1223677,203975,797393,143539,376559,84897,40921,
138716]
ite2017 = [10688,948615,1405285,335278,784589,162130,403744,111931,52015
,121582]
data = [list(z) for z in zip(ite2016,ite2017 )]
c = (
    Polar()
    .add("", data, type_="scatter", label_opts=opts.LabelOpts(is_
show=False))
    .set_global_opts(title_opts=opts.TitleOpts(title="Polar-Scatter0"))
)
c.render("polar_scatter_0.html")
```

代码运行结果如图 5-5 所示。

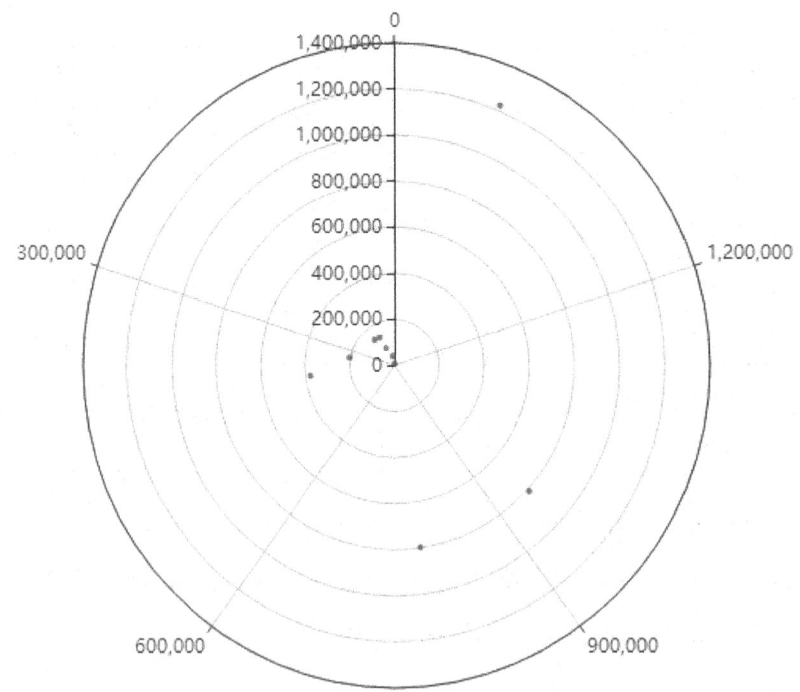

图 5-5　上海市 2016 年～2017 年从 10 个国家或地区引进技术设备实际到货金额极坐标系下的散点图

2. 使用 Pyecharts 绘制极坐标系下的动态散点图

这里仍采用表 5-2 中的数据，使用 Pyecharts 绘制极坐标系下的动态散点图。与散点图不同的是，动态散点图会呈现涟漪般的动态波纹效果。其中，type 类型设置为 "effectScatter"，代表带有涟漪特效动画的散点（气泡）图。使用动画特效可以视觉突出某些想要突出的数据。period = 5 为特效动画的时间，单位为秒（s）。核心代码如下。

```
c = (
    Polar()
    .add(
        "",
        data,
        type_="effectScatter",
        effect_opts=opts.EffectOpts(scale=10, period=5),
        label_opts=opts.LabelOpts(is_show=False),
    )
    .set_global_opts(title_opts=opts.TitleOpts(title="Polar-
EffectScatter"))
```

```
)
c.render("polar_effectscatter.html")
```

代码运行结果如图 5-6 所示。

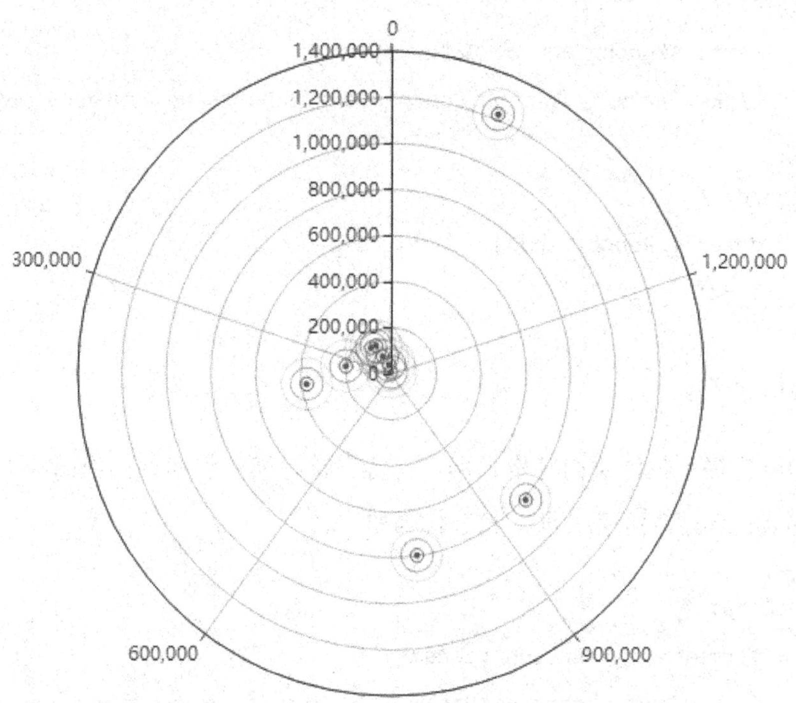

图 5-6　上海市 2016 年～2017 年从 10 个国家或地区引进技术设备实际到货金额极坐标系下的动态散点图

3. 使用 ECharts 绘制极坐标系下的散点图

下面使用 ECharts 绘制极坐标系下的散点图，hour 代表时间，其中 1a、2a，1p、2p 代表上午 1 点、2 点，下午 1 点、2 点，图中的 12a～1a 和 1p～12p 表示一天中的全部时间。days 代表星期几，标识在刻度线上。图中的红点代表在星期几的几点，该用户在 Github 上的活跃程度（该示例源于 ECharts 官网）。核心代码如下。

```
var hours = ['12a', '1a', '2a', '3a', '4a', '5a', '6a',
        '7a', '8a', '9a','10a','11a',
        '12p', '1p', '2p', '3p', '4p', '5p',
        '6p', '7p', '8p', '9p', '10p', '11p'];
var days = ['Saturday', 'Friday', 'Thursday',
```

```
        'Wednesday', 'Tuesday', 'Monday', 'Sunday'];
var data = [[0,0,5],[0,1,1],[0,2,0],[0,3,0],[0,4,0],[0,5,0],[0,6,0],[0,7
,0],[0,8,0],...... ,[6,19,0],[6,20,1],[6,21,2],[6,22,2],[6,23,6]];
option = {
    title: {
        text: 'Punch Card of Github',
        link: 'https://github.com/pissang/echarts-next/graphs/punch-card'
    },
    legend: {
        data: ['Punch Card'],
        left: 'right'
    },
    polar: {},
```

formatter 是提示框浮层内容格式器，支持字符串模板和回调函数两种形式，参数 params 是 formatter 需要的数据集。核心代码如下。

```
    tooltip: {
        formatter: function (params) {
            return params.value[2] + ' commits in ' + hours[params.
value[1]] + ' of ' + days[params.value[0]];
        }
    },
```

angleAxis 是极坐标系角度轴，数据使用 hours 即说明角度轴代表时间。splitLine 是坐标轴在 grid 区域中的分隔线，设置 show 为 true 则显示分割线。axisLine 是坐标轴轴线相关设置，这里设置为不显示坐标轴轴线。核心代码如下。

```
    angleAxis: {
        type: 'category',
        data: hours,
        boundaryGap: false,
        splitLine: {
            show: true,
            lineStyle: {
```

```
                color: '#999',
                type: 'dashed'
            }
        },
        axisLine: {
            show: false
        }
    },
```

radiusAxis 是极坐标系半径轴，数据使用 days，说明半径轴代表星期。axisLabel 是坐标轴刻度标签的相关设置。rotate 是刻度标签旋转，在图片上显示为星期的英文单词（旋转了 45°）。核心代码如下。

```
    radiusAxis: {
        type: 'category',
        data: days,
        axisLine: {
            show: false
        },
        axisLabel: {
            rotate: 45
        }
    },
```

将 series 中的 type 设定为 'scatter'，其中 animationDelay 是初始动画的延迟，支持回调函数，可以通过每个数据返回不同的 delay 时间来实现更戏剧化的初始动画效果。核心代码如下。

```
    series: [{
        name: 'Punch Card',
        type: 'scatter',
        coordinateSystem: 'polar',
        symbolSize: function (val) {
            return val[2] * 2;
        },
```

```
            data: data,
            animationDelay: function (idx) {
                return idx * 5;
            }
        }]
    };
```

代码运行结果如图 5-7 所示。

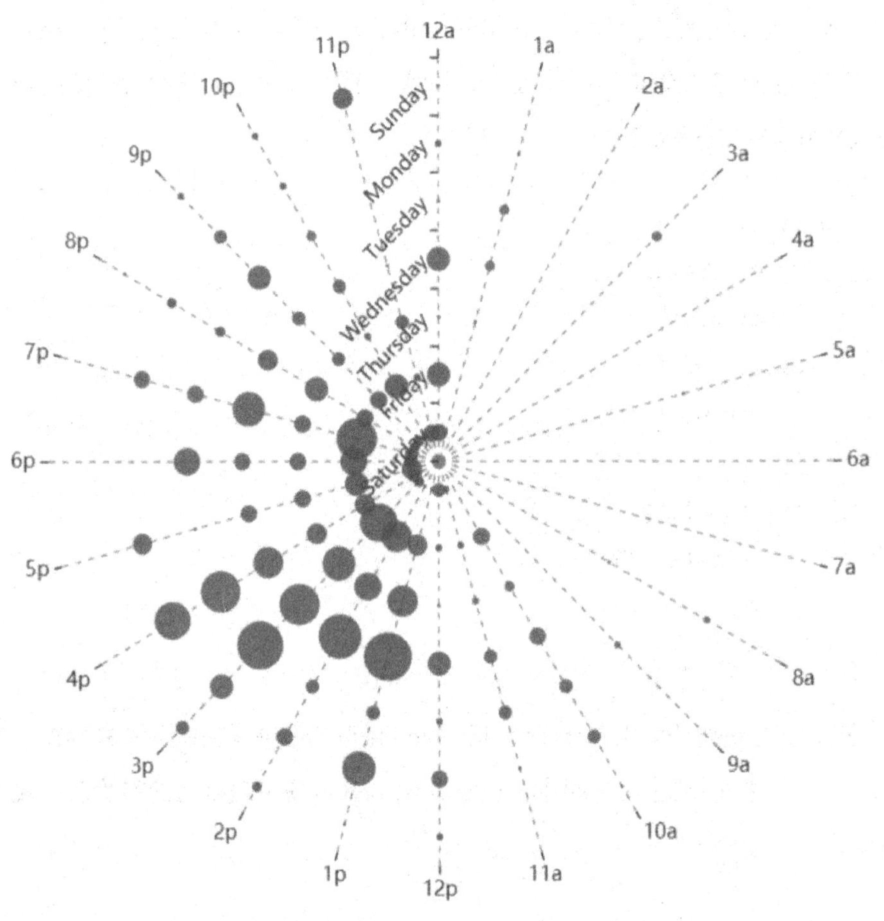

图 5-7　极坐标系下的散点图

5.2.3　极坐标系下散点图的配置

Pyecharts 中极坐标系下散点图的配置参数如表 5-3 所示。

表 5-3　Pyecharts 中极坐标系下散点图的配置参数

参数	解释
xaxis_index	使用的 x 轴的 index，在单个图表实例中存在多个 x 轴的时候有用
yaxis_index	使用的 y 轴的 index，在单个图表实例中存在多个 y 轴的时候有用
symbol	标记的图形，提供的标记类型包括 'circle'、'rect'、'roundRect'、'triangle'、'diamond'、'pin'、'arrow' 和 'none'
clip	是否裁剪超出坐标系部分的图形
step	是否显示为阶梯图
value	数据项的值
offset	单个数据标记相对于原本位置的偏移

5.3　极坐标系下的柱图

5.3.1　极坐标系下柱图介绍

柱图是一种以长方形长度为变量的统计报告图，由一系列高度不等的纵向或横向条纹表示数据分布的情况。极坐标系下的柱图则是将柱条显示在极坐标系中，不仅保留了直角坐标系中数据变化趋势的优点，而且形式更加美观。

5.3.2　极坐标系下柱图绘制案例

1. 使用 Pyecharts 绘制极坐标系下的柱图

此处以 2019 年 1 月～12 月上海市规模以上服务业企业主要经济指标（分行业）为例，如表 4-5 所示（数据来自上海市统计局）。

下面主要分析上海市 2019 年“电信、广播电视和卫星传输服务业”“互联网和相关服务业”和“软件和信息技术服务业”的营收对比。使用 Pyecharts 绘制极坐标系下的柱图时，RadiusAxisOpts 是极坐标系的径向轴，类型为 category，即类目轴，适用于离散的类目数据。AngleAxisOpts 是极坐标系的角度轴，is_clockwise 设置刻度增长是否按顺时针方向，默认为顺时针方向。核心代码如下。

```
v1 = ['电信、广播电视和卫星传输服务业', '互联网等服务业', '软件等服务业']
v2 = [800.22,1226.2,3844.44]
c = (
    Polar()
    .add_schema(
    radiusaxis_opts=opts.RadiusAxisOpts(data=v1, type_="category"),
        angleaxis_opts=opts.AngleAxisOpts(is_clockwise=True,max_=10000),
    )
    .add("行业", v2, type_="bar")
    .set_global_opts(title_opts=opts.TitleOpts(title="信息传输、软件和信息
技术服务业经济指标"))
    .set_series_opts(label_opts=opts.LabelOpts(is_show=None))
)
c.render("polar_bar.html")
```

代码运行结果如图 5-8 所示。

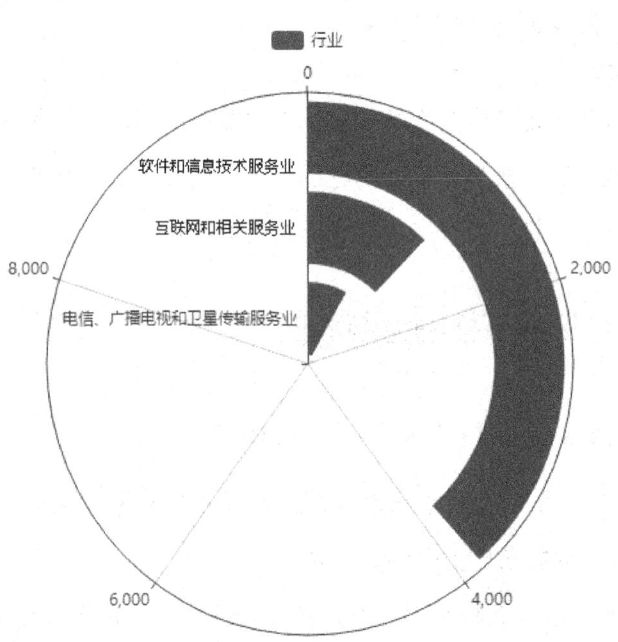

图 5-8　2019 年 1 月～12 月上海市规模以上服务业企业主要经济指标极坐标系下的柱图

2. 使用 Pyecharts 绘制极坐标系下的堆积柱图

此处以主要年份上海关区出口总额为例（数据来自上海市统计局），如表 5-4 所示。

表 5-4　主要年份上海关区出口总额

单位：亿美元

年份	关区出口总额	其中				
		一般贸易	来料加工装配贸易	进料加工贸易	对外承包工程货物	出料加工贸易
1990	86.62	51.39	3.20	30.67	0.41	0.45
1995	256.07	149.16	14.31	90.12	0.63	0.06
2000	615.72	341.02	64.21	205.13	1.25	
2005	2,124.30	1,057.68	195.83	813.26	6.37	0.16
2006	2,665.65	1,319.56	212.77	1,058.07	9.45	0.14
2007	3,284.80	1,659.44	228.77	1,273.71	20.55	0.17
2008	3,936.50	2,050.49	240.91	1,467.78	53.92	0.23
2009	3,251.28	1,647.82	175.38	1,252.87	69.78	0.13
2010	4,233.40	2,183.98	178.52	1,639.70	60.55	0.09
2011	4,999.64	2,691.93	151.78	1,846.59	77.70	0.11
2012	4,911.56	2,722.62	137.52	1,718.06	72.14	0.12
2013	4,991.29	2,857.73	130.46	1,642.18	80.16	0.11
2014	5,232.12	3,112.37	126.18	1,601.78	85.04	0.05
2015	5,005.80	3,016.20	133.26	1,497.66	67.43	0.04
2016	4,798.74	2,978.08	132.05	1,307.63	73.72	0.07
2017	5,166.76	3,256.88	135.63	1,385.12	84.12	0.03

下面主要对比 2005 年～2017 年上海市主要年份一般贸易等五种类型的关区出口总额，使用 Pyecharts 绘制极坐标下的堆积柱图，半径轴代表年份，角度轴代表出口总额。核心代码如下。

```
    v1 = ['2005', '2006', '2007', '2008', '2009', '2010', '2011','2012',
  '2013', '2014', '2015', '2016', '2017']
  c = (
      Polar()
      .add_schema(
    radiusaxis_opts=opts.RadiusAxisOpts(data=v1, type_="category"),
  angleaxis_opts=opts.AngleAxisOpts(is_clockwise=True,max_=6000),
      )
      .add(" 一般贸易 ", [1057.68,1319.56,1659.44,2050.49,1647.82,2
  183.98,2691.93,2722.62,2857.73,3112.37,3016.20,2978.08,3256.88],
```

```
type_="bar",stack=" 总量 ")
    .add(" 来料加工装配贸易 ", [195.83,212.77,228.77,240.91,175.38,178.52,
151.78,137.52,130.46,126.18,133.26,132.05,135.63], type_="bar",stack=" 总
量 ")
    .add(" 进料加工贸易 ", [813.26,1058.07,1273.71,1467.78,1252.87,
1639.70,1846.59,1718.06,1642.18,1601.78,1497.66,1307.63,1385.12],
type_="bar",stack=" 总量 ")
    .add(" 对外承包工程货物 ", [6.37,9.45,20.55,53.92,69.78,60.55,77.70,72.
14,80.16,85.04,67.43,73.72,84.12], type_="bar",stack=" 总量 ")
    .add(" 出料加工贸易 ", [0.16,0.14,0.17,0.23,0.13,0.09,0.11,0.12,0.11,0.
05,0.04,0.07,0.03], type_="bar",stack=" 总量 ")
    .set_global_opts(title_opts=opts.TitleOpts(title=" 主要年份上海关区出口
总额 "))
    .set_series_opts(label_opts=opts.LabelOpts(is_show=True))
)
c.render("polar_stack_bar.html")
```

代码运行结果如图 5-9 所示。

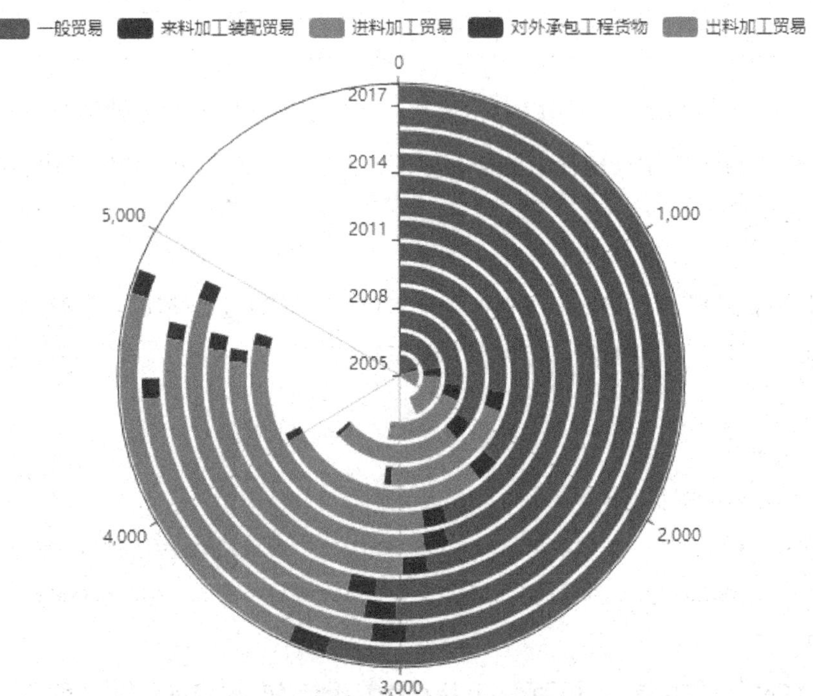

图 5-9　2005 年～2017 年上海关区出口总额极坐标系下的堆积柱图

3. 使用 ECharts 绘制极坐标系下的柱图

此处以我国主要城市市中心一室月租费为例（数据来自中国房价行情平台），如表 5-5 所示，绘制极坐标系下的柱图。

表 5-5　我国主要城市市中心一室月租费

单位：元

城市	最低值	最高值	平均值
北京	5,000	10,000	6,785.71
上海	4,000	10,000	6,825
深圳	3,000	6,500	4,463.33
广州	2,500	5,600	3,793.83
苏州	2,000	4,000	3,060
杭州	2,000	4,000	3,222.33
南京	2,500	4,000	3,133.33
福州	1,800	4,000	3,100
青岛	2,000	3,500	2,750
济南	2,000	3,000	2,500
长春	1,800	3,000	2,433.33
大连	2,000	2,700	2,375
温州	1,500	2,800	2,150
郑州	1,500	2,300	2,100
武汉	1,600	3,500	2,057.14
成都	1,500	2,600	2,037.5
东莞	1,500	2,417.54	1,905.85
沈阳	1,500	2,000	1,775
烟台	1,500	1,800	1,650

下面主要对比各城市市中心一室月租费最低值、最高值和平均值。通过 ECharts 绘制极坐标系下的柱图，核心代码如下。

```
var data = [
    [5000, 10000, 6785.71],
    [4000, 10000, 6825],
    [3000, 6500, 4463.33],
    [2500, 5600, 3793.83],
```

```
        [2000, 4000, 3060],
        [2000, 4000, 3222.33],
        [2500, 4000, 3133.33],
        [1800, 4000, 3100],
        [2000, 3500, 2750],
        [2000, 3000, 2500],
        [1800, 3000, 2433.33],
        [2000, 2700, 2375],
        [1500, 2800, 2150],
        [1500, 2300, 2100],
        [1600, 3500, 2057.14],
        [1500, 2600, 2037.5],
        [1500, 2417.54, 1905.85],
        [1500, 2000, 1775],
        [1500, 1800, 1650]
    ];
    var cities = ['北京', '上海', '深圳', '广州', '苏州', '杭州', '南京',
    '福州', '青岛', '济南', '长春', '大连', '温州', '郑州', '武汉', '成都',
    '东莞', '沈阳', '烟台'];
    var barHeight = 50;
    option = {
        title: {
            text: '在中国租个房子有多贵？ ',
            subtext: '市中心一室月租费'
        },
        legend: {
            show: true,
            data: ['价格范围', '均值']
        },
        grid: {
            top: 100
        },
        angleAxis: {
            type: 'category',
```

```
        data: cities
    },
    tooltip: {
        show: true,
        formatter: function (params) {
            var id = params.dataIndex;
            return cities[id] + '<br>最低：' + data[id][0] + '<br>最高：'
  + data[id][1] + '<br>平均：' + data[id][2];
        }
    },
    radiusAxis: {
    },
    polar: {
    },
```

在 series 中构造 4 个柱图，第一个柱图为透明柱图，data 为每个城市的月租费最小值，用来保证极坐标从 0 开始到月租费最小值这一段无图形；第二个柱图为不透明柱图，data 为每个城市月租费的最小值到最大值；第三、四个柱图用于绘制极坐标柱图中的中值线，宽为 barHeight：第三个柱图为透明柱图，用于确定中值线位置，第四个柱图用于画中值线，核心代码如下。

```
    series: [{
        type: 'bar',
        itemStyle: {
            color: 'transparent'
        },
        data: data.map(function (d) {
            return d[0];
        }),
        coordinateSystem: 'polar',
        stack: '最大最小值',
        silent: true
    }, {
        type: 'bar',
```

```
            data: data.map(function (d) {
                return d[1] - d[0];
            }),
            coordinateSystem: 'polar',
            name: '价格范围',
            stack: '最大最小值'
        }, {
            type: 'bar',
            itemStyle: {
                color: 'transparent'
            },
            data: data.map(function (d) {
                return d[2] - barHeight;
            }),
            coordinateSystem: 'polar',
            stack: '均值',
            silent: true,
            z: 10
        }, {
            type: 'bar',
            data: data.map(function (d) {
                return barHeight * 2;
            }),
            coordinateSystem: 'polar',
            name: '均值',
            stack: '均值',
            barGap: '-100%',
            z: 10
        }]
    };
```

代码运行结果如图 5-10 所示。

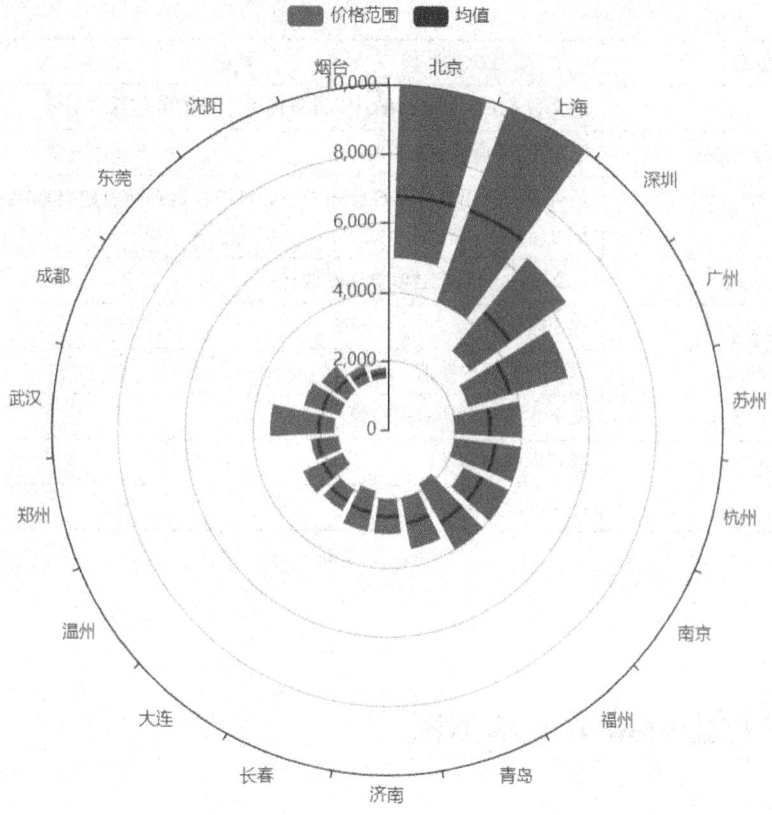

图 5-10　我国主要城市市中心一室月租费极坐标系下的柱图

5.3.3　极坐标系下柱图的配置

Pyecharts 中极坐标系下柱图的配置参数如表 5-6 所示。

表 5-6　Pyecharts 中极坐标系下柱图的配置参数

参数	解释
selected	是否选中图例
xaxis_index	使用的 x 轴的 index，在单个图表实例中存在多个 x 轴的时候有用
yaxis_index	使用的 y 轴的 index，在单个图表实例中存在多个 y 轴的时候有用
show_background	是否显示柱条的背景色
stack	数据堆叠，同个类目轴上系列配置相同的 stack 值可以堆叠放置
max_width	柱条的最大宽度。比 barWidth 优先级高
gap	同一系列的柱间距离，默认为类目间距的 20%，可设为固定值
large	是否开启大数据量优化，在数据图形特别多且出现卡顿的时候可以开启
large_threshold	开启绘制优化的阈值

（续表）

参数	解释
dimensions	定义 series.data 或 dataset.source 的每个维度的信息
dataset_index	指定本系列使用哪个 dataset
clip	是否裁剪超出坐标系部分的图形。柱图：裁掉所有超出坐标系的部分，但是保留柱子的宽度
encode	定义 data 的哪个维度被编码成什么
BarItem	柱图数据项
value	单个数据项的数值
label_opts	单个柱条文本的样式设置
itemstyle_opts	图元样式配置项
tooltip_opts	提示框组件配置项

5.4 平行坐标系下的基本图形

5.4.1 平行坐标系介绍

当我们想比较一些数值在不同分组或时间序列下的变化趋势时，可能会想到使用折线图。但我们想表示更多维度的数据时，折线图就无能为力了，这时我们可以使用平行坐标系。

平行坐标系是信息可视化的一种重要技术。为了克服传统的笛卡尔直角坐标系容易耗尽空间、难以表达三维以上数据的问题，平行坐标系将高维数据的各个变量用一系列相互平行的坐标轴表示，变量值对应轴上的位置。为了反映变化趋势和各个变量之间的关系，往往将描述不同变量的各点连接成折线。因此，平行坐标图的实质是将 m 维欧式空间的一个点映射到二维平面上的一条曲线。

为了表示在高维空间的一个点集，在 N 条平行的线的背景下（一般这 N 条线都竖直且等距），一个在高维空间的点被表示为一条拐点在 N 条平行坐标轴的折线，在第 K 个坐标轴上的位置就表示这个点在第 K 维的值。

5.4.2　平行坐标系下基本图形绘制案例

此处以主要年份上海市各区一般公共预算收支为例，如表 5-7 所示，对比主要年份上海市各区一般公共预算收支营收情况（数据来自上海市统计局），绘制平行坐标系下的基本图形。

表 5-7　主要年份上海市各区一般公共预算收支

单位：亿元

<table>
<tr><th rowspan="2">地区</th><th colspan="4">一般公共预算收入</th><th colspan="4">一般公共预算支出</th></tr>
<tr><th>2010 年</th><th>2015 年</th><th>2016 年</th><th>2017 年</th><th>2010 年</th><th>2015 年</th><th>2016 年</th><th>2017 年</th></tr>
<tr><td>总计</td><td>1,480.35</td><td>2,713.37</td><td>3,139.96</td><td>3,485.43</td><td>1,955.58</td><td>3,858.09</td><td>4,538.72</td><td>5,335.81</td></tr>
<tr><td>浦东新区</td><td>425.40</td><td>788.19</td><td>918.25</td><td>996.26</td><td>524.06</td><td>920.22</td><td>1,174.16</td><td>1,257.69</td></tr>
<tr><td>黄浦区</td><td>64.36</td><td rowspan="2">180.88</td><td rowspan="2">196.46</td><td rowspan="2">212.21</td><td>80.73</td><td rowspan="2">207.41</td><td rowspan="2">266.97</td><td rowspan="2">263.45</td></tr>
<tr><td>卢湾区</td><td>51.30</td><td>56.69</td></tr>
<tr><td>徐汇区</td><td>90.43</td><td>151.08</td><td>173.81</td><td>186.02</td><td>99.29</td><td>173.32</td><td>211.52</td><td>264.52</td></tr>
<tr><td>长宁区</td><td>72.08</td><td>129.94</td><td>144.12</td><td>154.28</td><td>85.50</td><td>143.80</td><td>150.44</td><td>183.92</td></tr>
<tr><td>静安区</td><td>65.96</td><td>106.24</td><td rowspan="2">214.61</td><td rowspan="2">232.80</td><td>71.43</td><td>158.52</td><td rowspan="2">345.40</td><td rowspan="2">312.17</td></tr>
<tr><td>闸北区</td><td>46.30</td><td>88.13</td><td>68.55</td><td>129.16</td></tr>
<tr><td>普陀区</td><td>51.97</td><td>96.36</td><td>101.03</td><td>108.10</td><td>78.57</td><td>124.41</td><td>153.69</td><td>174.46</td></tr>
<tr><td>虹口区</td><td>48.36</td><td>90.14</td><td>102.28</td><td>110.11</td><td>74.52</td><td>126.82</td><td>137.27</td><td>173.45</td></tr>
<tr><td>杨浦区</td><td>50.07</td><td>95.77</td><td>110.44</td><td>119.52</td><td>82.65</td><td>162.76</td><td>147.69</td><td>206.18</td></tr>
<tr><td>闵行区</td><td>125.30</td><td>214.40</td><td>248.53</td><td>278.71</td><td>156.60</td><td>344.25</td><td>371.09</td><td>416.06</td></tr>
<tr><td>宝山区</td><td>70.35</td><td>127.08</td><td>136.35</td><td>151.11</td><td>114.43</td><td>219.23</td><td>250.63</td><td>271.83</td></tr>
<tr><td>嘉定区</td><td>82.96</td><td>191.36</td><td>228.87</td><td>252.26</td><td>112.84</td><td>297.24</td><td>310.64</td><td>370.74</td></tr>
<tr><td>金山区</td><td>30.75</td><td>65.50</td><td>89.94</td><td>108.36</td><td>70.98</td><td>145.18</td><td>170.17</td><td>234.39</td></tr>
<tr><td>松江区</td><td>77.33</td><td>123.11</td><td>158.84</td><td>192.56</td><td>103.55</td><td>194.30</td><td>236.65</td><td>288.84</td></tr>
<tr><td>青浦区</td><td>58.95</td><td>125.33</td><td>155.55</td><td>188.01</td><td>88.40</td><td>179.89</td><td>221.77</td><td>383.95</td></tr>
<tr><td>奉贤区</td><td>40.43</td><td>84.89</td><td>102.69</td><td>128.11</td><td>77.12</td><td>168.18</td><td>212.58</td><td>312.72</td></tr>
<tr><td>崇明区</td><td>28.04</td><td>54.98</td><td>58.21</td><td>67.00</td><td>78.21</td><td>163.39</td><td>178.04</td><td>221.45</td></tr>
<tr><td colspan="9">注：2012 年起，原卢湾区并入黄浦区；2016 年起，原闸北区并入静安区。</td></tr>
</table>

下面主要分析 2017 年上海市各区一般公共预算收支，数据如表 4-17、表 5-7 所示。使用 Pyecharts 绘制平行坐标图时，要在函数 Parallel() 中进行相应配置，核心代码如下。

```
v1=['地区','行政区划面积','年末常住人口','人口密度','一般公共预算收入',
'一般公共预算支出']
```

```
v2=['浦东新区', '黄浦区', '徐汇区', '长宁区', '静安区', '普陀区','虹口
区','杨浦区','闵行区','宝山区','嘉定区','金山区','松江区','青浦区','
奉贤区','崇明区']
v3=[1210.41,20.46,54.76,38.30,36.88,54.83,23.46,60.73,370.75,270.99,464.
20,586.05,605.64,670.14,687.39,1185.49]
v4=[552.84,65.48,108.83,69.37,106.62,128.47,79.90,131.34,253.43,203.08,1
58.18,80.14,175.13,120.53,115.53,69.46]
v5=[4567,32004,19874,18112,28910,23431,34058,21627,6836,7494,3408,1367,2
892,1799,1681,586]
v6=[996.26,212.21,186.02,154.28,232.80,108.10,110.11,119.52,278.71,151.1
1,252.26,108.36,192.56,188.01,128.11,67.00]
v7=[1257.69,263.45,264.52,183.92,312.17,174.46,173.45,206.18,416.06,271.
83,370.74,234.39,288.84,383.95,312.72,221.45]
data=[list(z) for z in zip(v2,v3,v4,v5,v6,v7 )]
parallel_axis = [
    {"dim": 0, "name": "地区","type": "category"},
    {"dim": 1, "name": "行政区划面积"},
    {"dim": 2, "name": "年末常住人口"},
    {"dim": 3, "name": "人口密度"},
    {"dim": 4, "name": "一般公共预算收入"},
    {"dim": 5, "name": "一般公共预算支出"}
]
data = data
c=(
    Parallel(init_opts=opts.InitOpts(width="1400px", height="800px"))
    .add_schema(schema=parallel_axis)
    .add(
        series_name="",
        data=data,
        linestyle_opts=opts.LineStyleOpts(width=4, opacity=0.5),
    )
)
c.render("basic_parallel.html")
```

代码运行结果如图 5-11 所示。

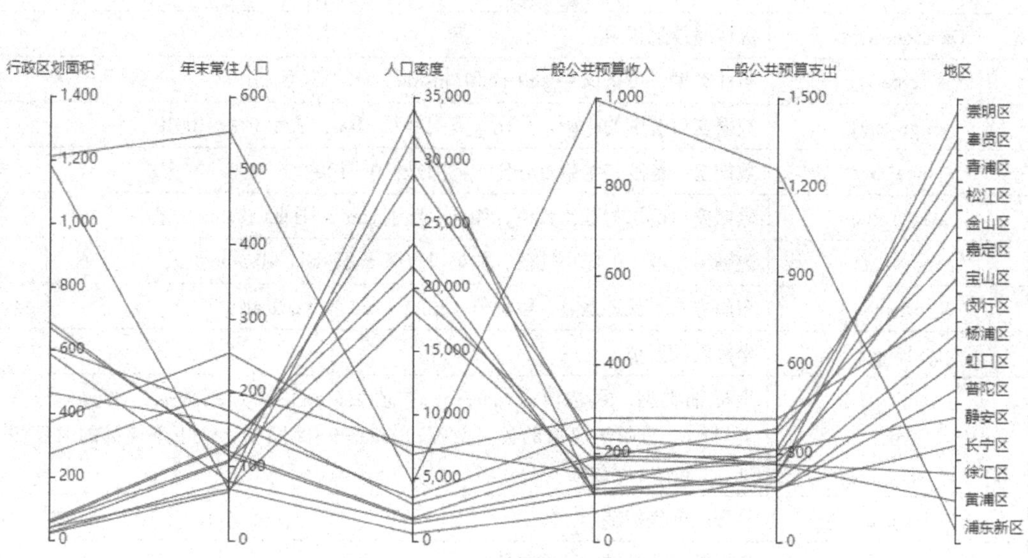

图 5-11　2017 年上海市各区一般公共预算收支平行坐标图

5.4.3　平行坐标系下基本图形的配置

Pyecharts 中平行坐标系下基本图形的配置参数如表 5-8 所示。

表 5-8　Pyecharts 中平行坐标系下基本图形的配置参数

参数	解释
TitleOpts	标题配置项
link	主标题跳转 URL 链接，可选值：'self' 和 'blank'
padding	标题内边距，单位 px
gap	主副标题之间的间距
LegendOpts	图例配置项
type	图例的类型，可选值：'plain' 和 'scroll'
orient	图例列表的布局朝向，可选值：'horizontal' 和 'vertical'
TooltipOpts	提示框配置项
trigger	触发类型，可选值：'item'、'axis' 和 'none'
trigger_on	提示框触发的条件，可选值：'mousemove' 和 'click'、'mousemove|click' 和 'none'
position	提示框浮层的位置，默认不设置时位置会跟随鼠标的位置，可包括绝对位置和相对位置

（续表）

参数	解释
formatter	标签内容格式器，支持字符串模板和回调函数两种形式
DataZoomOpts	区域缩放配置项
type	组件类型，可选值："slider" 和 "inside"
range_start	数据窗口范围的起始百分比，范围是 0～100，表示 0%～100%
range_end	数据窗口范围的结束百分比，范围是：0～100
start_value	数据窗口范围的起始数值，如果设置了 start，则 startValue 失效
end_value	数据窗口范围的结束数值，如果设置了 end，则 endValue 失效
orient	布局方式是横还是竖，可选值：'horizontal' 和 'vertical'
AxisOpts	坐标轴配置项
type	坐标轴类型，可选值：'value'——数值轴，适用于连续数据；'category'——类目轴，适用于离散的类目数据；'time'——时间轴，适用于连续的时序数据；'log'——对数轴
inverse	是否反向坐标轴
gap	坐标轴名称与轴线之间的距离
rotate	坐标轴名字旋转角度值
AxisTickOpts	坐标轴刻度配置项
inside	坐标轴刻度是否朝内，默认朝外
length	坐标轴刻度的长度
linestyle	坐标轴线风格配置项
ToolboxOpts	工具箱配置项
orient	工具栏 icon 的布局朝向，可选值：'horizontal' 和 'vertical'

5.5 小结

本章主要介绍了极坐标系和平行坐标系这两种特殊的坐标系，极坐标系下的线状图、散点图和柱图在 ECharts 和 Pyecharts 下的实现和应用，平行坐标系下基本图形的实现和应用。对于很多类型的曲线，极坐标方程是最简单的表达形式，甚至某些曲线只能用极坐标方程表示（如玫瑰线）。极坐标系下的柱图将柱条显示在极坐标中，不仅保留了直角坐标系能够展示数据变化趋势的优点，而且图形表达更加美观。平行坐标系通常用于对高维几何和多元数据的可视化。读者应了解每种图形的特点和适用情况，切不可为了追求新鲜、稀奇而乱用图形。

5.6　习题

1. 如何在极坐标系下绘制阿基米德螺旋线（$r = a + b\theta$）？
2. 如何设置带有涟漪特效动画的散点图？
3. 极坐标系下的柱图与直角坐标系下的柱图的使用场景有何区别？
4. 极坐标系下的柱图共有几种类型？
5. 平行坐标系有什么特点，适合呈现哪些数据？

第6章

基本三维图形与地图制作

6.1 基本三维图形

6.1.1 基本三维图形介绍

不管是在日常生活中还是在学术论文或数据报告中，经常能见到三维图形。相比于二维图形，三维图形包含的数据量更大、更具表现力、也更吸引人。基本三维图形包括三维柱图、三维折线图、三维散点图、三维曲面图等。本章将介绍如何绘制一些基本的三维图形。

6.1.2 基本三维图形绘制案例

1. 绘制三维柱图

下面使用 Pyecharts 绘制三维柱图。此处以 2015 年～2017 年各大洲 GDP 数据为例（数据来自联合国统计司），如表 6-1 所示，绘制三维柱图。

表 6-1 2015 年～2017 年各大洲 GDP 数据

单位：百亿元

地区	2015 年	2016 年	2017 年
亚洲	2,145.10	2,080.64	2,191.83
非洲	168.00	144.26	155.40
欧洲	1,033.36	973.63	1,073.72

（续表）

地区	2015 年	2016 年	2017 年
美洲	1,510.83	1,457.21	1,591.58
大洋洲及太平洋岛屿	148.52	143.00	154.07

首先在 Python 中引入 Pyecharts 包并输入所需数据，核心代码如下。

```
from pyecharts.charts import Bar3D
v1 = ['2015', '2016', '2017'];
v2= [' 大洋洲及太平洋岛屿 ',' 亚洲 ', ' 非洲 ', ' 欧洲 ',' 美洲 '];
data=[[0,0,1.4852],[0,1,21.4510],[0,2,1.6800],[0,3,10.3336],[0,4,15.1083
],
[1,0,1.4300],[1,1,20.8064],[1,2,1.4426],[1,3,9.7363],[1,4,14.5721],
[2,0,1.5407],[2,1,21.9183],[2,2,1.5540],[2,3,10.7372],[2,4,15.9158]];
```

调用函数 Bar3D()，构造一个宽为 1600px、高为 800px 的三维柱图；再在 x/y/zaxis3d_opts 中指定各个坐标相应的值和类别；在 visualmap_opts() 视觉配置映射项中设置各 visualmap 组件的过渡颜色。核心代码如下。

```
C = (
    Bar3D(init_opts=opts.InitOpts(width="1600px", height="800px"))
    .add(
        series_name="",
        data=data,
        xaxis3d_opts=opts.Axis3DOpts(type_="category", data=v1),
        yaxis3d_opts=opts.Axis3DOpts(type_="category", data=v2),
        zaxis3d_opts=opts.Axis3DOpts(type_="value"),
    )
    .set_global_opts(
        visualmap_opts=opts.VisualMapOpts(
            max_=20,
            range_color=[
                "#313695",
                "#4575b4",
                "#74add1",
```

```
                "#abd9e9",
                "#e0f3f8",
                "#ffffbf",
                "#fee090",
                "#fdae61",
                "#f46d43",
                "#d73027",
                "#a50026",
            ],
        )
    )
)
c.render("bar3d_punch_card.html")
```

代码运行结果如图 6-1 所示。

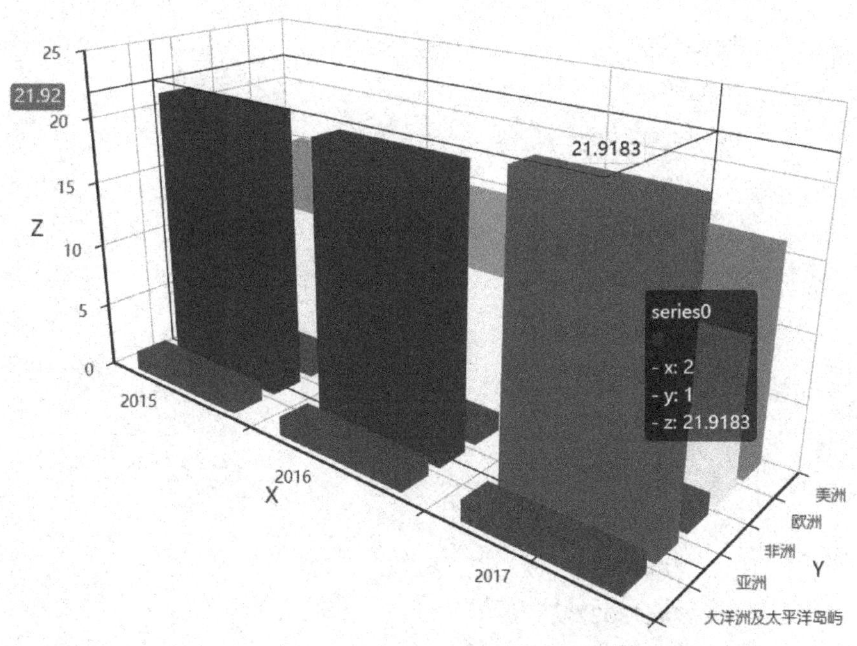

图 6-1　2015 年～2017 年各大洲 GDP 数据三维柱图

2. 绘制三维折线图

（1）使用 Pyecharts 绘制三维折线图

下面使用 Pyecharts 绘制三维折线图，数据如表 6-1 所示。首先使用函数 Line3D()

初始化配置项，在指定完 x 轴和 y 轴之后用 grid3d_opts 指定三维笛卡尔坐标配置项，然后在函数 set_global_opts() 中设置 dimension（组件投射维度）为 2。核心代码如下。

```
from pyecharts.charts import Line3D
c=(
    Line3D()
    .add(
        "",
        data,
        xaxis3d_opts=opts.Axis3DOpts(type_="category", data=v1),
        yaxis3d_opts=opts.Axis3DOpts(type_="category", data=v2),
        grid3d_opts=opts.Grid3DOpts(width=100, height=100, depth=100),
    )
    .set_global_opts(
        visualmap_opts=opts.VisualMapOpts(
            dimension=2,
            max_=20,
            min_=0,
            range_color=[
                "#313695",
                "#4575b4",
                "#74add1",
                "#abd9e9",
                "#e0f3f8",
                "#ffffbf",
                "#fee090",
                "#fdae61",
                "#f46d43",
                "#d73027",
                "#a50026",
            ],
        )
    )
)
```

```
c.render("line3d.html")
```

代码运行结果如图 6-2 所示。

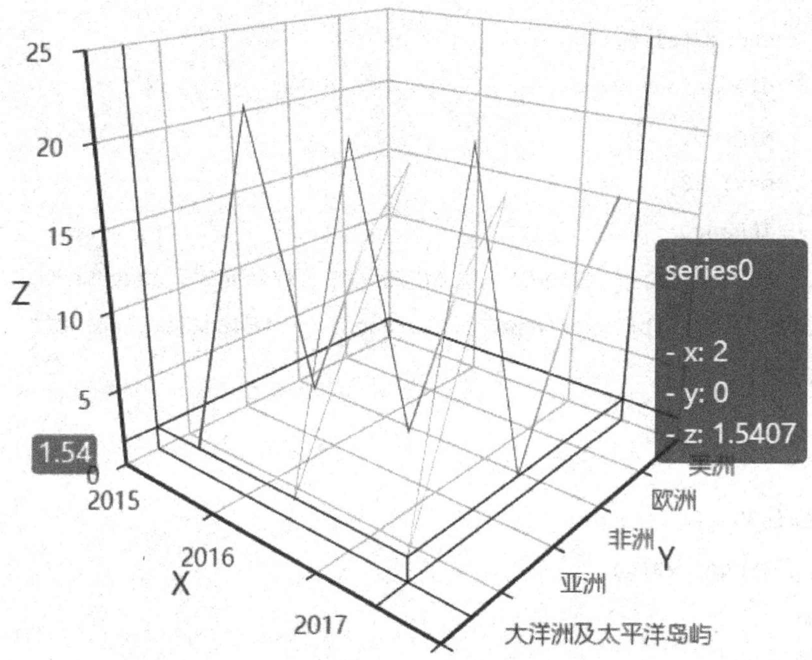

图 6-2　2015 年～2017 年各大洲 GDP 数据三维折线图

（2）**使用 ECharts 绘制三维折线图**

下面使用 ECharts 绘制三维折线图。首先，构造一个数组，其中包含有三个随机数的小数组。核心代码如下。

```
var data = [];
for (var t = 0; t < 25; t += 0.001) {
    var x = (1 + 0.25 * Math.cos(75 * t)) * Math.cos(t);
    var y = (1 + 0.25 * Math.cos(75 * t)) * Math.sin(t);
    var z = t + 2.0 * Math.sin(75 * t);
    data.push([x, y, z]);
}
```

然后，在 series 中设置 type 为 'line3D'，viewControl 用于鼠标的旋转、缩放等视角控制。通过 projection 可以选择投影方式，默认为透视投影 'perspective'，也支持设置为正交投影 'orthographic'。核心代码如下。

```
option = {
    tooltip: {},
    backgroundColor: '#fff',
    visualMap: {
        show: false,
        dimension: 2,
        min: 0,
        max: 30,
        inRange: {
            color: ['#313695', '#4575b4', '#74add1', '#abd9e9',
'#e0f3f8', '#ffffbf', '#fee090', '#fdae61', '#f46d43', '#d73027',
'#a50026']
        }
    },
    xAxis3D: {
        type: 'value'
    },
    yAxis3D: {
        type: 'value'
    },
    zAxis3D: {
        type: 'value'
    },
    grid3D: {
        viewControl: {
            projection: 'orthographic'
        }
    },
    series: [{
        type: 'line3D',
        data: data,
        lineStyle: {
            width: 4
        }
```

```
    }]
};
```

代码运行结果如图 6-3 所示。

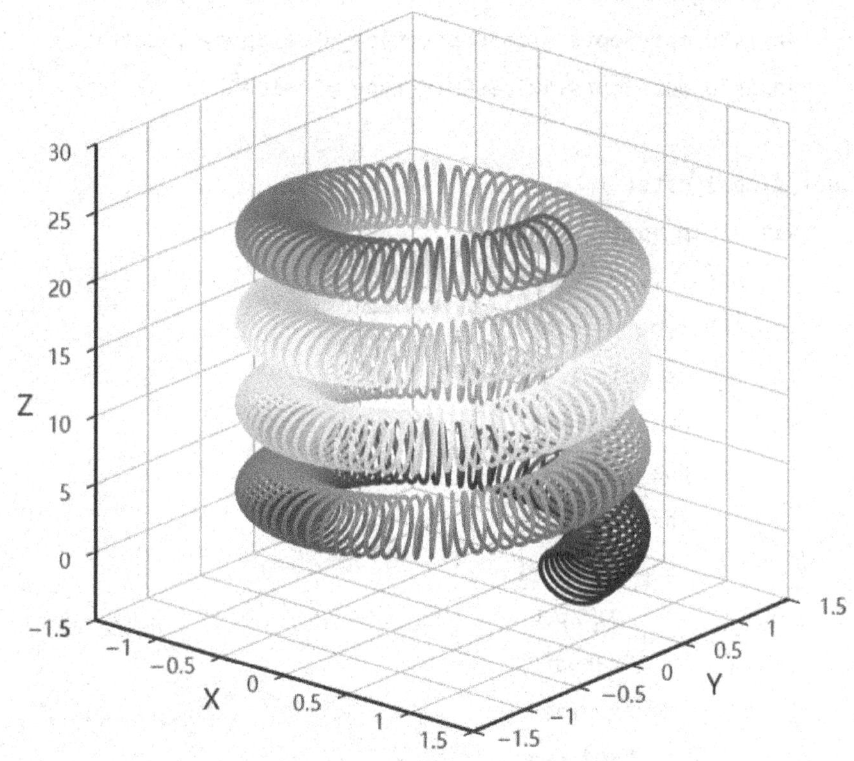

图 6-3　2015 年～2017 年各大洲 GDP 数据三维折线图

3. 绘制三维散点图

（1）使用 Pyecharts 绘制三维散点图

下面使用 Pyecharts 绘制三维散点图，数据如表 6-1 所示。在 Scatter3D() 中进行基本配置，其中 opts.VisualMapOpts 是视觉映射组件相关的行为，第一个 type_="color" 用来映射颜色，dimension（组件投射维度）为 3；第二个 type_="size" 用来映射体积。核心代码如下。

```
from pyecharts.charts import Scatter3D
c=(
    Scatter3D(
        init_opts=opts.InitOpts(width="1440px", height="720px")
```

```
    )
    .add(
        series_name="",
        data=data,
        xaxis3d_opts=opts.Axis3DOpts(type_="category", data=v1),
        yaxis3d_opts=opts.Axis3DOpts(type_="category", data=v2),
        zaxis3d_opts=opts.Axis3DOpts(type_="value"),
      )
    .set_global_opts(
        visualmap_opts=[
            opts.VisualMapOpts(
                type_="color",
                is_calculable=True,
                dimension=3,
                pos_top="10",
                max_=79 / 2,
                range_color=[
                    "#1710c0",
                    "#0b9df0",
                    "#00fea8",
                    "#00ff0d",
                    "#f5f811",
                    "#f09a09",
                    "#fe0300",
                ],
            ),
            opts.VisualMapOpts(
                type_="size",
                is_calculable=True,
                dimension=4,
                pos_bottom="10",
                max_=2.4 / 2,
                range_size=[10, 40],
            ),
```

```
        ]
    )
)
c.render("scatter3d.html")
```

代码运行结果如图 6-4 所示。

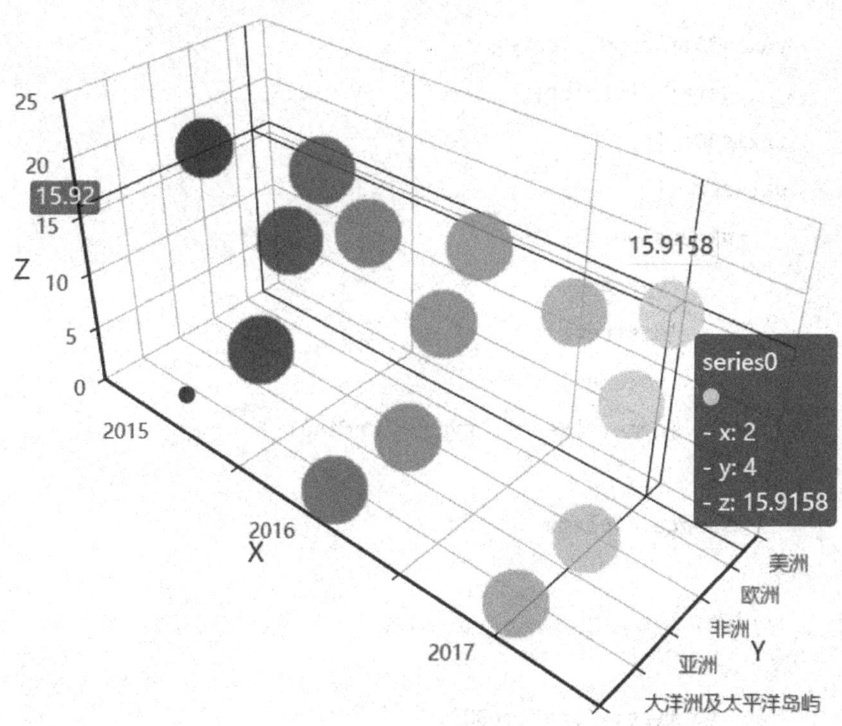

图 6-4 2015 年～2017 年各大洲 GDP 数据三维散点图

（2）使用 ECharts 绘制三维散点图

下面使用 ECharts 绘制三维散点图，数据如表 6-1 所示。将 series 中的 type 设定为 'scatter3D'，代码中的 tooltip 用于设置提示框组件。核心代码如下。

```
    var years = ['2015', '2016', '2017'];
    var district = ['大洋洲及太平洋岛屿','亚洲', '非洲', '欧洲','美洲'];
    var volume=[[0,0,1.4852],[0,1,21.4510],[0,2,1.6800],[0,3,10.3336],
[0,4,15.1083],
                [1,0,1.4300],[1,1,20.8064],[1,2,1.4426],[1,3,9.7363],
[1,4,14.5721],
                [2,0,1.5407],[2,1,21.9183],[2,2,1.5540],[2,3,10.7372],
```

```
[2,4,15.9158]];
    option = {
        grid3D: {},
        xAxis3D: {
            type: 'category',
            data: years
        },
        yAxis3D: {type: 'category',
            data: district},
        zAxis3D: {},
        dataset: {
            dimensions: [
                'years',
                'district',
                'volume',
                {name: 'Year', type: 'ordinal'}
            ],
            source: volume
        },
        series: [
            {
                type: 'scatter3D',
                symbolSize:10,
                encode: {
  x: 'years',
                    y: 'district',
                    z: 'volume',
                    tooltip: [0, 1, 2, 3, 4]
                }
            }
        ]
    }
```

代码运行结果如图 6-5 所示。

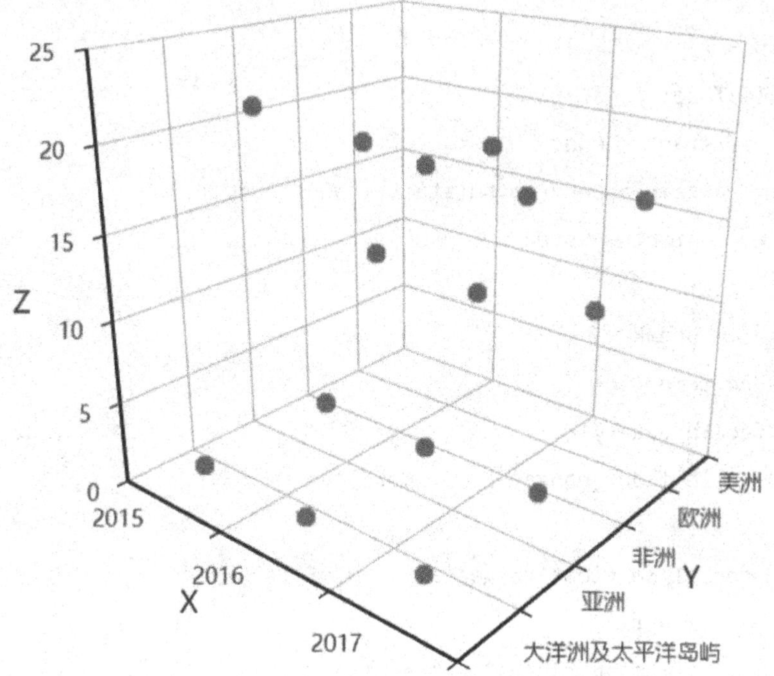

图 6-5　2015 年～2017 年各大洲 GDP 数据三维散点图

4. 绘制三维曲面图

（1）使用 Pyecharts 绘制三维曲面图

下面使用 Pyecharts 绘制三维曲面图，数据范围为 -3～3，步长为 0.05，绘制三维 sin 函数图像。首先构造函数 surface3d_data()，确定三维曲面图数据。核心代码如下。

```
import math
from typing import Union
from pyecharts.charts import Surface3D
def float_range(start: int, end: int, step: Union[int, float], round_
number: int = 2):
    """
    浮点数 range
    :param start: 起始值
    :param end: 结束值
    :param step: 步长
    :param round_number: 精度
    :return: 返回一个 list
```

```
        """
        temp = []
        while True:
            if start < end:
                temp.append(round(start, round_number))
                start += step
            else:
                break
        return temp
    def surface3d_data():
        for t0 in float_range(-3, 3, 0.05):
            y = t0
            for t1 in float_range(-3, 3, 0.05):
                x = t1
                z = math.sin(x)*math.sin(y)
                yield [x, y, z]
```

接下来在函数 Surface3D() 中进行基础配置，在 data 中设定上面构造的函数 surface3d_data()，下面代码中的 max_=1，min_=-1 分别设置了图像显示的最大值 1 和最小值 -1。核心代码如下。

```
c=(
    Surface3D(init_opts=opts.InitOpts(width="1600px", height="800px"))
    .add(
        series_name="",
        shading="color",
        data=list(surface3d_data()),
        xaxis3d_opts=opts.Axis3DOpts(type_="value"),
        yaxis3d_opts=opts.Axis3DOpts(type_="value"),
        grid3d_opts=opts.Grid3DOpts(width=100, height=40, depth=100),
    )
    .set_global_opts(
        visualmap_opts=opts.VisualMapOpts(
            dimension=2,
```

```
                max_=1,
                min_=-1,
                range_color=[
                    "#313695",
                    "#4575b4",
                    "#74add1",
                    "#abd9e9",
                    "#e0f3f8",
                    "#ffffbf",
                    "#fee090",
                    "#fdae61",
                    "#f46d43",
                    "#d73027",
                    "#a50026",
                ],
            )
        )
)
c.render("surface_wave.html")
```

代码运行结果如图 6-6 所示。

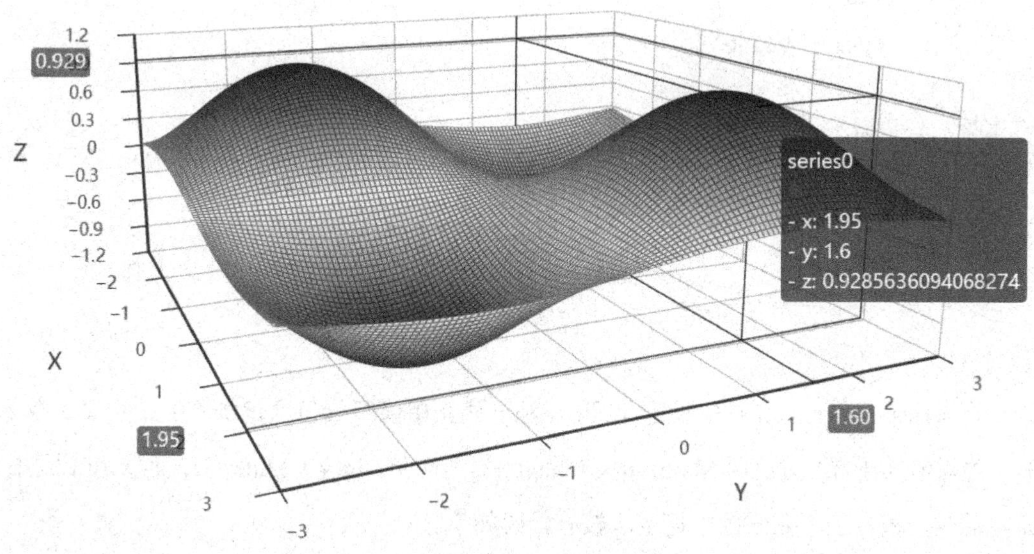

图 6-6　三维曲面图

（2）使用 ECharts 绘制三维曲面图

下面使用 ECharts 绘制三维曲面图，将 series 中的 type 设定为 'surface'，绘制三角函数图像。核心代码如下。

```
option = {
    tooltip: {},
    backgroundColor: '#fff',
    visualMap: {
        show: false,
        dimension: 2,
        min: -1,
        max: 1,
        inRange: {
            color: ['#313695', '#4575b4', '#74add1', '#abd9e9',
'#e0f3f8', '#ffffbf', '#fee090', '#fdae61', '#f46d43', '#d73027',
'#a50026']
        }
    },
    xAxis3D: {
        type: 'value'
    },
    yAxis3D: {
        type: 'value'
    },
    zAxis3D: {
        type: 'value'
    },
    grid3D: {
    },
```

在 series 中的 equation 中设定公式，x 和 y 从初始值开始每次增加 0.05，定义 z 在 x 和 y 绝对值大于 0.1 时返回 Math.sin(x * Math.PI) * Math.sin(y * Math.PI)，若 x 和 y 太小则返回 '-'，相当于不在图像中显示。核心代码如下。

```
    series: [{
        type: 'surface',
        equation: {
            x: {
                step: 0.05
            },
            y: {
                step: 0.05
            },
            z: function (x, y) {
                if (Math.abs(x) < 0.1 && Math.abs(y) < 0.1) {
                    return '-';
                }
                return Math.sin(x * Math.PI) * Math.sin(y * Math.PI);
            }
        }
    }]
}
```

代码运行结果如图 6-7 所示。

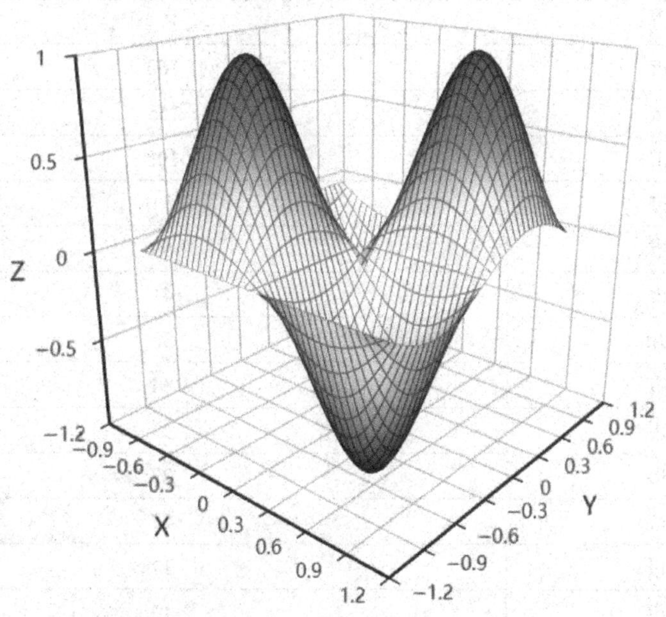

图 6-7　三维曲面图

6.2 地图

6.2.1 地图介绍

春运迁徙地图、全国新冠肺炎疫情地图、景区热力图，以上这些地图你一定不会感到陌生。随着大数据和可视化技术的发展，人们可以将庞大的数据量经过处理展示在一张小小的地图上，从而获得更加直观的体验。本章将介绍如何绘制基本地图和地理坐标系下的热力图。

6.2.2 地图绘制案例

1. 基本地图

（1）使用 ECharts 绘制基本地图

下面以安徽省各市新冠肺炎确诊人数为例（数据截至 2020 年 3 月 1 日 24 时），如表 6-2 所示（数据来自国家卫健委），绘制基本地图。

表 6-2　安徽省各市新冠肺炎累计确诊人数

地级市	新冠肺炎累计确诊人数
合肥市	174
蚌埠市	160
阜阳市	155
亳州市	108
安庆市	83
六安市	69
宿州市	41
马鞍山市	38
芜湖市	34
铜陵市	29
淮北市	27
淮南市	27
池州市	17
滁州市	13

（续表）

地级市	新冠肺炎累计确诊人数
黄山市	9
宣城市	9

下面使用 ECharts 绘制基本地图。要使用 ECharts，首先要在页面中引入 echarts.js；然后在 html 文件中设置一个容器，并给它设置宽高属性。核心代码如下。

```
<!DOCTYPE html>
<html lang="en">
<head>
  <meta charset="UTF-8">
  <meta name="viewport" content="width=device-width, initial-scale=1.0">
  <title> 疫情地图展示 </title>
  <style>
    .container {
      width: 1200px;
      margin: 0 auto;
    }
    #myEcharts {
      width: 800px;
      height: 500px;
      border: solid 1px red;
      margin: 0 auto;
    }
  </style>
  <script src="https://code.jquery.com/jquery-1.12.1.min.js"></script>
  <script src="echarts.js"></script>
  <script src="echarts-map-data-master/echarts-map-data-master/china-
province/js/china.js"></script>
  <script src="echarts-map-data-master/echarts-map-data-master/china-
province/js/anhui.js"></script>
</head>
<body>
  <div class="container">
```

```
    <h3> 累计确诊人数如下：</h3>
    <!-- 为 ECharts 准备一个 DOM 容器 -->
    <div id="myEcharts"></div>
  </div>
```

下面是初始化 ECharts 的实例，首先指定图表的配置项和数据，visualMap 设置为 pieces 表示类型为分段型；toolbox 是工具栏，toolbox. show = true 代表显示工具栏组件；toolbox. orient= 'vertical' 设置了工具栏 icon 的布局朝向；toolbox. feature 用于设置各工具配置项。除了各个内置的工具按钮，还可以自定义工具按钮。roamController 是地图缩放设置。核心代码如下。

```
<script>
    var myChart = echarts.init(document.getElementById('myEcharts'));
    var option = {
      title: {
        text: ' 安徽疫情地图 ',
        left: 'center'
      },
      tooltip: {
        trigger: 'item'
      },
      legend: {
        orient: 'vertical',
        left: 'left',
        data: [' 安徽疫情图 ']
      },
      visualMap: {
        type: 'piecewise',
        pieces: [
          { min: 100, max: 1000, label: ' 大于等于 100 人 ', color:
'#372a28' },
          { min: 70, max: 99, label: ' 确诊 70-99 人 ', color: '#4e160f' },
          { min: 40, max: 69, label: ' 确诊 40-69 人 ', color: '#974236' },
          { min: 10, max: 39, label: ' 确诊 10-39 人 ', color: '#ee7263' },
```

```
    { min: 1, max: 9, label: '确诊 1~9 人', color: '#f5bba7' },
  ],
  color: ['#E0022B', '#E09107', '#A3E00B']
},
toolbox: {
  show: true,
  orient: 'vertical',
  left: 'right',
  top: 'center',
  feature: {
    mark: { show: true },
    dataView: { show: true, readOnly: false },
    restore: { show: true },
    saveAsImage: { show: true }
  }
},
roamController: {
  show: true,
  left: 'right',
  mapTypeControl: {
    '安徽': true
  }
},
series: [
  {
    name: '确诊数',
    type: 'map',
    mapType: '安徽',
    roam: false,
    label: {
      show: true,
      color: 'rgb(249, 249, 249)'
    },
```

下面使用指定的配置项和数据显示图表，即显示安徽省各地级市名称和累计确诊人数。核心代码如下。

```
data: [
  {
    name: '合肥市',
    value: 174
  }, {
    name: '蚌埠市',
    value: 160
  }, {
    name: '阜阳市',
    value: 155
  }, {
    name: '亳州市',
    value: 108
  }, {
    name: '安庆市',
    value: 83
  }, {
    name: '六安市',
    value: 69
  }, {
    name: '宿州市',
    value: 41
  }, {
    name: '马鞍山市',
    value: 38
  }, {
    name: '芜湖市',
    value: 34
  }, {
    name: '铜陵市',
    value: 29
```

```
            }, {
              name: '淮北市',
              value: 27
            }, {
              name: '淮南市',
              value: 27
            }, {
              name: '池州市',
              value: 17
            }, {
              name: '滁州市',
              value: 13
            }, {
              name: '黄山市',
              value: 9
            }, {
              name: '宣城市',
              value: 9
            }
          ]
        }
      ]
    };
    myChart.setOption(option);
  </script>
</body>
</html>
```

运行代码后可生成安徽省地图，地级市的渲染颜色将会根据确诊人数由少到多逐渐加深。

（2）使用 Pyecharts 绘制基本地图

下面以 2018 年全国各省份第三产业增加值为例（数据来自国家统计局），如表 6-3 所示，绘制基本地图。

表 6-3　2018 年全国第三产业增加值分布

单位：亿元

省 / 直辖市 / 自治区	第三产业增加值
新疆	6,460.14
西藏	837.33
内蒙古	8,054.7
青海	1,386.18
四川	22,417.73
黑龙江	6,309.34
甘肃	4,416.38
云南	11,114.46
广西	9,913.85
湖南	2,871.59
陕西	10,896.42
广东	54,710.37
吉林	6,041.58
河北	16,251.96
湖北	20,899.91
贵州	7,690.95
山东	34,174.68
江西	10,758.02
河南	23,586.21
辽宁	12,441.02
山西	8,142.92
安徽	17,278.47
福建	17,461
浙江	30,718.83
江苏	46,936.47
重庆	11,367.89
宁夏	1,742.69
海南	2,871.59
北京	27,508.06
天津	8,352.32
上海	25,546.26

下面使用 Pyecharts 绘制基本地图，核心代码如下。

```
from pyecharts import options as opts
from pyecharts.charts import Map
province = ['新疆','西藏','内蒙古','青海','四川','黑龙江','甘肃','云南','广西','湖南','陕西','广东','吉林','河北','湖北','贵州','山东','江西','河南','辽宁','山西','安徽','福建','浙江','江苏','重庆','宁夏','海南','北京','天津','上海']
thrid_industry = [6460.14,837.33,8054.7,1386.18,22417.73,6309.34,4416.38,11114.46,9913.85,2871.59,10896.42,54710.37,6041.58,16251.96,20899.91,7690.95,34174.68,10758.02,23586.21,12441.02,8142.92,17278.47,17461,30718.83,46936.47,11367.89,1742.69,2871.59,27508.06,8352.32,25546.26]
df=[province,thrid_industry]
```

Pyecharts 中的函数 Map() 主要用于地理区域数据的可视化。核心代码如下。

```
c = (
    Map()
    .add("省份", [list(z) for z in zip(province, thrid_industry)], "china")
    .set_global_opts(
        title_opts=opts.TitleOpts(title="第三产业增加值省份分布（连续型）"),
        visualmap_opts=opts.VisualMapOpts(max_=55000),
    )
)
c.render("map_province_2.html")
```

运行代码后将生成中国地图，将鼠标移动到不同省份上，将显示第三产业增加数值。

2. 地理坐标系下的热力图

（1）使用 ECharts 绘制地理坐标系下的热力图

下面以 2018 年全国各省份第三产业增加值为例，如表 6-3 所示（数据来自国家统计局），通过 ECharts 绘制热力图。首先进行初始化配置，要使用 ECharts，首先要在页面中引入 echarts.js；然后在 html 文件中设置一个容器，并给它设置宽高属性。核心代码如下。

```
<!DOCTYPE html>
<html lang="en">
<head>
  <meta charset="UTF-8">
  <meta name="viewport" content="width=device-width, initial-scale=1.0">
  <meta http-equiv="X-UA-Compatible" content="ie=edge">
  <title> 地图标注 </title>
</head>
<body>
  <div id="china" style="width: 900px; height: 600px">
  </div>
  <script src="echarts.min.js"></script>
  <script src="china.js"></script>
  <script>
    var china = document.getElementById('china');
    var chinaMap = echarts.init(china);
    var option = {
      title: {
        text: '2018 第三产业增加值 ',
        left: 'center'
      },
       tooltip: {
         alwaysShowContent: true,
        enterable: true,
         formatter: function (params) {
          var value = params.value;
         return params.name + ': ' + value[2];
        }
      },
```

geo 是地理坐标系组件。地理坐标系组件用于地图的绘制，支持在地理坐标系上绘制散点图和线集。map 用于设置地图类型，ECharts 的 3.0 版本因为地图精度的提高，不再内置地图数据增大代码体积，可以直接在地图下载界面下载需要的地图文件引入并注入 ECharts 中。silent 用于设置图形是否不响应和触发鼠标事件，默认为 false，即响应和触发鼠标事件。核心代码如下。

```
geo: {
  map: 'china',
  silent: true,
  itemStyle: {
    color: '#004981',
    borderColor: 'rgb(54,192,118)'
  }
},
series: [{
  type: 'effectScatter',
  coordinateSystem: 'geo',
  itemStyle: {
    color: function (params) {
      var color = '';
      var value = params.value;
      if (value[2] < 5000) {
        color = '#5475f5'
      }
      if (value[2] >= 5000 && value[2] < 10000) {
        color = '#9feaa5'
      }
       if (value[2] >= 10000 && value[2] < 15000) {
        color = '#85daef'
      }
      if (value[2] >= 15000 && value[2] < 20000) {
        color = '#74e2ca'
      }
      if (value[2] >= 20000 && value[2] < 25000) {
        color = '#e6ac53'
      }
```

```
          if (value[2] >= 25000 && value[2] < 30000) {
            color = 'yellow'
          }
          if (value[2] >= 30000) {
            color = 'red'
          }
          return color;
        }
      },
```

下面使用指定的配置项和数据显示图表，即全国各省份第三产业增加值。请注意，geo 是地理坐标组件，需要提供经纬度，因此此处使用省、直辖市、自治区的首府地理坐标。下面的 data 数据以新疆维吾尔自治区为例，84.902,3 是经度、42.148 是纬度，6,460.14 是第三产业增加值。核心代码如下。

```
data: [{name:' 新疆 ',value:[84.9023,42.148,6460.14]},
  {name:' 西藏 ',value:[87.8695,31.6846,837.33]     },
  {name:' 内蒙古 ',value:[112.5977,42.3408,8054.7] },
  {name:' 青海 ',value:[95.2402,35.4199,1386.18]    },
  {name:' 四川 ',value:[101.9199,30.1904,22417.73] },
  {name:' 黑龙江 ',value:[126.1445,48.7156,6309.34]},
  {name:' 甘肃 ',value:[99.7129,38.166,4416.38]     },
  {name:' 云南 ',value:[101.0652,25.1807,11114.46] },
  {name:' 广西 ',value:[107.7813,23.6426,9913.85]  },
  {name:' 湖南 ',value:[111.5332,27.3779,2871.59]  },
  {name:' 陕西 ',value:[109.5996,35.7396,10896.42] },
  {name:' 广东 ',value:[113.4668,22.8076,54710.37] },
  {name:' 吉林 ',value:[125.7746,43.5938,6041.58]  },
  {name:' 河北 ',value:[115.4004,39.4688,16251.96] },
  {name:' 湖北 ',value:[112.2363,31.1572,20899.91] },
  {name:' 贵州 ',value:[106.6113,26.9385,7690.95]  },
  {name:' 山东 ',value:[118.7402,36.4307,34174.68] },
  {name:' 江西 ',value:[116.0156,27.29,10758.02]    },
  {name:' 河南 ',value:[113.0668,33.8818,23586.21] },
```

```
            {name:'辽宁',value:[122.0438,41.0889,12441.02] },
            {name:'山西',value:[112.4121,37.6611,8142.92]  },
            {name:'安徽',value:[117.2461,32.0361,17278.47] },
            {name:'福建',value:[118.3008,25.9277,17461]    },
            {name:'浙江',value:[120.498,29.0918,30718.83]  },
            {name:'江苏',value:[118.8586,32.915,46936.47]  },
            {name:'重庆',value:[107.7539,30.1904,11367.89] },
            {name:'宁夏',value:[105.9961,37.3096,1742.69]  },
            {name:'海南',value:[109.9512,19.2041,2871.59]  },
            {name:'台湾',value:[120.0254,23.5986]          },
            {name:'北京',value:[116.4551,40.2539,27508.06] },
            {name:'天津',value:[117.4219,39.4189,8352.32]  },
            {name:'上海',value:[121.4648,31.2891,25546.26] },
            {name:'香港',value:[114.1178,22.3242]          },
            {name:'澳门',value:[111.5547,22.1484]          }
          ]
        }]
      }
      chinaMap.setOption(option);
    </script>
  </body>
  </html>
```

（2）使用 Pyecharts 绘制地理坐标系下的热力图

下面以 2019 年 6 月 2 日全国主要城市空气质量指数为例（数据来自国家气象局），如表 6-4 所示，绘制热力图。空气质量指数，能根据空气中的各种成分占比，将监测的空气浓度简化成为单一的概念性指数值的形式，并将空气污染程度和空气质量状况分级表示，可以表示城市的短期空气质量状况和变化趋势。

表 6-4　2019 年 6 月 2 日全国主要城市空气质量指数

城市	空气质量指数
上海	71
北京	141
合肥	126

（续表）

城市	空气质量指数
哈尔滨	62
广州	45
成都	110
无锡	133
杭州	124
武汉	96
深圳	33
西安	85
郑州	115
重庆	138
长沙	100
贵阳	85
乌鲁木齐	64

下面使用 Pyecharts 绘制热力图，核心代码如下。

```
from pyecharts import Geo
keys = ['上海', '北京', '合肥', '哈尔滨', '广州', '成都', '无锡', '杭州',
'武汉', '深圳', '西安', '郑州', '重庆', '长沙', '贵阳', '乌鲁木齐']
values = [71, 141, 126, 62, 45, 110, 133, 124, 96, 33, 85, 115, 138, 100,
85, 64]
```

函数 geo() 用来设置地理坐标系。is_roam = True 代表开启鼠标缩放和平移漫游。核心代码如下。

```
geo = Geo("全国主要城市空气质量热力图", "data from pm2.5", title_
color="#fff",title_pos="left", width=1200, height=600,background_
color='#404a59')
```

type 有 'scatter'、'effectScatter' 和 'heatmap' 三种模式可选，可根据自己的需求选择对应的图表模式。核心代码如下。

```
geo.add("空气质量热力图", keys, values, visual_range=[0, 5],
```

```
type='effectScatter',visual_text_color="#fff", symbol_size=15,is_
visualmap=True, is_roam=True)
geo.render(path=" 全国主要城市空气质量热力图 .html")
```

运行代码后将在地图上展示全国主要城市的空气质量，将鼠标移动到不同省份上，即可显示空气质量指数数值。

6.2.3　地图的配置

ECharts 中地图的配置参数如表 6-5 所示。

表 6-5　ECharts 中地图的配置参数

参数	解释
x	字符独立变量。其他类型将被强制使用。如果提供了多个变量，则仅第一个被接受。*x*[,1] 必须是有效的地理名称
y	数字因变量。如果提供了多个变量，则仅接受前两个。*y*[,1] 用作值，*y*[,2]（逻辑）表示选中或未选中的状态。还允许在代码中使用 1 表示 TRUE，使用 0 表示 FALSE
series	系列变量将被强制转换为因子。每个级别的 series 被视为一个分组因子，以生成数据序列。如果提供了多个变量，则仅第一个被接受
facet	方面变量，将被强制转换为因素。每个级别的 facet 被视为一个子集因子，以生成单独的地图。如果提供了多个变量，则仅第一个被接受
t	时间轴变量将被强制转换为因素。如果提供了多个变量，则仅第一个被接受

Pyecharts 中地图的配置参数如表 6-6 所示。

表 6-6　Pyecharts 中地图的配置参数

参数	解释
center	当前视角的中心点，用经纬度表示
aspectScale	这个参数用于 scale 地图的长宽比
boundingCoordsArray	二维数组，定义定位的左上角及右下角分别所对应的经纬度
scaleLimit	滚轮缩放的极限控制，通过 min、max 表示最小和最大的缩放值
nameMap	自定义地区的名称映射
layoutCenter	layoutCenter 和 layoutSize 提供了除 left、right、top、bottom、width 和 height 之外的布局手段
mapValueCalculation	多个拥有相同地图类型的系列会使用同一个地图展现
data	地图系列中的数据内容数组。数组项可以为单个数值或者数组

6.3 小结

本章主要介绍了三维柱图、三维折线图、三维散点图、三维曲面图的制作，基本地图、地理坐标系下热力图的制作，以及相关图形在 ECharts 和 Pyecharts 下的实现。三维图形比二维图形更直观、生动，立体感更强。至此，二维和三维图形已经介绍完毕，下一章将结合机器学习、统计学等内容讲解实用的数据可视化方法。

6.4 习题

1. 相比于直角坐标系下的柱图和极坐标系下的柱图，三维柱图有什么优点？它们分别适合哪些场景？
2. 本章共介绍了哪几种基本三维图形？
3. 如何为基本三维图形分配颜色？
4. 如何引入地图？
5. 除了热力图，还有哪些场景可以使用地图？

第 7 章

机器学习可视化图形制作

7.1 大数据与机器学习概述

7.1.1 大数据与机器学习

2016 年，Google 的围棋人工智能 AlphaGo 在与世界著名围棋选手李世石的对局中，以 4 : 1 取得胜利。2017 年 5 月，在中国乌镇围棋峰会上，AlphaGo 又与当时排名世界第一的围棋选手柯洁对战，以 3 : 0 的总比分获胜。其实早在 1997 年，国际商业机器（International Business Machines，IBM）公司的深蓝计算机就曾击败过国际象棋大师加里·卡斯帕罗夫（Garry Kasparov）。深蓝和 AlphaGo 取胜的背后是大数据分析，其通过不断地和机器训练与学习，获得“智能”，并凭借强大的计算能力击败人类选手。机器学习可以通过模拟或实现人类的学习行为来探寻数据背后的规律。

大数据是指无法在一定时间范围内用常规软件工具进行捕捉、管理和处理的数据集合。机器学习是研究让计算机从经验和数据中获得知识或提高自身能力的科学。

7.1.2 大数据与机器学习的应用领域

除了在国际象棋和围棋领域，机器学习与大数据分析在其他领域也都有很广阔的应用空间。在信息时代，我们每天都要接触海量数据，通过人力在海量数据中寻找规律有很大的局限性，而机器学习可以快速、高效地对数据进行分析并提炼出规律。

大数据与机器学习跟我们的生活息息相关，可应用于金融、产品销售、新媒体、医疗、社会科学、办公、学习、娱乐和工业制造等领域。

7.1.3 机器学习分类

机器学习主要分为监督式学习与非监督式学习两大类，两者最大的区别就是训练数据中是否有目标变量。监督式学习是指从训练资料中学到或建立一个模型，并依此模型推测新的实例；非监督式学习是指在没有类别信息的情况下，通过对所研究对象大量样本的数据分析实现对样本的分类。

下面用两个简单的例子来解释两者的区别。监督式学习（训练数据中有目标变量）如表 7-1 所示，其训练数据中有 2 个特征变量（工资、满意度）和 1 个目标变量（是否离职），其目的是根据训练数据搭建模型来预测员工是否会离职。

表 7-1　监督式学习的训练集

序号	工资（x_1 单位：元）	满意度（x_2）	是否离职（y）
1	5,000	满意	不离职
2	3,000	满意	离职
3	4,000	不满意	不离职
4	2,500	不满意	离职
…	…	…	…

搭建模型 $y=f(x_1,x_2)$，预测新样本是否会离职。新样本如表 7-2 所示。

表 7-2　监督式学习的预测集

工资（元）	满意度
4,500	满意

非监督式学习（训练数据中无目标变量）如表 7-3 所示，其训练数据中只有特征变量（工龄、工资），没有目标变量，所以其目标不是预测，而是分群。非监督式学习可以根据这些特征将训练数据中的员工归类，如分成 A 类员工、B 类员工、C 类员工。非监督式学习的训练数据集如表 7-3 所示。

表 7-3　非监督式学习的训练集

序号	工龄（年）	工资（元）
1	5	5,000

（续表）

序号	工龄（年）	工资（元）
2	4	6,000
3	2	4,000
4	4	4,500
5	3	5,000
6	1	3,000
7	6	5,000
…	…	…

此处使用特征变量将数据分为三类，分类结果可用图 7-1 表示，其中三角形、圆形和正方形各代表一类。

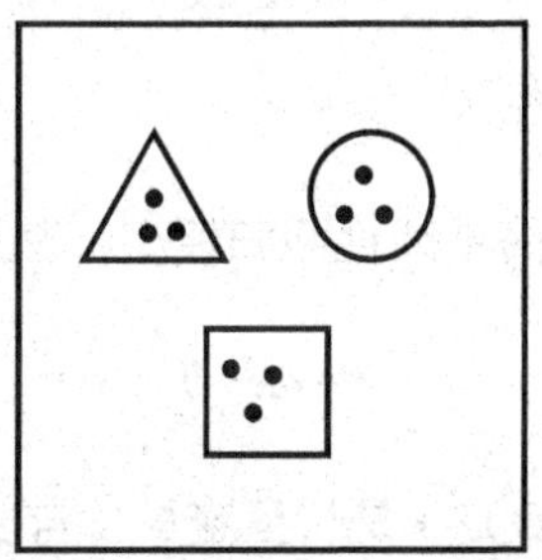

图 7-1　非监督式学习结果图

从更细分的角度，监督式学习主要可以分为回归分析（Regression）和分类（Classification）问题。非监督式学习主要分为数据聚类与分群（Clustering）和数据降维（Dimension Reduction）。

从机器学习模型的角度，可以将监督式学习和非监督式学习分成如表 7-4 所示的不同模型。这些模型的原理和实际应用将在后面的小节进行详细讲解，每一节都会结合数据样本实现可视化，以便大家理解和操作。

表 7-4　机器学习模型分类

监督式学习	非监督式学习
1. 线性回归模型（7.2）	1. KMeans 算法（7.7）
2. 逻辑回归模型（7.3）	2. 主成分分析（7.8）
3. 决策树模型（7.4）	
4. 朴素贝叶斯模型（7.5）	
5. 支持向量机（7.6）	

7.2 线性回归模型可视化图形制作

本节要介绍机器学习中最基础、最经典的线性回归模型，主要内容包括线性回归模型、线性回归模型的评估标准和线性回归模型图形绘制案例。

7.2.1 线性回归模型

线性回归模型通过线性拟合的方式探寻数据背后的规律。通过搭建线性回归模型和使用回归曲线可以做一些简单的预测分析和因果关系分析。

在线性回归模型中，可以根据特征变量（自变量）来预测反应变量（因变量）。根据特征变量的个数，可以将线性回归模型分为一元线性回归模型和多元线性回归模型。

1. 一元线性回归模型的原理

一元线性回归模型又被称为简单线性回归模型，其形式可以表示为一元一次方程：

$$y=\alpha x+b \tag{7.1}$$

其中，y是目标变量（因变量），x是特征变量（自变量），α为回归系数，b为截距。一元线性回归模型的目标就是要拟合出一个回归方程，使预测值和实际值尽可能地接近。如果大部分点都能落在拟合出来的线上，则说明该线性回归模型的拟合程度较好。

2. 多元线性回归模型的原理

多元线性回归模型可以表示为如下的公式：

$$y=k_0+k_1x_1+k_2x_2+k_3x_3+\cdots \tag{7.2}$$

其中，x_1、x_2、x_3…为不同的特征变量（自变量），k_1、k_2、k_3…则为这些特征变量前的系数，k_0是常数项。多元线性回归和一元线性回归一样，都需要通过计算来获取合适的系数（参数），进而拟合回归方程。

7.2.2 线性回归模型的评估标准

那么，如何确定线性回归模型中的未知参数呢？其实，该问题本质上是要衡量实际值和预测值的接近程度，数学上要通过计算两者的残差平方和来衡量。在机器学习领域，残差平方和又称为回归模型的损失函数，公式如下：

$$\sum (y^{(i)} - \hat{y}^{(i)})^2 \tag{7.3}$$

其中，$y^{(i)}$ 是真实值，$\hat{y}^{(i)}$ 是拟合值。显然，残差平方和越小越好，这样预测值也就越来越接近。对损失函数求导，导函数为 0，则损失函数最小，就可以解出参数的值。数学上称其为最小二乘法，这里不再介绍具体的求解方法。

7.2.3　线性回归模型图形绘制案例

了解了线性回归模型的基本数学原理后，下面通过一个具体的案例来搭建线性回归模型，并绘制线性回归模型图形。

1. 数据源展示

本节实验数据保存在 csv 文件中，部分数据如表 7-5 所示。

表 7-5　某电厂发电的二氧化硫处理数据采集表

start_time	end_time	Z00014	Z00002	Z02618	Z00017	Z02617	Z00020	combination
2015/9/8 22:19	2015/9/8 22:28	1,240.082	434.695	5.395	1,417,752	434.583	24.646	BD
2015/9/9 15:23	2015/9/9 15:32	1,367.078	366.598	5.388	1,236,636	443.648	25.197	CD
2015/9/9 15:41	2015/9/9 15:50	1,334.127	366.678	5.312	1,184,154	442.055	25.472	CD
2015/9/10 12:57	2015/9/10 13:06	1,056.119	361.715	5.278	1,268,247	440.444	9.366	CD
2015/9/10 13:40	2015/9/10 13:49	981.213	367.903	5.39	1,265,914	440.993	5.76	CD
2015/9/10 13:59	2015/9/10 14:08	1,009.138	366.259	5.3775	1,252,405	441.183	4.907	CD
2015/9/10 14:24	2015/9/10 14:33	1,046.601	365.617	5.3545	1,251,881	441.883	9.693	CD
2015/9/13 17:44	2015/9/13 17:53	1,273.003	359.728	5.259	1,117,929	419.01	34.817	BD
2015/9/13 18:17	2015/9/13 18:26	1,257.873	363.358	5.1625	1,137,189	419.228	33.272	BD

这是某电厂发电目标在二氧化硫（SO_2）工艺处理过程中采集的数据，其中：

- start_time 代表数据采集开始时间；
- end_time 代表数据采集截止时间；
- Z00014 代表进口烟气 SO_2 的量，单位为立方米 / 小时；
- Z00002 代表机组负荷值，单位为千瓦时；
- Z02618 代表 PH 值；

- Z00017 代表烟气流量，单位为立方米 / 小时；
- Z00020 代表烟囱烟气 SO_2 的量，单位为立方米 / 小时；
- combination 代表液浆循环泵的组合（共有 A、B、C、D 四种泵）。

2. 代码展示

首先，导入程序包：ggplot2 包是 R 语言基础的绘图程序包；ggstatsplot 包是 ggplot2 包的扩展包，可以同时输出美观的图片和统计分析的结果。其次，使用函数 read.csv() 通过绝对路径从 csv 文件中读取实验数据。相关代码如下。

```
library(ggplot2)
library(ggstatsplot)
data <- read.csv('data0606.csv')
```

将数据中变量 Z00014 设为特征变量，将变量 Z02618 设为目标变量，并绘制散点图。其中，*x* 轴代表特征变量 Z00014，*y* 轴代表目标变量 Z02618，参数 xlab 和 ylab 分别用于设置 *x* 轴和 *y* 轴的标题。相关代码如下。

```
ggstatsplot::ggscatterstats(
  data = data,
x = Z00014,
y = Z02618,
  xlab = «REM sleep (in hours)»,
  ylab = «Amount of time spent awake (in hours)»,
  title = «Understanding mammalian sleep»,
  messages = FALSE
)
```

代码运行结果如图 7-2 所示。

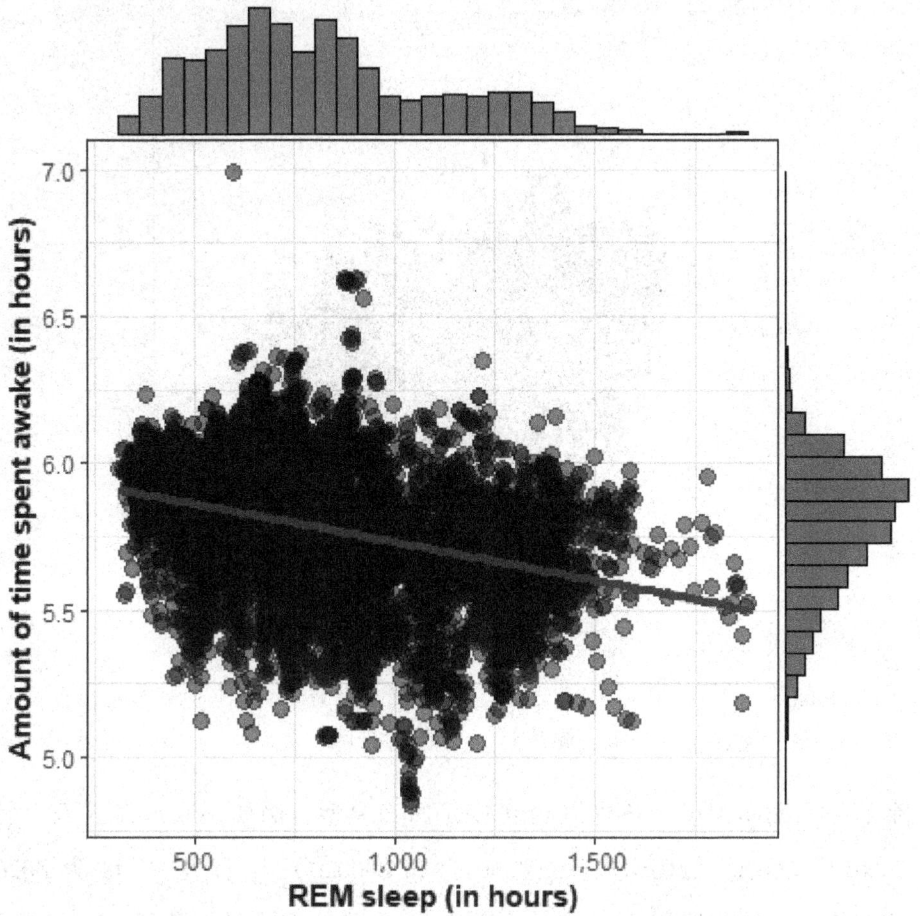

图 7-2　特征变量和目标变量散点图

下面通过建立特征变量为 Z00014 和目标变量为 Z02618 的一元回归模型来探寻变量之间的关系，并绘制回归曲线，函数 lm() 用于做线性回归，函数 abline() 添加回归直线。相关代码如下。

```
M1 = lm(Z02618 ~ Z00014,data = data)
plot(Z02618 ~ Z00014,pch = 20,main = "sbp = 97.78884 + 0.18148weight
",data = data)
abline(M1)
```

代码运行结果如图 7-3 所示。

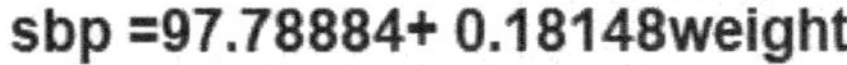

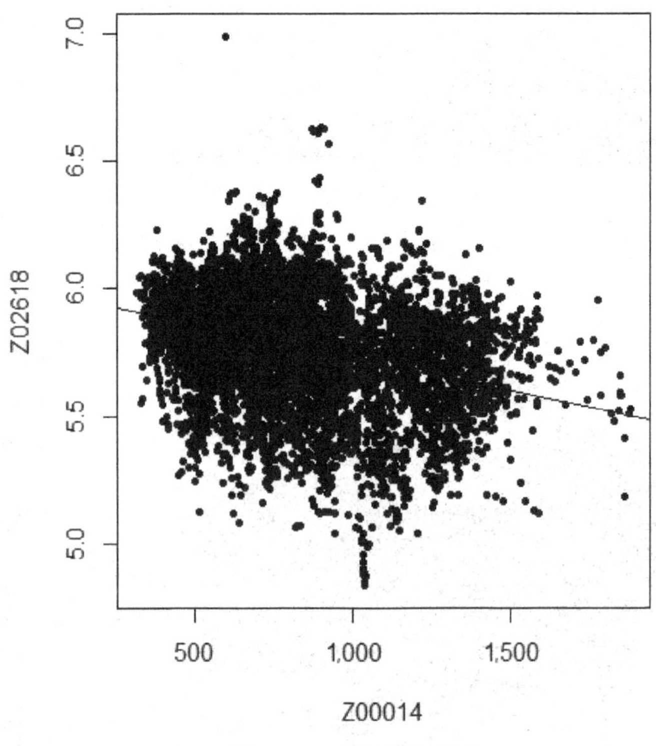

图 7-3　一元线性回归图

除了一元回归模型，还可以建立多元回归模型。例如，通过建立五个特征变量（Z00014、Z00002、Z02618、log(Z00017) 和 Z00020）与目标变量为 Z02617 的多元回归模型，绘制置信区间图。函数 glm() 是广义线性回归模型，建立多元线性回归模型 model_1，再用预测函数 predict.lm() 来计算置信度为 0.95 的区间（interval = "confidence"，level = 0.95），返回结果为 fit（预测中间值）、lwr（预测最小值）和 upr（预测最大值）。函数 as.data.frame() 将数据 model_1 的预测值转为 frame 格式。函数 points() 用于绘制点，pch=20 指定用于绘制点的符号为小实原点，col 参数指定绘制的颜色。相关代码如下。

```
model_1 <- glm(Z02617 ~ Z00014 + Z00002 +Z02618+ log(Z00017) +
Z00020,data = data)
pre_frame <- as.data.frame(predict.lm(model_1,interval =
"confidence",level = 0.95))
plot(pre_frame$fit,pch=20,col="blue")
points(pre_frame$lwr,pch=20,col="red",type='l')
```

```
points(pre_frame$upr,pch=20,col="red",type='l')
points(data$Z02617,pch=20,col="black",type='l')
```

代码运行结果如图 7-4 所示。

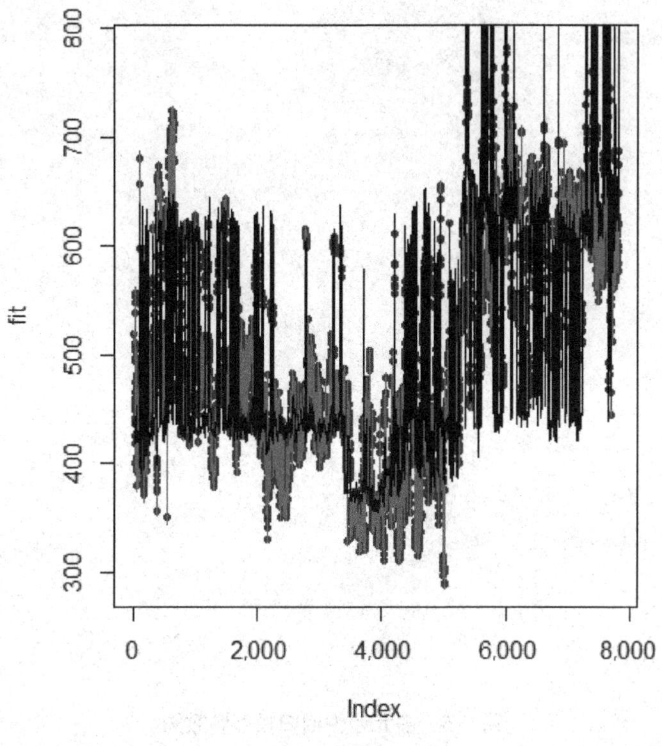

图 7-4　置信区间图

下面导入程序包 coefplot，并使用函数 coefplot() 绘制多元线性回归模型 model_1 的不同特征变量系数和截距值。相关代码如下。

```
library(coefplot)
require(coefplot)
coefplot(model_1)
```

代码运行结果如图 7-5 所示。

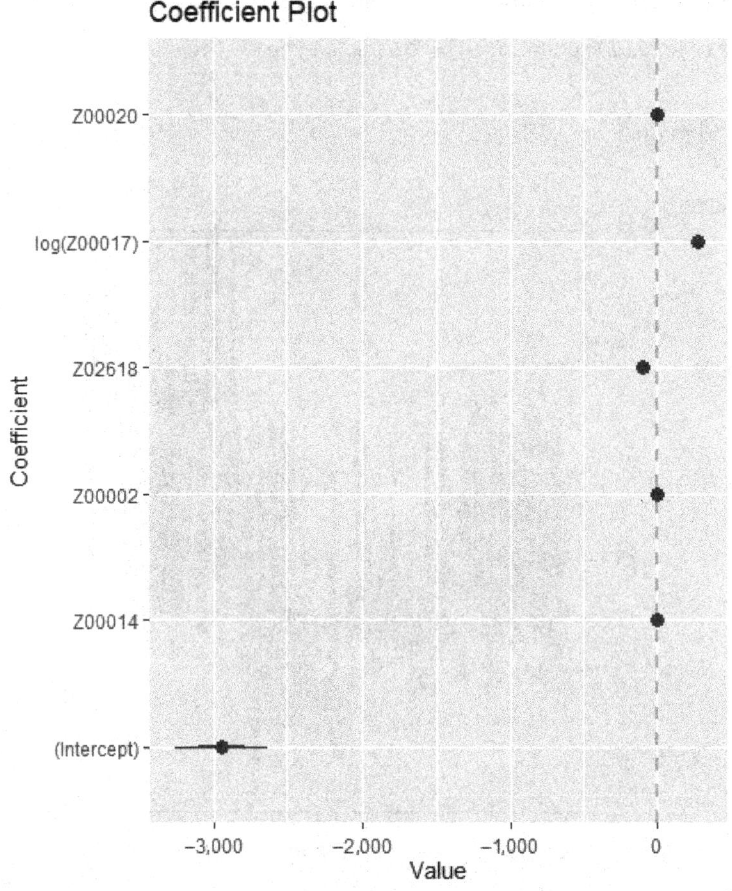

图 7-5　多元线性回归模型参数图

最后，对回归模型 model_1 进行回归诊断，用来评估模型。函数 par() 用于绘制一页多图，mfrow 参数用于设置图片分布为 3 行 2 列。相关代码如下。

```
par(mfrow=c(3,2), pch=19)
plot(M1,which=1)
plot(M1,which=2)
plot(M1,which=3)
plot(M1,which=4)
plot(M1,which=5)
plot(M1,which=6)
```

代码运行结果如图 7-6 所示。

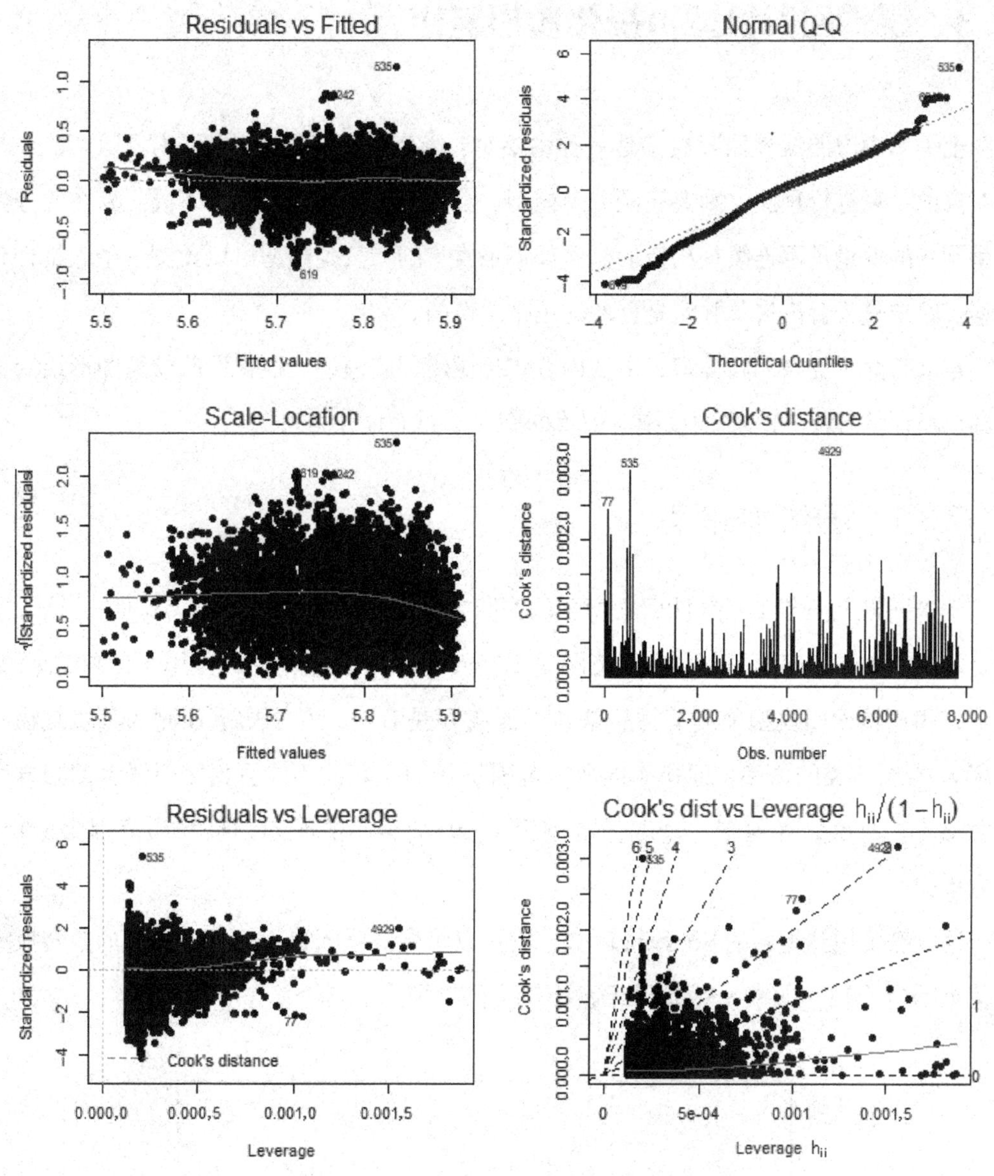

图 7-6　线性回归模型 model_1 的诊断分析图

其中，Residual vs Fitted 图是残差拟合图，残差是拟合值与真实值差值的绝对值，衡量的是预测值和真实值的接近程度。Normal Q-Q 图是正态 Q-Q 图，用于检验因变量的正态分布性，若服从正态分布，则散点应分布在一条直线上，此图满足则表明满足正态性假设。Scale-Location 是齐方差检验图，若满足齐方差，则散点在水平线周围随机分布，此图满足齐方差检验。Cook's distance 是库克距离图，用于诊断各种回归分析中是否存在异常数据。Residuals vs Leverage 是残差和杠杆图，结合了杠杆值和残差的度量。Cook's dist vs Leverage 图是库克距离和杠杆图，结合了杠杆值和库克距离的度量。

7.3 逻辑回归模型可视化图形制作

上一节学习的线性回归模型是一种主要对连续变量进行预测的回归模型（7.2），若要对离散变量进行预测，则要用到分类模型。分类模型与回归模型的不同之处在于分类模型预测的变量是不连续且离散的。例如，最常见的二分类模型可以预测一个人是否会违约、客户是否会流失及肿瘤是良性的还是恶性的。

本节将介绍逻辑回归模型，主要内容包括逻辑回归模型、逻辑回归模型图形绘制案例和模型评估方法：ROC 曲线图。逻辑回归在本质上是分类问题。

7.3.1 逻辑回归模型

先来回顾上一节多元线性回归模型的回归方程式 $y=k_0+k_1x_1+k_2x_2+k_3x_3+\cdots$，这个方程是用于预测连续变量的，其取值范围为（$-\infty$，$+\infty$），而逻辑回归是用于预测类别的。例如，用逻辑回归模型预测某物品是属于 A 类还是 B 类，在本质上预测的其实是物品属于 A 类或 B 类的概率，而概率的取值范围是 0～1，因此不能直接用于线性回归方程预测概率。那么，如何把一个取值范围为（$-\infty$，$+\infty$）的回归方程变为范围为（0,1）的方程呢？

这就需要用到下面的 Sigmoid 函数，它可以将取值范围为（$-\infty$，$+\infty$）的数转换为取值范围为（0,1）的数，Sigmoid 函数图如图 7-7 所示。

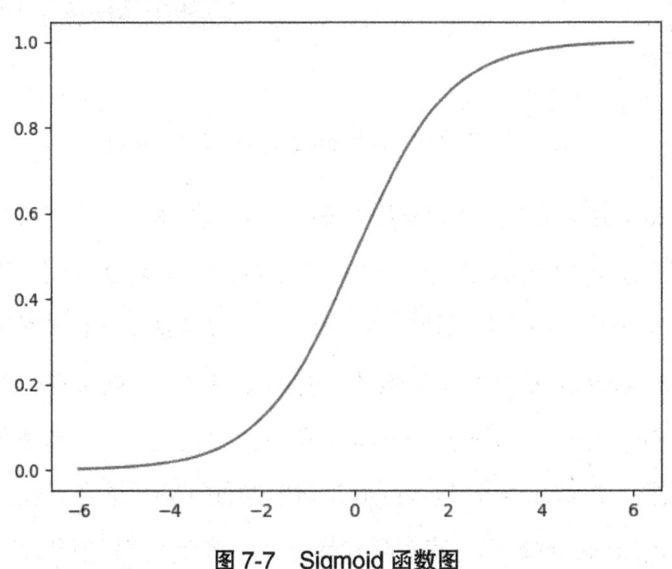

图 7-7 Sigmoid 函数图

Sigmoid 函数的公式如下：

$$\text{Sigmoid：} S(x)=\frac{1}{1+\mathrm{e}^{-x}} \qquad (7.4)$$

因此，逻辑回归模型的本质就是将线性回归模型通过 Sigmoid 函数进行一个非线性转换，得到一个介于 0～1 之间的概率值，对二分类问题（分类成 0 和 1）而言，其预测分类为 1（或者说是二分类中数值较大的分类）的概率可以用如下的公式计算：

$$P=\frac{1}{1+\mathrm{e}^{-(k_0+k_1x_1+k_2x_2+k_3x_3+\cdots)x}} \qquad (7.5)$$

剩余分类为 0 的概率为 1-P。

在实际搭建模型时，要找到合适的系数 k_i 和截距项 k_0，从而使预测概率较为准确。在数学中，可以用极大似然估计法来确定合适的系数，从而得到相应的概率。在 R 语言中已经有相应的程序包将数学方法整合好了，通过调用程序包的函数就可以建立逻辑回归模型，从而预测概率并进行分类。

7.3.2　逻辑回归模型图形绘制案例

了解了逻辑回归模型的基本数学原理后，下面通过一个具体的案例来搭建逻辑回归模型，并绘制逻辑回归模型图形。

1. 数据源展示

实验数据保存在 csv 文件中，部分数据如表 7-6 所示（限于篇幅，将表分为三个部分展示）。

表 7-6　某电商平台购物数据（部分）

auction_nid	user_id	uid_cnt	vote_cnt	seller_id	root_cat_id
8501545	59524397	4	0	59524397	1801
8550408	22349696	30	0	22349696	1801
8550408	94042999	5	0	22349696	1801
8550408	1643189182	2	0	22349696	1801
8550408	1094949637	25	0	22349696	1801

pingjia_cnt	reply_cnt	pic_cnt	auction_price	feedback_length	anony_cnt
1	0	0	30	24	1

（续表）

pingjia_cnt	reply_cnt	pic_cnt	auction_price	feedback_length	anony_cnt
14	0	0	55	7.916,667	14
14	0	0	55	7.916,667	14
14	0	0	55	7.916,667	14
14	0	0	55	7.916,667	14

seller_star_id	dsr	good_rate	shop_long	ali_cnt	buyornot
7	4.888,889	1.001,855	6	2	0
17	4.862,291	1.001,155	8	9	0
17	4.862,291	1.001,155	8	9	0
17	4.862,291	1.001,155	8	9	0
17	4.862,291	1.001,155	8	9	0

这是某电商平台的商品数据，其中：

- pingjia_cnt 代表商品的评价数；
- seller_star_id 代表买家信用等级；
- reply_cnt 代表评论回复数；
- pic_cnt 代表评论中的图片数；
- feedback_length 代表评论字符长度；
- buyornot 代表顾客是否购买。

2. 代码展示

首先，导入程序包，blorr 包是构建和验证逻辑回归模型的工具，dplyr 包用于处理 R 内部或者外部的结构化数据。相关代码如下。

```
library(blorr)
library(ggplot2)
library(dplyr)
data <- read.csv('data1003.csv')
```

接着，构建特征变量为（pingjia_cnt、seller_star_id、reply_cnt、pic_cnt、feedback_length）和目标变量为 buyornot 的逻辑回归模型。函数 glm() 用于构建逻辑回归模型 model。相关代码如下。

```
model <- glm(buyornot ~ pingjia_cnt + seller_star_id + reply_cnt + pic_
cnt +feedback_length , data = data , family = binomial(link = 'logit'))
```

对于初始模型，所有的自变量都被放入模型，但是太多的变量会导致模型过拟合，使验证样本测试变得不稳定。考虑到模型的性能，此处只选取重要的变量。我们使用函数 blr_step_aic_both() 来筛选模型的预测器。相关代码如下。

```
model %>%
  blr_step_aic_both() %>%
  plot()
```

代码运行结果如图 7-8 所示。

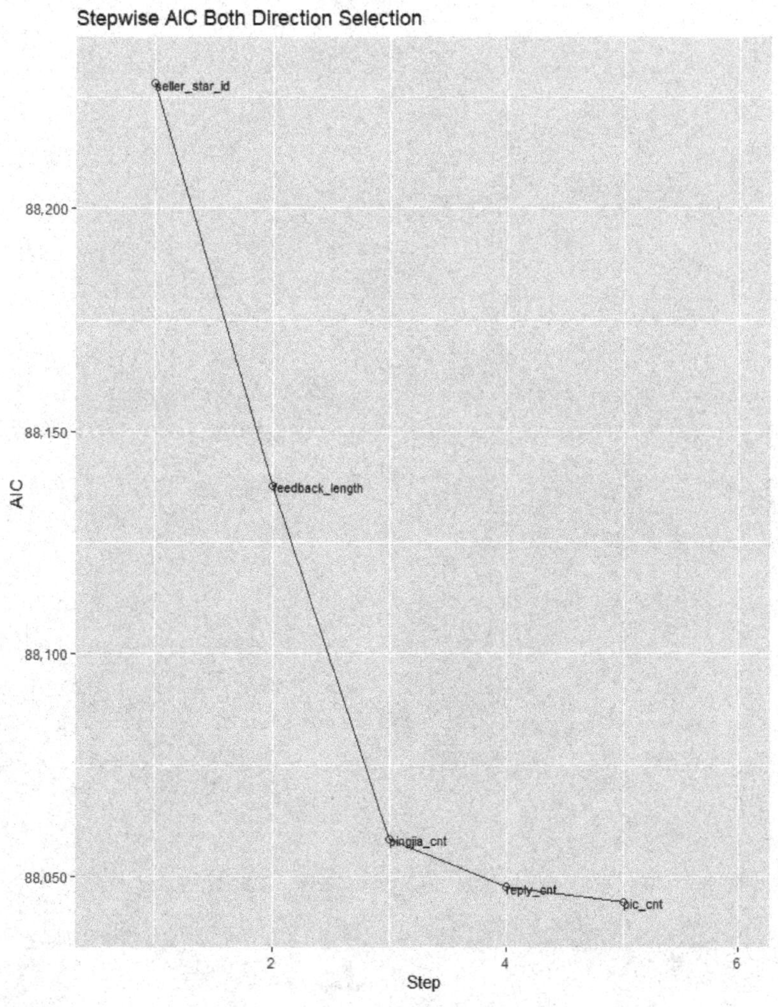

图 7-8　逐步回归特征选择图

提升曲线是在特定截止点捕获的累积事件百分比的图形表示。截止值可以是一个特定的十分位数或百分位数。与排序过程类似，数据按分数的降序排列，然后分组为十分位数或百分位数，最后计算每个十分位或百分位的累积观察数和事件数。

提升曲线图是使用累积样本百分比作为 x 轴，累积事件百分比作为 y 轴创建的，可以使用函数 blr_gains_table() 实现。相关代码如下。

```
model %>%
  blr_gains_table() %>%
  plot()
```

代码运行结果如图 7-9 所示。

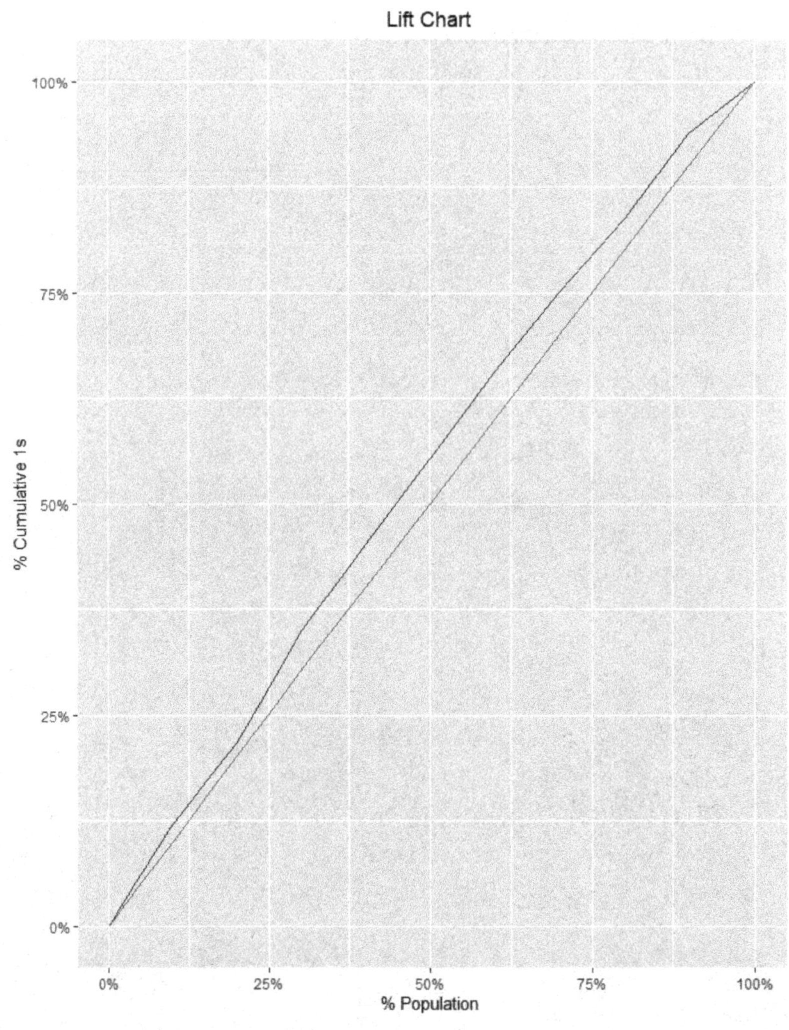

图 7-9　提升曲线图

受试者工作特征（Receiver Operating Characteristic，ROC）曲线是逻辑回归模型截断有效性的图形表示。ROC 曲线下的面积可以作为模型的验证尺度，其面积越大，模型越好。

ROC 曲线图可以使用函数 blr_roc_curve() 实现。相关代码如下。

```
model %>%
  blr_gains_table() %>%
  blr_roc_curve()
```

代码运行结果如图 7-10 所示。

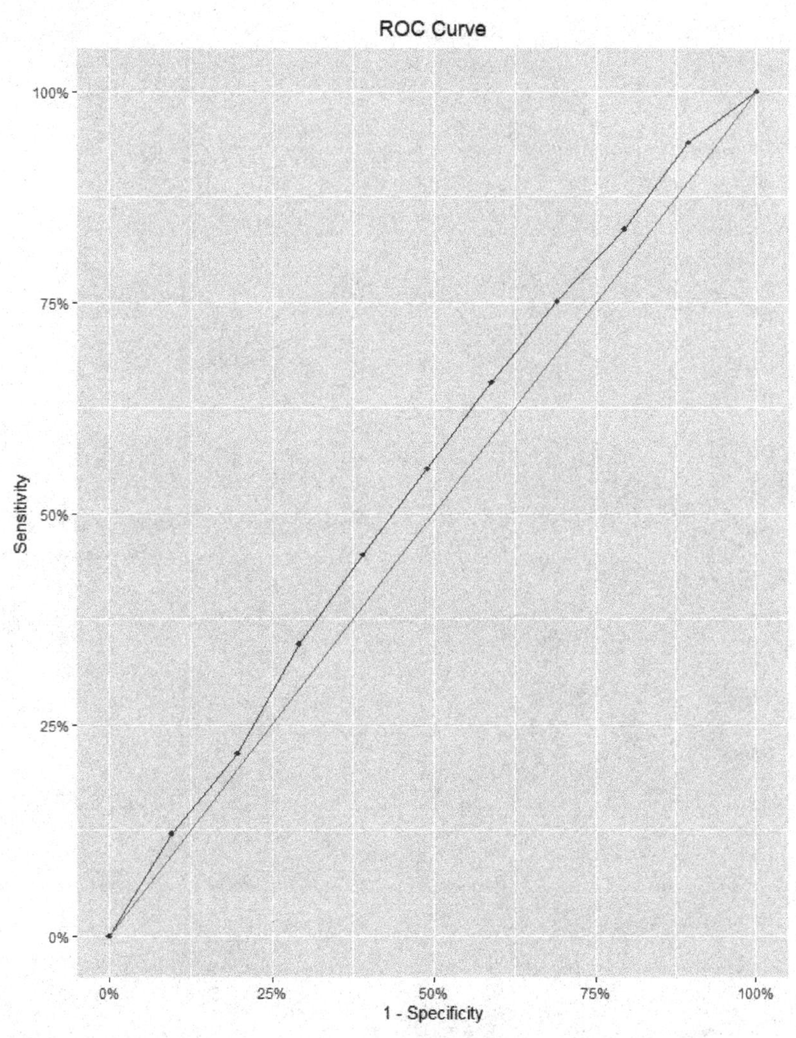

图 7-10　ROC 曲线图

Kolmogorov-Smirnov 统计量（KS 统计量）同样是模型有效性的度量，它是使用升力曲线创建的。KS 曲线图和 ROC 曲线图在本质上是相同的，对于一个好的模型，KS 统计量应该很大，并且应该尽可能地接近事件发生率。KS 曲线图可以使用函数 blr_ks_chart() 实现。相关代码如下。

```
model %>%
  blr_gains_table() %>%
  blr_ks_chart()
```

代码运行结果如图 7-11 所示。

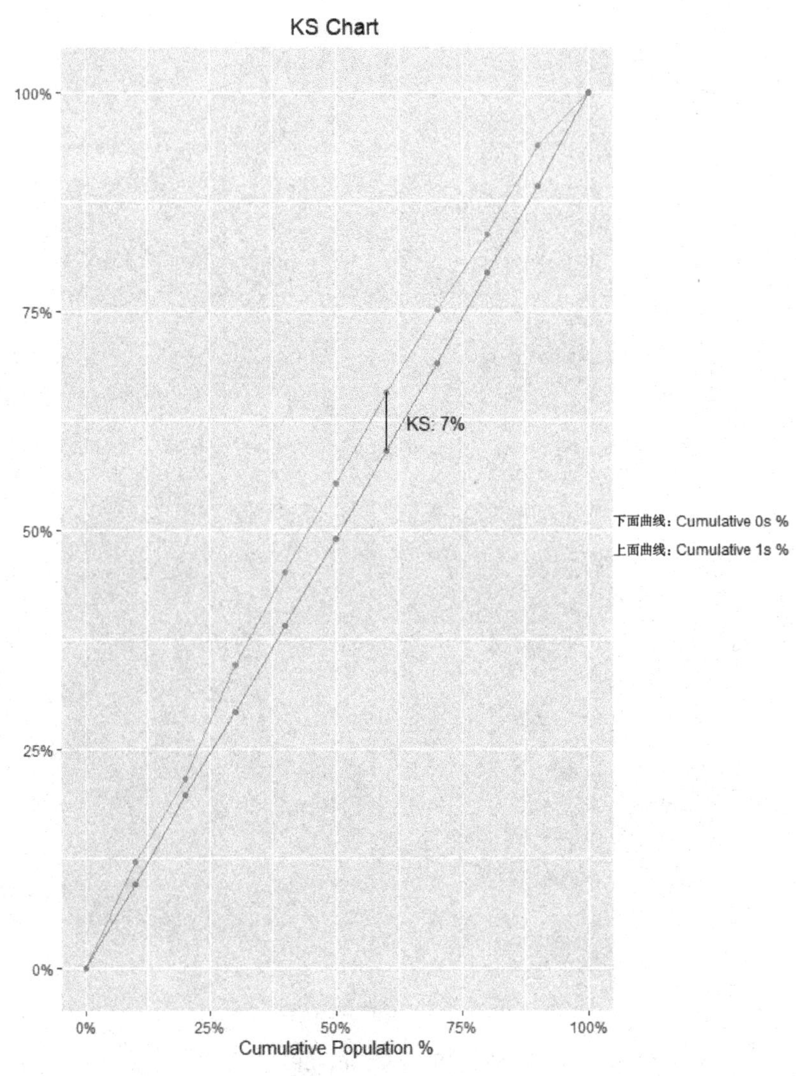

图 7-11　KS 曲线图

十等分提升图可以显示每个十分位数的全局平均事件率的提升。对于具有良好辨别力的模型，最高十分位数应具有大于全局平均值的事件率。十等分提升图可以使用函数 blr_decile_lift_chart() 实现。相关代码如下。

```
model %>%
  blr_gains_table() %>%
  blr_decile_lift_chart()
```

代码运行结果如图 7-12 所示。

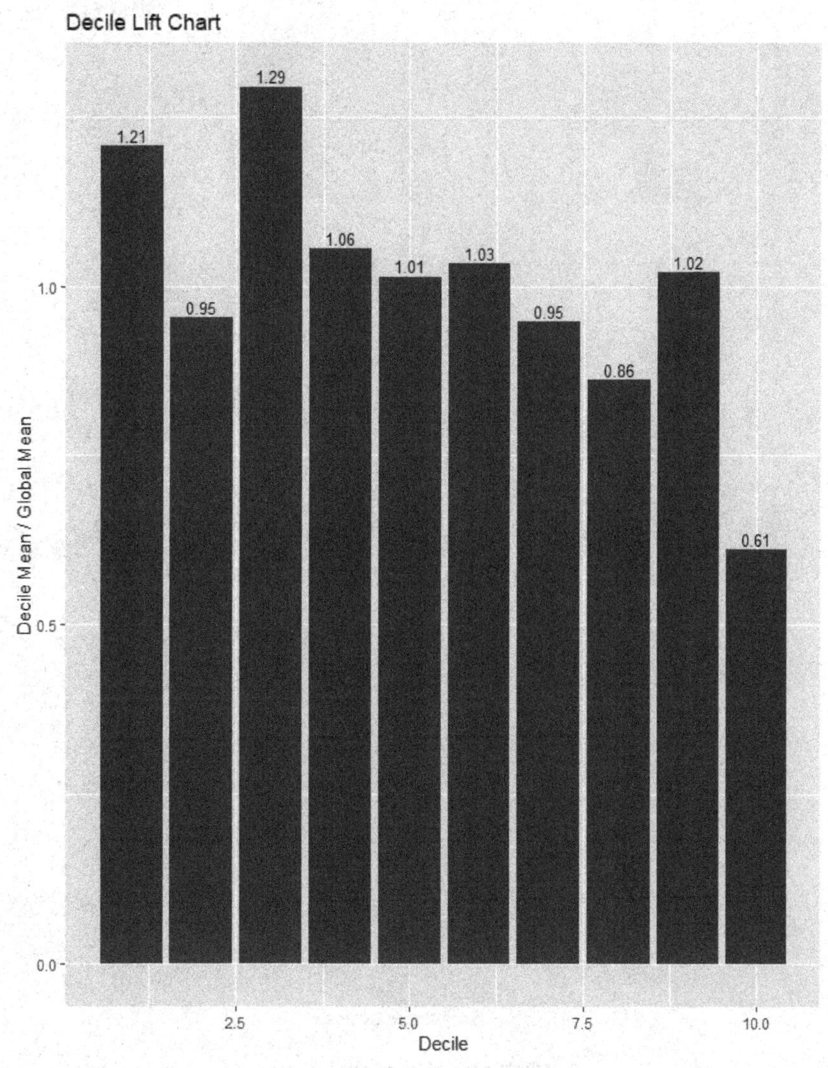

图 7-12　十等分提升图

洛伦兹曲线是一种简单的图形，可以显示有关变量在分布上的不平等程度。它是一种不平等的可视化表示，用于衡量预测模型的区分能力。洛伦兹曲线图可以使用函数 blr_lorenz_curve() 实现。相关代码如下。

```
blr_lorenz_curve(model)
```

代码运行结果如图 7-13 所示。

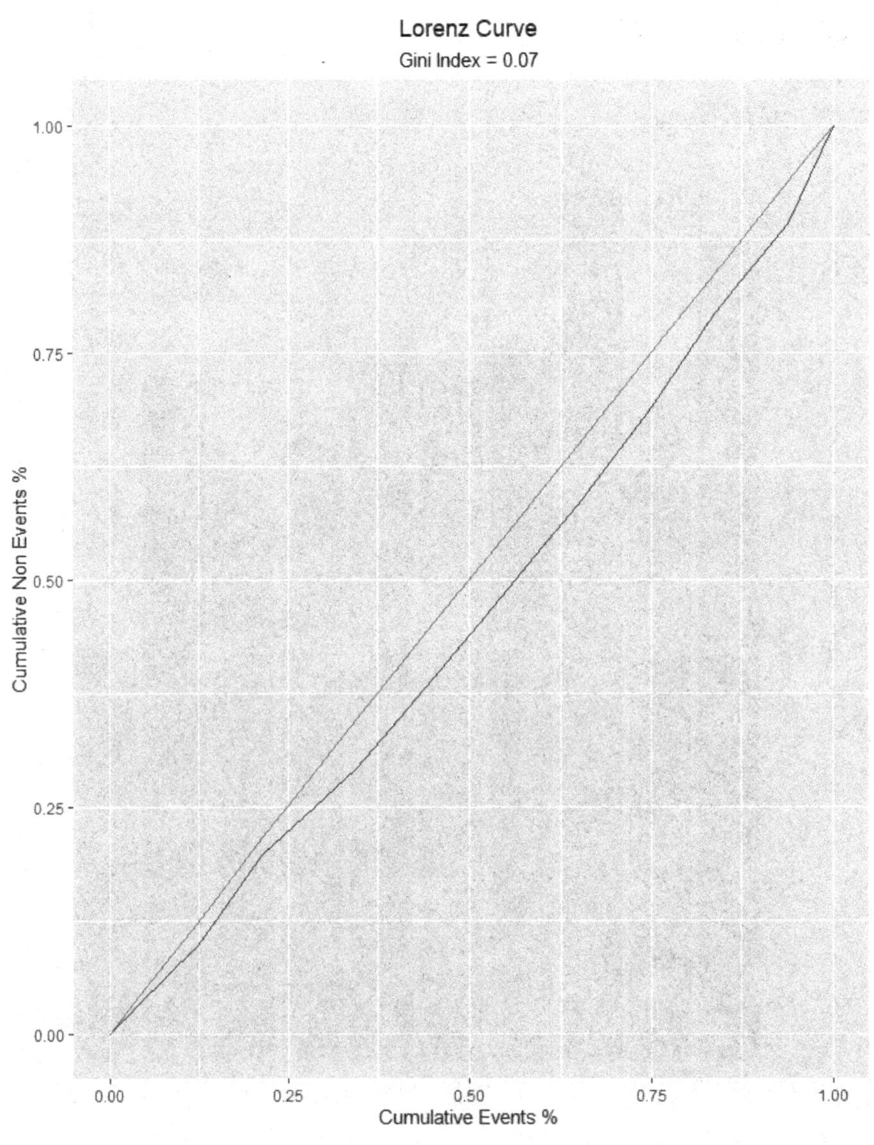

图 7-13　洛伦兹曲线图

最后，对模型进行影响分析、拟合值分析，此处使用函数 blr_plot_diag_influence()

和 blr_plot_diag_fit() 实现。相关代码如下。

```
blr_plot_diag_influence(model)
blr_plot_diag_fit(model)
```

代码运行结果如图 7-14 所示。

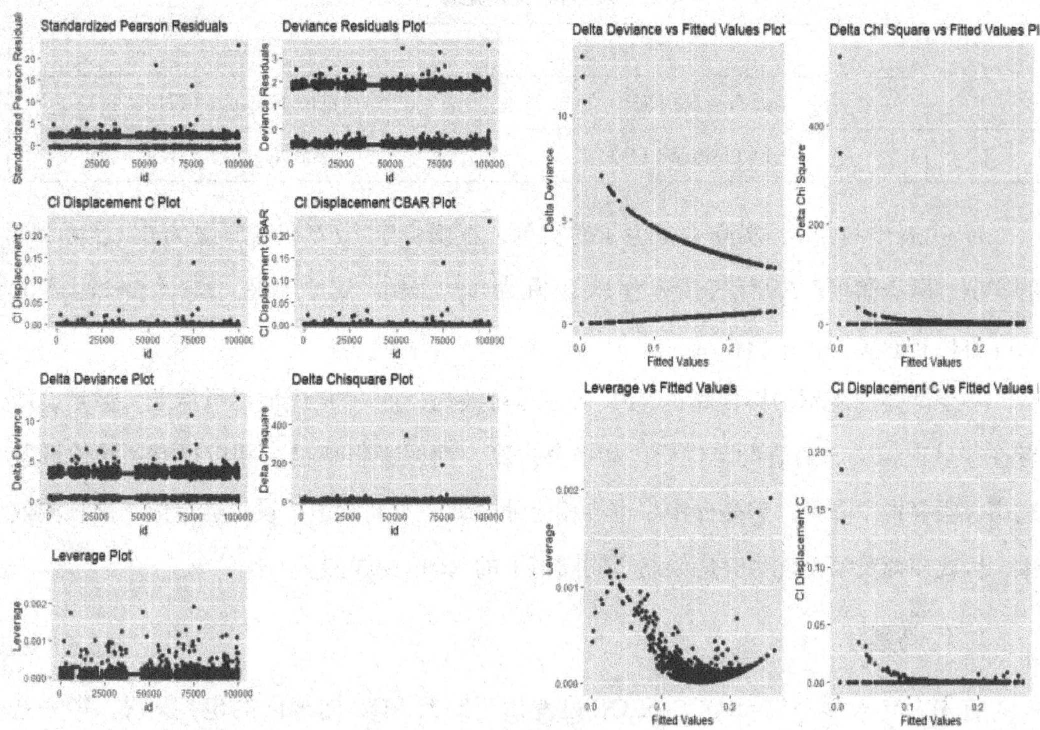

图 7-14　逻辑回归模型评估组图

7.3.3　逻辑回归模型的评估方法：ROC 曲线图

1. 概念解释

在实际案例中，ROC 曲线图是评价逻辑回归模型优劣的重要标准之一，在这里关注如下两个指标。

命中率或真正率（True Positive Rate，TPR）公式如下：

$$TPR=\frac{TP}{(TP+FN)} \tag{7.6}$$

假警报率或假正率（False Positive Rate，FPR）公式如下：

$$FPR=\frac{FP}{(FP+TN)} \tag{7.7}$$

其中，TP、FP、TN、FN 的含义如表 7-7 所示，这个表也被称为混淆矩阵。

表 7-7　混淆矩阵

	1	0
1	True Positive（TP）	False Negative（FN）
0	False Positive（FP）	True Negative（TN）

TP 代表预测为 1，实际也是为 1 的实例，正确肯定。FN 代表预测为 0，实际为 1 的实例，属于漏报。FP 代表预测为 1，实际为 0 的实例，属于虚报。TN 代表预测是 0，实际也是 0 的实例，正确否定。

一个优秀的逻辑回归模型的 TPR 应该尽可能高，而 FPR 应该尽可能低，但是这两者往往呈正相关。阈值设定过低，命中率提高，而假警报率也会相应提高；阈值设置过高，假警报率降低，但是命中率也会相应地降低。不同阈值的设定会造成不同预测效果，因此在衡量模型优劣时应绘制不同阈值下的 ROC 曲线图。

2. 代码展示

首先，导入程序包 pROC，pROC 是专用于绘制 ROC 曲线图的包。其次，做一些数据处理，先使用 factor 将 data$buyornot 转化为二值型因子，再使用函数 sample() 将数据随机分成两个部分——训练数集和测试数集，它们所占比例为 8∶2。函数 set.seed() 用于保证前后生成的随机数一致。数据集分配完成后相关代码如下。

```
library("pROC")
data <- read.csv('data1003.csv')
data$buyornot <- factor(data$buyornot, levels = c(0,1), labels =
c("No", "Yes"))
set.seed(1234)
ind <- sample(2 , nrow(data) , replace = TRUE , prob = c(0.8, 0.2))
data_train <- data[ind == 1,]
data_test <- data[ind == 2,]
```

接着，构建特征变量为（pingjia_cnt、seller_star_id、reply_cnt、pic_cnt、feedback_length）和目标变量为 buyornot 的逻辑回归模型 model。predict 函数可以生成模型的预测值。函数 roc() 可以建立真实值和预测值的 ROC 曲线图。相关代码如下。

```
model <- glm(buyornot ~ pingjia_cnt + seller_star_id + reply_cnt +
pic_cnt + feedback_length, data =data_train, family = binomial(link =
'logit'))
pre <- predict.glm(model, type = 'response', newdata = data_test)
real <- data_test$buyornot
data_roc <- roc(real, pre)
```

使用函数 auc() 计算两个模型的 AUC 值，其结果为 0.569,3。AUC 值为 ROC 曲线图所覆盖的区域面积。显然，AUC 越大，分类器的分类效果越好。使用函数 plot() 绘制 ROC 图，print.auc 为真显示模型 AUC 值；auc.polygon 为真显示将曲线所覆盖的面积填充，用auc.polygon.col将面积填充为蓝色①；legacy.axes为真显示在x轴增加特异度；max.auc.polygon 为真显示用面积的形式显示其 ROC 曲线图的最大可能域；print.thres 为真显示 ROC 曲线图的阈值。相关代码如下。

```
auc(data_roc)
plot(data_roc, print.auc = TRUE, auc.polygon = TRUE, legacy.axes = TRUE,
grid = c(0.1, 0.2), grid.col = c("green"②, "red"③), max.auc.polygon =
TRUE,  auc.polygon.col = "skyblue", print.thres = TRUE, xlab = " 特异度 ",
ylab = " 灵敏度 ", main = "glm 逻辑回归结果 ")
```

代码运行结果如图 7-15 所示。

① 图 7-15 中深色区域。

② 图 7-15 中竖线。

③ 图 7-15 中横线。

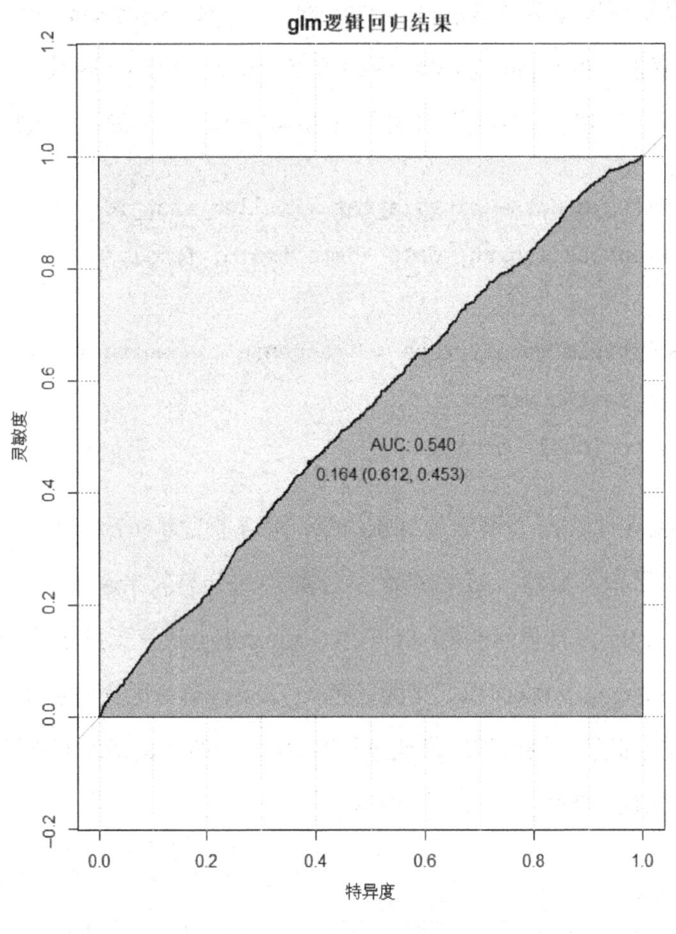

图 7-15 ROC 曲线图

将预测结果根据概率设定为二值型因子：大于 0.2 的设定为“Yes”，其余设定为“No”，再使用函数 table() 将预测值和实际值转变成混淆矩阵，代码如下。

```
library(tidyverse)
pre <-  ifelse(pre > 0.2,1,0)
pre <- factor(pre, levels = c(0,1), labels = c("No", "Yes"))
> table(pre, real)
     real
pre        No    Yes
  No  239356  29942
  Yes    519    119
```

然后，使用函数 ggplot() 根据混淆矩阵结果画出混淆矩阵图。相关代码如下。

```
library(ggplot2)
TClass <- factor(c(0, 0, 1, 1))
PClass <- factor(c(0, 1, 0, 1))
Y <- c(239356, 29942, 519, 119)
df <- data.frame(TClass, PClass, Y)
ggplot(data =  df, mapping = aes(x = TClass, y = PClass)) +
  geom_tile(aes(fill = Y), colour = «white») +
  geom_text(aes(label = sprintf(«%1.0f», Y)), vjust = 1) +
  scale_fill_gradient(low = «blue», high = «red») +
  theme_bw() + theme(legend.position = «none»)
```

代码运行结果如图 7-16 所示（深色代表红色，深灰色代表蓝色，浅灰色代表紫色）。

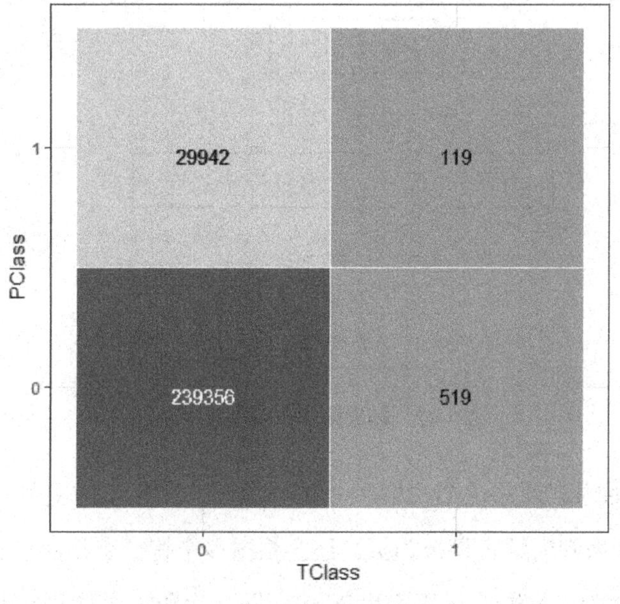

图 7-16　混淆矩阵图

7.4　决策树模型可视化图形制作

本节将介绍机器学习的一个经典算法——决策树模型，并将其应用到顾客网购的预测中。本节主要内容包括决策树模型简介、决策树模型建立原理和决策树模型图形绘制案例。

7.4.1 决策树模型

决策树模型是机器学习中的一个经典算法模型，它的基本原理是对一系列的问题进行 if 或 else 的推导，最终实现相关决策。

我们先看一个简单的决策树模型实例——顾客购买衣服预测模型。该决策树首先判断该衣服价格是否高于 500 元，若答案为“是”，则判定顾客不会购买；若答案为“否”，则继续判断该衣服的销量是否少于 1,000 件。若答案为“是”，则判定顾客不会购买；若答案为“否”，则判定顾客会购买。该实例的决策树如图 7-17 所示。

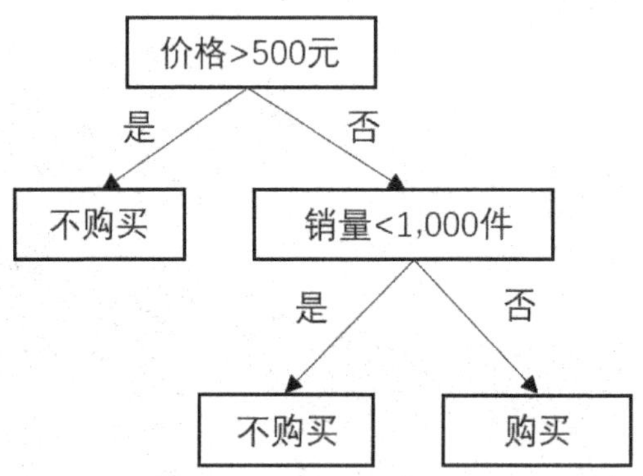

图 7-17 顾客购买衣服决策树模型

图 7-17 展示的内容就是决策树模型的核心原理，在真正的实例中不仅会根据价格和销量这两个特征来判断顾客是否购买，还会根据多个特征来预测购买概率，根据阈值来判断顾客是否会购买，如购买概率大于 60% 即认为顾客会购买。其他的决策树模型也是如此。

在实际应用中，商家会通过已有的数据来分析已购买顾客都符合何种特征，查看价格、销量、折扣和评价等，然后选择相应的特征进行节点分裂，建立类似的决策树模型，再使用该模型预测顾客的购买概率，并根据预测结果采取相应的措施。

7.4.2 决策树模型的建立原理

决策树的建立并不复杂，主要是通过连续的逻辑判断得出最后的结论，其关键在于如何建立决策树。首先，根节点选择不同的特征，会得到不同的效果。其次，同一特征的不同设置，决策树结果也有区别。那么，建立决策树的原理是什么？

决策树模型的建立原理主要是基尼系数这个概念。基尼系数（gini）可以用于计算一个系统的混乱程度。基尼系数越高，系统越混乱；基尼系数越小，系统越稳定。建立决策树的目的就是降低系统的混乱程度，从而得到合适的分类效果。基尼系数计算公式如下：

$$gini(T)=1-\sum p_i^2 \tag{7.8}$$

其中 p_i 为类别 i 在样本 T 中出现的概率，即类别为 i 的样本占总样本个数的比例。Σp_i^2 是对 T 中所有类别概率平方的求和。

例如，一个全部都是不购买的样本中只有一个类别，即不购买，其出现的频率是 100%，所以该系统的基尼系数是 $1-1^2=0$，表示该系统没有混乱，系统的“纯度”很高。如果样本中一半是购买，一半是不购买，那么类别是 2 个，每个类别出现的频率都是 50%，所以基尼系数为 $1-(0.5^2+0.5^2)=0.5$，表示该系统混乱程度很高。

当引入某个用于分类的变量（如“价格 >500”）时，分类后的计算公式如下：

$$gini(T)=\frac{S_1}{S_1+S_2}gini(T_1)+\frac{S_2}{S_1+S_2}gini(T_2) \tag{7.9}$$

其中，S_1、S_2 为分类后两个类别各自的样本量，$gini(T_1)$、$gini(T_2)$ 为两个类别各自的基尼系数。

例如，一个初始样本中有 1,000 个顾客，已知其中有 400 人购买，600 人不购买。划分前，系统的基尼系数为 $1-(0.4^2+0.6^2)=0.48$。下面采用两种不同的方式决定根节点：一是根据“价格 >500 元”进行分类，二是根据“销量 <1,000 件”进行分类。

划分方式一：以“价格 >500 元”为根节点进行分类，如图 7-18 所示，划分后的基尼系数为 0.3。计算过程如下。

T_1 的基尼系数：$gini(T_1)=1-(0.25^2+0.75^2)=0.375$

T_2 的基尼系数：$gini(T_2)=1-(1^2+0^2)=0$

划分后系统的基尼系数：$gini(T)=\frac{200+600}{1,000}\times 0.375+\frac{200+0}{1,000}\times 0=0.3$

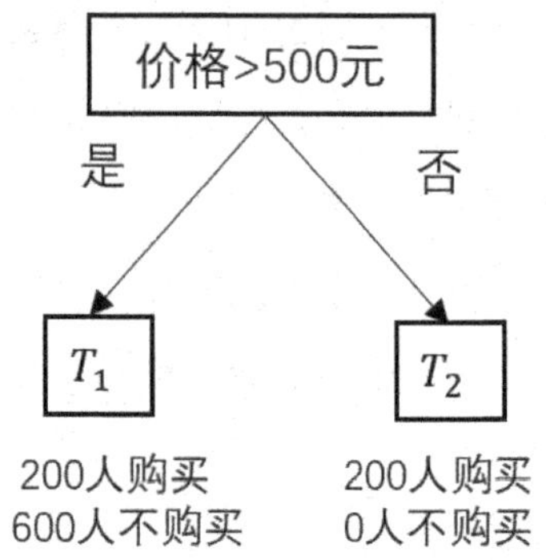

图 7-18　划分方式一的决策树模型

划分方式二：以“销量 <1,000 件”为根节点进行划分，如图 7-19 所示，划分后的基尼系数为 0.45。计算过程如下。

T_1 的基尼系数：$gini(T_1)=1-(0.25^2+0.75^2)=0.375$

T_2 的基尼系数：$gini(T_2)=1-(0.5^2+0.5^2)=0.5$

划分后系统的基尼系数：$gini(T)=\frac{100+300}{1,000}\times 0.375+\frac{300+300}{1,000}\times 0.5=0.45$

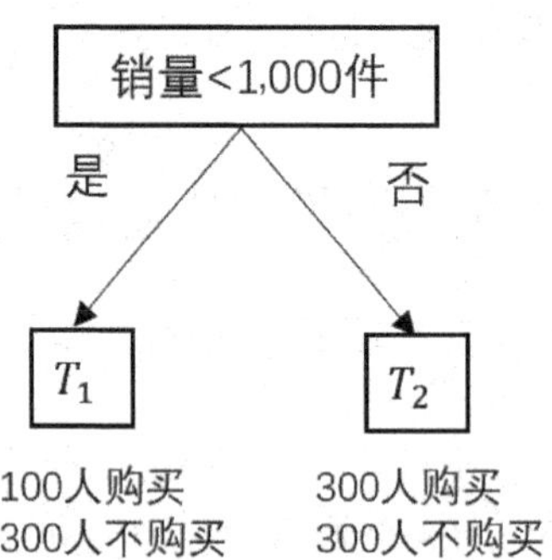

图 7-19　划分方式二的决策树模型

由此可以看到，划分前的基尼系数为 0.48，以“价格 >500 元”为根节点划分后的基尼系数为 0.3，而以“销量 <1,000 件”为根节点划分后的基尼系数为 0.45。因为基尼系数越低，系统的混乱程度越低，区分度越高，越适合做分类预测，因此这里选择“价格 >500 元”为根节点更好。

上面演示了如何使用基尼系数来选择根节点，而根节点下面的节点也使用类似的方法来选择，从而建立出一个较为完善的决策树模型。采用基尼系数进行运算的决策树也被称为分类回归树（Classification and Regression Tree，CART）。

7.4.3　决策树模型图形绘制案例

本节实验数据与 7.3 节逻辑回归可视化图形制作所用数据相同，如表 7-6 所示。

导入程序包 rpart 和 rpart.plot，rpart 包用于决策树模型构建，rpart.plot 包用于决策树画图。相关代码如下。

```
library(rpart)
library(rpart.plot)
data<-read.csv('data1003.csv')
```

使用函数 rpart() 构建决策树模型 fit，使用函数 rpart.plot() 画决策树模型图。在 rpart.plot() 中设定 type=4，显示决策树节点标签和左右节点分离条件；设定 extra=1，显示落在每个节点中的数据的数目。相关代码如下。

```
fit <- rpart(seller_star_id ~ pingjia_cnt  +auction_price + pic_cnt +
root_cat_id + feedback_length + shop_long, data = data)
rpart.plot(fit,type=4,extra=1)
```

代码运行结果如图 7-20 所示。

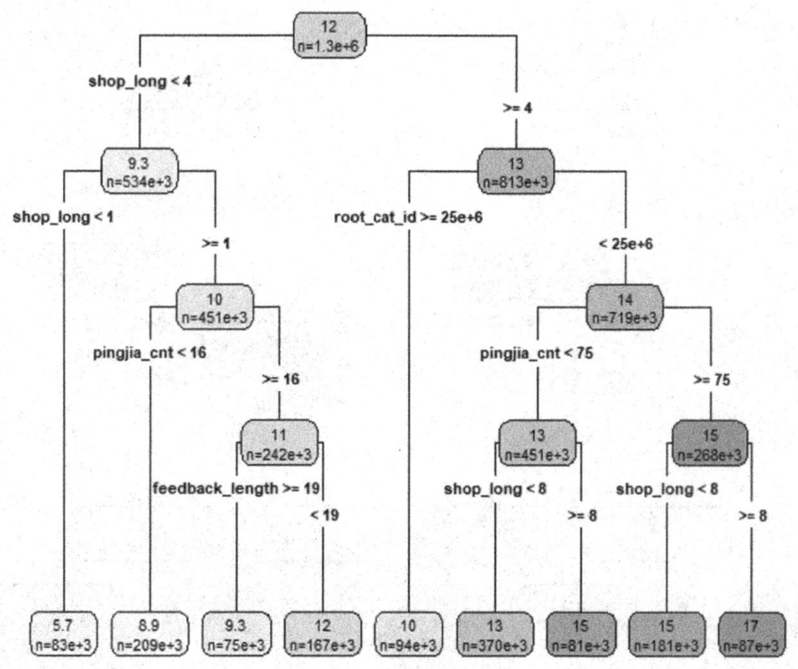

图 7-20　决策树 1 图

还可以采用另外一种方法绘制决策树图形。导入程序包 rattle、tibble 和 bitops，rattle 包是一个用于数据挖掘的 R 语言图形交互界面，可以快速处理常见的数据挖掘问题，tibble 包和 bitops 包需要在导入 rattle 包之前导入。采用函数 fancyRpartPlot() 绘制模型 fit 的决策树。相关代码如下。

```
library(tibble)
library(bitops)
library(rattle)
fancyRpartPlot(fit)
```

代码运行结果如图 7-21 所示。

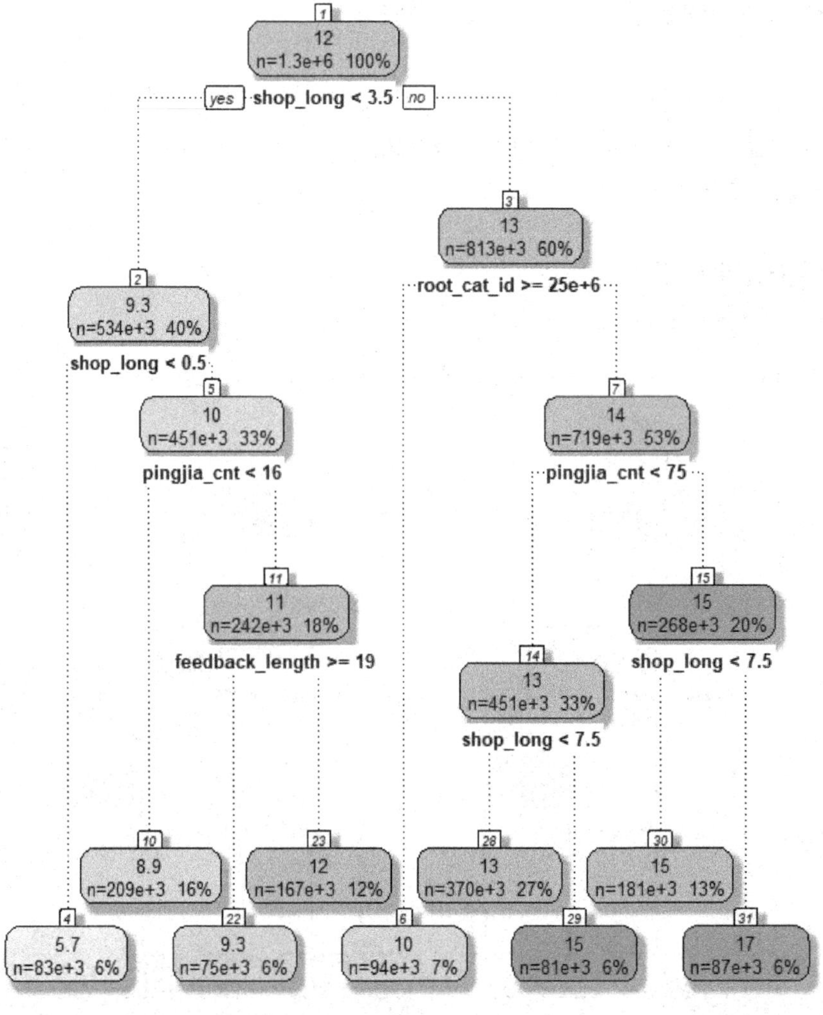

图 7-21　决策树 2 图

7.5　朴素贝叶斯模型可视化图形制作

本节将介绍机器学习中的朴素贝叶斯模型，主要讲解朴素贝叶斯模型的算法原理，第 8 章 8.2 节将结合“词云”实现垃圾邮件分类这一经典案例，进行数据可视化。

7.5.1　朴素贝叶斯模型

贝叶斯模型是机器学习中应用极为广泛的分类算法之一，其产生自英国数学家贝叶斯对逆概问题的思考。朴素贝叶斯模型是贝叶斯模型中最简单的一种，其核心算法为如下所示的贝叶斯公式：

$$P(A|B)=\frac{P(B|A)P(A)}{P(B)} \tag{7.10}$$

其中，$P(A)$ 为事件 A 发生的概率，$P(B)$ 为事件 B 发生的概率，$P(A|B)$ 表示在事件 B 发生的条件下事件 A 发生的概率，$P(B|A)$ 表示在事件 A 发生的条件下事件 B 发生的概率。

举一个简单的例子：已知一个人出门带伞（事件 A）的概率 $P(A)$ 是 30%，下雨（事件 B）的概率 $P(B)$ 是 20%，一个人已知下雨而出门带伞的概率 $P(A|B)$ 是 100%，那么，一个人带伞出门又下雨的概率 $P(B|A)$ 是多少？求解过程如下：

$$P(B|A)=\frac{P(A|B)P(B)}{P(A)}=\frac{100\%\times20\%}{30\%}=66.7\%$$

1. 一维特征变量下的朴素贝叶斯模型

下面通过一个详细的例子来讲解朴素贝叶斯模型的实战应用：如何判断一个人是否带伞？假设已经有了 6 组样本数据，如表 7-8 所示。

表 7-8　天气与带伞数据表 1

天气情况（x_1）	是否带伞（y）
1	1
1	1
0	1
0	0

（续表）

天气情况（x_1）	是否带伞（y）
0	0
1	1

这里只有一个特征变量 x_1，其值为 1 表示下雨，其值为 0 表示未下雨；目标变量是 y，其值为 1 表示带了雨伞，其值为 0 表示未带雨伞。

下面根据已有的数据，使用朴素贝叶斯模型来预测一个人是否带伞。例如，已知下雨（x_1=1），一个人是否带伞了呢？这个问题的本质是预测下雨的条件下带伞的概率，即 $P=(y|x_1)$，将特征变量和目标变量代入贝叶斯公式，可以得到如下所示的计算公式：

$$P=(y|x_1)=\frac{P(x_1|y)P(y)}{P(x_1)} \tag{7.11}$$

根据数据，在下雨的 3 个样本中有 3 个带伞，得出在下雨（x_1=1）的条件下，带伞（y=1）的概率为 1，也可以根据贝叶斯公式来计算，计算过程如下：

$$P=(y=1|x_1=1)=\frac{P(x_1=1|y=1)P(y=1)}{P(x_1=1)}=\frac{\frac{3}{4}\times\frac{4}{6}}{\frac{3}{6}}=1$$

其中，$P(x_1=1|y=1)$ 代表在带伞的条件下下雨的概率，这里带伞的 4 个样本中有 3 个是下雨天，所以概率是$\frac{3}{4}$；$P(y=1)$ 代表所有样本中带伞的概率，这里 6 个样本中有 4 个带伞，所以概率是$\frac{4}{6}$；$P(x_1=1)$ 代表所有样本中下雨的概率，这里 6 个样本中有 3 个带伞，所以概率是$\frac{3}{6}$。

同理，可以计算出其在下雨（x_1=1）条件下不带伞（y=0）的概率为：

$$P=(y=0|x_1=1)=\frac{P(x_1=1|y=0)P(y=0)}{P(x_1=1)}=\frac{0\times\frac{2}{6}}{\frac{3}{6}}=0$$

由于 1 ＞ 0，所以在下雨的条件下带伞的概率大于不带伞的概率，我们预测他会带伞。

2. 二维特征变量下的朴素贝叶斯模型

现在，再加入一个特征变量——天气预报（x_2），其值为 1 代表天气预报预测会下雨，其值为 0 代表天气预报预测不会下雨。样本数据如表 7-9 所示。

表 7-9　天气与带伞数据表 2

天气情况（x_1）	天气预报（x_2）	是否带伞（y）
1	1	1
1	1	1
0	1	1
0	1	0
0	0	0
1	0	1

根据上述数据，我们仍可以使用贝叶斯公式来预测一个人是否带伞。例如，一个人已知天气预报预测会下雨但此时未下雨（x_1=0，x_2=1），那么他会带伞吗？这个问题的本质上是预测带伞的概率 $P=(y|x_1, x_2)$。将特征变量和目标变量代入贝叶斯公式，可以得到如下的计算公式：

$$P=(y|x_1,x_2)=\frac{P(x_1,x_2|y)P(y)}{P(x_1,x_2)} \tag{7.12}$$

现在要计算并比较 $P=(y=1|x_1, x_2)$ 和 $P=(y=0|x_1, x_2)$ 的大小，由上述公式可知，两者分母 $P(x_1, x_2)$ 是相同的，所以直接计算 $P(x_1, x_2|y)P(y)$ 的大小即可。

在计算之前，需要先引入朴素贝叶斯的独立性假设：朴素贝叶斯模型中的各个特征变量之间相互独立（假设这里 x_1, x_2 是相互独立的），即 $P(x_1, x_2|y)=P(x_1|y)P(x_2|y)$。

在独立性假设条件下，计算天气预报预测下雨但未下雨（x_1=0, x_2=1）的条件下带伞（y=1）的概率 $P=(y=1|x_1=0, x_2=1)$ 可以转换为计算 $P(x_1=0|y=1)P(x_2=1|y=1)P(y=1)$ 的值，计算过程如下：

$$P(x_1=0\,|\,y=1)P(x_2=1\,|\,y=1)P(y=1)=\frac{1}{4}\times\frac{3}{4}\times\frac{4}{6}=\frac{1}{8}$$

同理，计算天气预报预测下雨但未下雨（x_1=0, x_2=1）的条件下不带伞（y=0）的概率 $P=(y=0|x_1=0, x_2=1)$ 可以转换为计算 $P(x_1=0|y=0)P(x_2=1|y=0)P(y=0)$ 的值，计算过程如下：

$$P(x_1=0\mid y=0)P(x_2=1\mid y=0)P(y=0)=1\times\frac{1}{2}\times\frac{2}{6}=\frac{1}{6}$$

因为$\frac{1}{8}<\frac{1}{6}$，所以在天气预报预测下雨但未下雨的条件下带伞的概率小于不带伞的概率，我们预测他不会带伞。

3. n 维特征变量下的朴素贝叶斯模型

我们可以在 2 个特征变量的基础上将贝叶斯公式推广至 n 个特征变量 $x_1, x_2\cdots, x_n$，在特征变量相互独立且随机的条件下，计算公式如下：

$$P(y\mid x_1,x_2,\cdots,x_n)=\frac{P(x_1,x_2,\cdots,x_n\mid y)P(y)}{P(x_1,x_2,\cdots,x_n)} \tag{7.13}$$

更一般的情况下，设有样本数据集 $data=\{d_1, d_2, \cdots, d_d\}$，对应样本数据的属性特征为 $X=\{x_1, x_2, \cdots, x_d\}$，可分的类别为 $Y=\{y_1, y_2, \cdots, y_m\}$，其中 $x_1, x_2, \cdots, x_d$ 相互独立且随机，在给定类别 Y 的情况下，贝叶斯公式可进一步表示如下：

$$P(y_i\mid x_1,x_2,\cdots,x_d)=\frac{P(y_i)\prod_{j=1}^{d}P(x_j\mid y_i)}{\prod_{j=1}^{d}P(x_j)} \tag{7.14}$$

7.5.2 朴素贝叶斯模型图形绘制案例

垃圾邮件分类是朴素贝叶斯模型的经典应用。第 8 章 8.2 节将结合“词云”知识点，具体实现垃圾邮件分类，并绘制朴素贝叶斯模型图形。

7.6 支持向量机可视化图形制作

支持向量机（Support Vector Machines，SVM）是近年来流行的一种数据挖掘方法。SVM 能有效克服机器学习中的“维数灾难”和“过学习”困难，成功地处理回归问题和模式识别问题。SVM 是一种基于结构风险最小化原则（Structural Risk Minimization,

SRM）的通用学习算法，其基本思想是在样本输入空间或特征空间构造一个最优超平面，使超平面到两类样本集之间的距离最大，从而获得最好的一般化能力。构造最优超平面可以转化为二次规划问题。

本节先介绍 SVM 的理论推导，这需要一定的数学基础，然后介绍 SVM 分类图的绘制。

7.6.1　支持向量机

SVM 最初用于解决二分类问题。如图 7-22 所示，在二维平面有多个“+”点与多个“−”点，我们需要找到一条线可以将“+”点与“−”点分开。此时可以运用 SVM 来找到这样一条粗线，这条线被称为超平面。

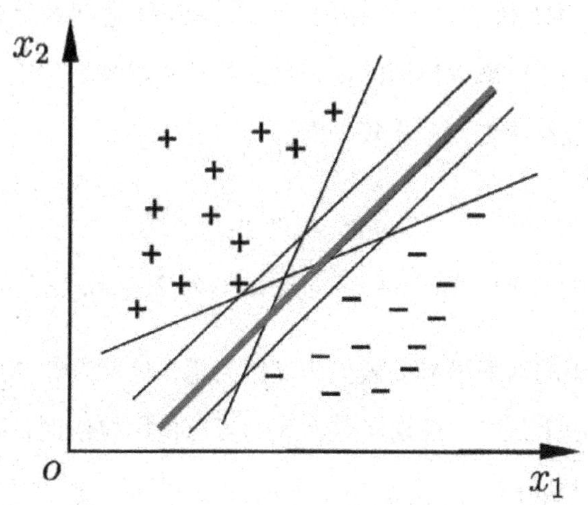

图 7-22　线性支持向量机简图

下面给出线性 SVM 和非线性 SVM 的推导过程。

1. 硬间隔线性支持向量机

给定问题的训练样本集为 $S=\{(x_1, y_1),(x_2, y_2),\cdots,(x_m, y_m)\}$，其中 $x_i \in \mathbf{R}^n$，$y_i \in \{-1, 1\}$，$i=1, 2,\cdots, m$。假设该训练集的正反两类样本可以被一个超平面划分，即存在一个超平面 $w^T x+b=0$ 满足：

$$s.t. \quad \begin{cases} w^T x_i + b > 0, & y_i = +1, \\ w^T x_i + b < 0, & y_i = -1. \end{cases} \tag{7.15}$$

w 是超平面法向量，b 为偏置，分类问题以符号函数 $f(x)=\mathrm{sign}(w^Tx+b)$ 为分类决策函数。样本空间任意点 x 到超平面的距离如下：

$$d=\frac{\left|w^T x+b\right|}{\|w\|} \tag{7.16}$$

对于一个问题，可能存在很多个满足公式（7.15）的分类超平面，但只有一个可称之为最优超平面。所谓最优超平面是指超平面最近的点与超平面的距离达到最大。SVM 的训练过程就是寻找该最优超平面的过程。到最优超平面距离最近的点被称为支持向量。

为了使分类超平面有尽可能强的一般化能力，当训练集线性可分时，需要对 w 和 b 施加以下约束：对正类中的各样本 x_i 要求 $w^Tx_i+b\geqslant 1$；对负类中的各类样本 x_i 要求 $w^Tx_i+b\leqslant -1$；同时还要求超平面 $w^Tx_i+b=1$ 和 $w^Tx_i+b=-1$ 之间的距离尽可能远，使分类函数的 VC 维尽可能小，以减少模型的复杂性。根据数学规划理论，要寻找满足以上条件的分类超平面，需要解决如下二次规划问题：

$$\begin{aligned} &\min_{w,b} \frac{1}{2} w^T w, \\ s.t.\quad & y_i\left(w^T x_i+b\right) \geq 1,\ \ i=1,2,\cdots,m. \end{aligned} \tag{7.17}$$

满足 $y_i(w^Tx_i+b)=1$ 的训练样本 x_i 被称为支持向量，这就是 SVM 的基本模型。

公式（7.17）是一个凸二次规划问题，我们可以使用拉格朗日乘子法求解，该问题的拉格朗日函数可以写成：

$$L(w,b,\alpha)=\frac{1}{2}w^2+\sum_{i=1}^{m}\alpha_i\left(1-y_i\left(w^T x_i+b\right)\right) \tag{7.18}$$

令 $L(w, b, \alpha)$ 对 w 和 b 的偏导数为零，可得：

$$w=\sum_{i=1}^{m}\alpha_i y_i x_i \tag{7.19}$$

$$\sum_{i=1}^{m}\alpha_i y_i=0 \tag{7.20}$$

将式（7.19）和式（7.20）代入式（7.18），可将 $L(w, b, \alpha)$ 中的 w 和 b 消去，根据对偶理论，二次规划问题（7.17）的对偶问题可以转换为：

$$\begin{aligned} \max_{\alpha} \quad & \sum_{i=1}^{m}\alpha_i - \frac{1}{2}\sum_{i=1}^{m}\sum_{j=1}^{m}\alpha_i\alpha_j y_i y_j x_i^T x_j, \\ s.t. \quad & \sum_{i=1}^{m}\alpha_i y_i = 0, \\ & \alpha_i \geq 0, \ \ i = 1,2,\cdots,m. \end{aligned} \tag{7.21}$$

其中，α_i 为求解问题（7.18）的拉格朗日乘子，解出 α 后，求出 w 和 b 即可得到模型。

2. 软间隔线性支持向量机

机器学习需要避免过拟合问题，当硬间隔线性 SVM 的不可分是由过拟合导致或为了寻求模型更好的泛化能力时，就需要引入“软间隔”（Soft Margin）的概念。

软间隔允许某些样本点不满足约束 $y_i(w^Tx_i+b)\geqslant 1$，需要引入松弛变量 $\xi_i\geqslant 0$，于是优化目标可写为：

$$\begin{aligned} \min_{w,b,\xi_i} \quad & \frac{1}{2}w^T w + C\sum_{i}^{m}\xi_i, \\ s.t. \quad & y_i\left(w^T x_i + b\right) \geq 1 + \xi_i, \ \ i = 1,2,\cdots,m, \\ & \xi_i \geq 0, \ \ i = 1,2,\cdots,m. \end{aligned} \tag{7.22}$$

式中引入的正常数 C 是对违背约束条件的一种惩罚，与式（7.17）类似，式（7.22）仍是一个二次规划问题，可以通过使用拉格朗日乘子法求解，该问题的拉格朗日函数可以写成：

$$L(w,b,\alpha,\xi,\mu) = \frac{1}{2}w^2 + \sum_{i=1}^{m}\alpha_i\left(1-\xi_i - y_i\left(w^T x_i + b\right)\right) - \sum_{i=1}^{m}\mu_i\xi_i \tag{7.23}$$

令 $L(w, b, \alpha, \xi, \mu)$ 对 w、b 和 ξ_i 的偏导数为零可得：

$$w = \sum_{i=1}^{m}\alpha_i y_i x_i \tag{7.24}$$

$$\sum_{i=1}^{m}\alpha_i y_i = 0 \tag{7.25}$$

$$C = \alpha_i + \mu_i \tag{7.26}$$

将式（7.24）、式（7.25）和式（7.26）代入式（7.23），将二次规划问题（7.22）的对偶问题可以转换表示为：

$$\begin{aligned} \max_{\alpha} \quad & \sum_{i=1}^{m}\alpha_i - \frac{1}{2}\sum_{i=1}^{m}\sum_{j=1}^{m}\alpha_i\alpha_j y_i y_j x_i^T x_j, \\ s.t. \quad & \sum_{i=1}^{m}\alpha_i y_i = 0, \\ & 0 \le \alpha_i \le C,\ i = 1,2,\cdots,m. \end{aligned} \tag{7.27}$$

将式（7.27）与硬间隔下的对偶问题（7.21）对比可知，两者唯一不同的是对偶变量的约束不同，因此使用软间隔同样可以解出模型。

3. 非线性支持向量机

当数据集线性不可分时，采用非线性变换 $x \leftrightarrow \phi(x)$ 可将训练集样本映射到一个高维特征空间，使样本在这个特征空间内线性可分。根据 Cover 理论，数据集在此高维空间中线性可分的可能性将增大。这个非线性变化过程如图 7-23 所示。

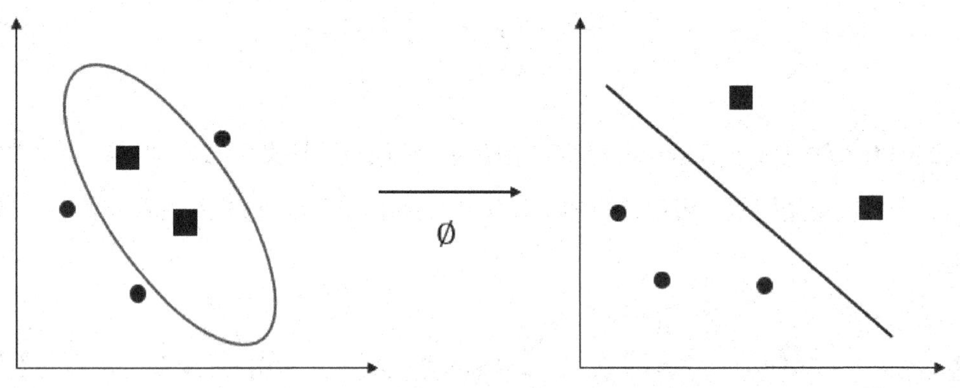

图 7-23　非线性支持向量机简图

此时，需要在新的特征空间寻求分类超平面：$w^T\phi(x)+b=0$。要使分类函数 $f(x)=\text{sign}(w^T\phi(x)+b)$ 具有尽可能好的一般化能力，类似于公式（7.17），有：

$$\begin{aligned} \min_{w,b,\xi_i} \quad & \frac{1}{2}w^T w + C\sum_{i}^{m}\xi_i, \\ s.t. \quad & y_i\left(w^T\phi\left(x_i\right)+b\right) \ge 1+\xi_i,\ i=1,2,\cdots,m, \\ & \xi_i \ge 0,\ i=1,2,\cdots,m. \end{aligned} \tag{7.28}$$

其对偶问题是：

$$\begin{aligned} \max_{\alpha} \quad & \sum_{i=1}^{m}\alpha_i - \frac{1}{2}\sum_{i=1}^{m}\sum_{j=1}^{m}\alpha_i\alpha_j y_i y_j \phi(x_i)^T \phi(x_j), \\ s.t. \quad & \sum_{i=1}^{m}\alpha_i y_i = 0, \\ & 0 \le \alpha_i \le C,\ i=1,2,\cdots,m. \end{aligned} \tag{7.29}$$

求解式（7.29）涉及计算 $\phi(x_i)^T\phi(x_j)$，这是样本 x_i、x_j 映射到高维特征空间之后的内积。由于特征空间维数可能很高，因此直接计算 $\phi(x_i)^T\phi(x_j)$ 会比较困难。为了避免这一障碍，可以设想这样一个函数：

$$k(x_i, x_j) = [\phi(x_i), \phi(x_j)] = \phi(x_i)^T\phi(x_j) \tag{7.30}$$

即 x_i 与 x_j 在特征空间的内积等于它们在原始样本空间中通过函数 $k(\cdot,\cdot)$ 计算的结果，我们不必直接计算高维特征空间中的内积，于是式（7.29）可重写为：

$$\begin{aligned} \max_{\alpha} \quad & \sum_{i=1}^{m}\alpha_i - \frac{1}{2}\sum_{i=1}^{m}\sum_{j=1}^{m}\alpha_i\alpha_j y_i y_j k(x_i, x_j), \\ s.t. \quad & \sum_{i=1}^{m}\alpha_i y_i = 0, \\ & \alpha_i \ge 0,\ i=1,2,\cdots,m. \end{aligned} \tag{7.31}$$

求解上式即可得到模型，这里的 $k(\cdot,\cdot)$ 就是核函数（Kernel Function）。

4. 核函数的构造

支持向量机的核函数必须满足 Mercer 定理，如定理 7.1 所示。

定理 7.1　令 $\mathbf{R}^m$ 为输入空间，$k(\cdot,\cdot)$ 是定义在 $\mathbf{R}^m \times \mathbf{R}^m$ 是上的对称函数，则 $k(\cdot,\cdot)$ 是核函数，当有任意数据 D=$\{x_1, x_2, \cdots, x_m\}$，核矩阵 K 一定是半正定的。

$$K = \begin{bmatrix} k=(x_1, x_1) & \cdots & k=(x_1, x_j) & \cdots & k=(x_1, x_m) \\ \vdots & \ddots & \vdots & \ddots & \vdots \\ k=(x_i, x_1) & \cdots & k=(x_i, x_{1j}) & \cdots & k=(x_i, x_m) \\ \vdots & \ddots & \vdots & \ddots & \vdots \\ k=(x_m, x_1) & \cdots & k=(x_m, x_{1j}) & \cdots & k=(x_m, x_m) \end{bmatrix} \tag{7.32}$$

定理 7.1 表明，只要一个对称函数所对应的核矩阵半正定，它就能作为核函数使用。核函数对应一个映射 $\phi(x)$，核函数的选择会影响支持向量机分类的性能，因此核函数的选择尤为重要。

表 7-10 列出了几种常见的核函数。

表 7-10　常用核函数表

名称	表达式	参数
线性核函数	$k(x_i, x_j)=x_i^T x_j$	
多项式核函数	$k(x_i, x_j)=(\beta x_i^T x_j+\theta)^d$	$d\geqslant 1$，为多项式的次数
高斯核函数	$k(x_i, x_j)=\exp(-\frac{\lVert x_i-x_j\rVert^2}{2\sigma^2})$	$\sigma>0$，为高斯核带宽
拉普拉斯核函数	$k(x_i, x_j)=\exp(-\frac{\lVert x_i-x_j\rVert}{\sigma})$	$\sigma>0$
Sigmoid 核函数	$k(x_i, x_j)=\tanh(\beta x_i^T x_j+\theta)$	tanh 为双曲正切函数，$\beta>0$，$\theta<0$

核函数也可以通过核函数之间的组合得到，则有：

（1）设 k_1 和 k_2 都是核函数，对于任意正数 α 和 β，其线性组合：

$$\alpha k_1+\beta k_2 \tag{7.33}$$

也是核函数。

（2）设 k_1 和 k_2 都是核函数，则核函数的直积：

$$k_1\otimes k_2=k_1(x,z)k_2(x,z) \tag{7.34}$$

也是核函数。

（3）设 k_1 和 k_2 都是核函数，则对于任意函数 $g(x)$，

$$k(x,z)=g(x)k_1(x,z)g(z) \tag{7.35}$$

也是核函数。

7.6.2　支持向量机图形绘制案例

首先，x_1 是使用函数 seq() 生成的 0 到 π 之间的 100 个数，使用函数 rnorm(100) 可以产生 100 个服从正态分布的随机数，y_1 是 x_1 的正弦值加上随机数。同理，我们可以得到 x_2 和 y 的值。然后，使用函数 date.frame() 创建一个有 3 个变量、200 条数据的数据框 data，其中使用函数 rep() 对数值复制，使用函数 c() 将变量连接成一个向量。接着使用函数 names() 将数据框 data 中的变量重新命名为 x_1、x_2 和 y。最后，将 data$y 转化为因子。相关代码如下：

```
x1 <- seq(0,pi,length.out=100)
y1 <- sin(x1) + 0.1*rnorm(100)
```

```
x2 <- 1.5+ seq(0,pi,length.out=100)
y2 <- cos(x2) + 0.1*rnorm(100)
data <- data.frame(c(x1,x2),c(y1,y2),c(rep(1, 100), rep(-1, 100)))
names(data) <- c('x1','x2','y')
data$y <- factor(data$y)
```

导入程序包 e1071 和 kernlab。e1071 是机器学习核心包，可以用于 SVM 等算法，kernlab 是实现基于核技巧机器学习的扩展包。使用函数 ksvm() 构建支持向量机 model1。其中 *y*~. 代表 data 中除了 *y* 的所有变量；'vanilladot' 指定线性核支持向量机；参数 C 指定了 SVM 的惩罚参数，C 越大，模型越复杂，在训练集上性能越好，但是泛化能力也越差。相关代码如下。

```
library(e1071)
library(kernlab)
model1 <- ksvm(y~.,data=data,kernel='vanilladot',C=0.1)
plot(model1,data=data)
```

代码运行结果如图 7-24 所示。

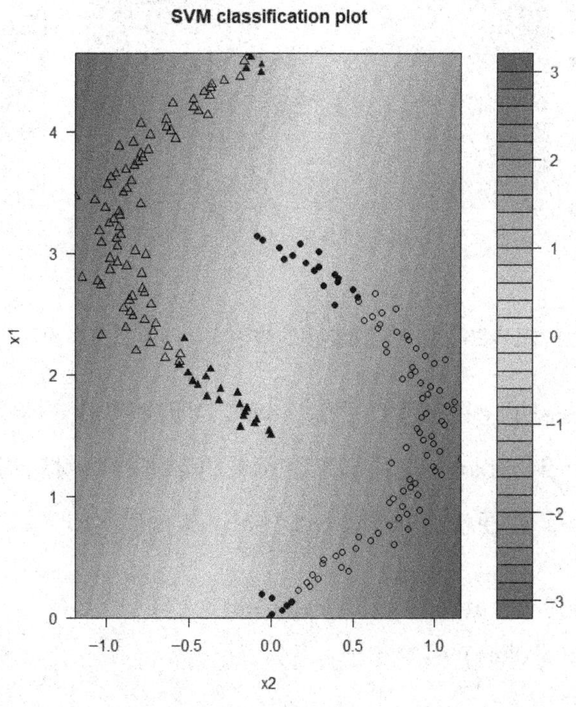

图 7-24 线性支持向量机分类图

接下来，设置 C=100，对线性支持向量机加大惩罚参数 C，构建线性核支持向量机 model2，提高模型的复杂程度，使训练误差减小。相关代码如下。

```
model2 <- ksvm(y~.,data=data,kernel='vanilladot',C=100)
plot(model2,data=data)
```

代码运行结果如图 7-25 所示。

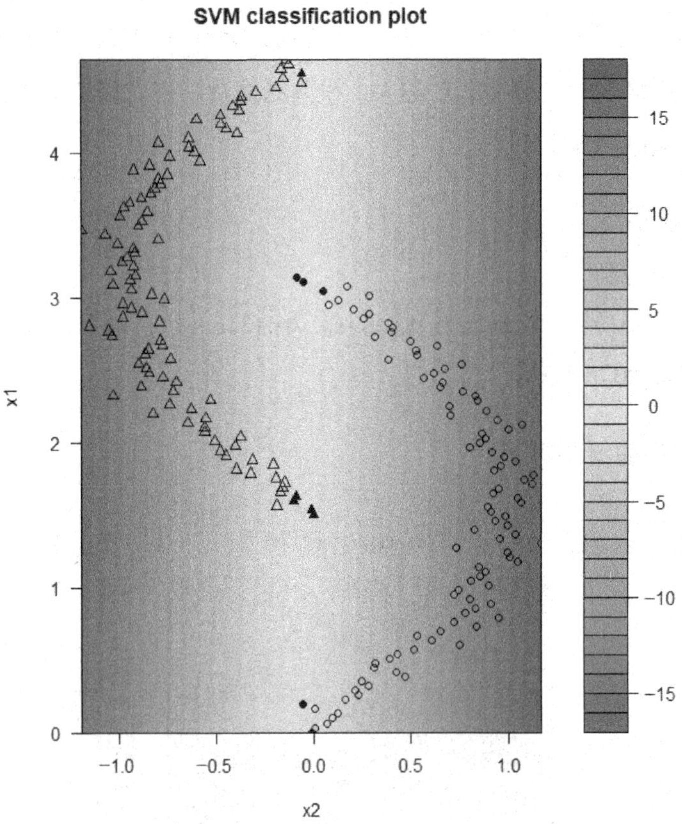

图 7-25　加大惩罚参数的线性支持向量机分类图

对比 model1，提高了惩罚参数 C 后的 model2 对训练集的分类效果更好。

接着，设定 kernel='rbfdot'，使用高斯核函数将数据源映射到高维空间，构建高斯核支持向量机 model3，以便正确分类输入的数据。相关代码如下。

```
model3 <- ksvm(y~.,data=data,kernel='rbfdot')
plot(model3,data=data)
```

代码运行结果如图 7-26 所示。

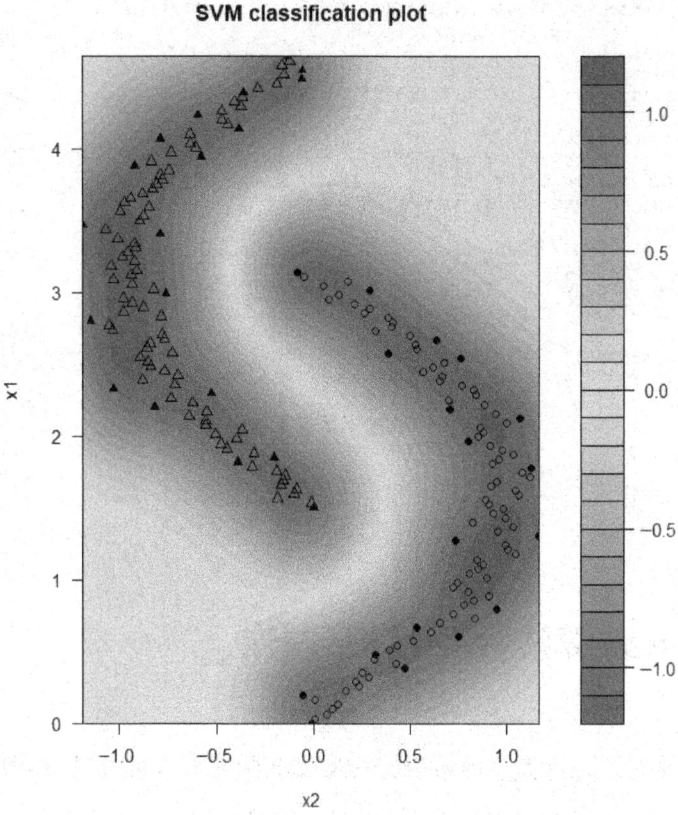

图 7-26　高斯核支持向量机分类图

支持向量机模型的普通参数可以通过训练求解出来，但是支持向量机中超参数（如惩罚参数 C）的选择也十分重要。我们可以采用十折交叉检验进行超参数的寻优。

导入程序包 lattice、caret 和 ggplot2。函数 trainControl() 中 method = “repeatedcv” 用于指定交叉检验；number = 10 代表为十份，即把数据集分成 10 份，其中 9 份用作训练，1 份作为验证；repeats = 3 表示重复这个过程三次，以确定支持向量机的最优参数。使用函数 train() 对 iris 数据进行训练。相关代码如下。

```
library(caret)
fitControl <- trainControl(method = "repeatedcv", number = 10, repeats =
3,returnResamp = "all")
model4 <- train(Species~.,data=iris,method='svmRadialCost',trControl =
fitControl)
print(model4)
```

代码运行结果如图 7-27 所示。

```
Support Vector Machines with Radial Basis Function Kernel

150 samples
  4 predictor
  3 classes: 'setosa', 'versicolor', 'virginica'

No pre-processing
Resampling: Cross-Validated (10 fold, repeated 3 times)
Summary of sample sizes: 135, 135, 135, 135, 135, 135, ...
Resampling results across tuning parameters:

  C     Accuracy   Kappa
  0.25  0.9511111  0.9266667
  0.50  0.9488889  0.9233333
  1.00  0.9533333  0.9300000

Accuracy was used to select the optimal model using the largest value.
The final value used for the model was C = 1.
```

图 7-27　SVM 的十折交叉验证结果图

7.7　KMeans 算法可视化图形制作

在 7.1 节中提到过，机器学习可以分为监督式学习和非监督式学习两大类，其中，非监督式学习的数据集只有特征变量，没有目标变量。我们需要对已有数据进行建模，根据其性质进行分组。聚类分析问题就是其典型案例。

KMeans 算法是最常用的一种聚类算法。本节主要介绍 KMeans 算法的基本原理，通过 R 语言实现 KMeans 算法，并绘制 Kmeans 算法图形。

7.7.1　KMeans 算法的基本原理

KMeans 算法名称中的 K 代表类别的数量，Means 代表每个类别样本的均值，所以 KMeans 算法又称 K- 均值算法。KMeans 算法以距离作为样本件相似度的度量标准，将距离相近的样本分配到同一个类别。样本间距离的计算方式可以是欧式距离（L_2 范数）、曼哈顿距离（L_1 范数）和余弦相似度等，KMeans 算法通常采用欧氏距离来度量各样本间的距离。N 维空间中点（$x_1, x_2, \cdots, x_n$）与点（$y_1, y_2, \cdots, y_n$）的欧式距离计算公式如下：

$$d=\sqrt{(x_1-y_1)^2+(x_2-y_2)^2+\cdots+(x_n-y_n)^2}=\sqrt{\sum_{i=1}^{n}(x_i-y_i)^2} \tag{7.36}$$

KMeans 算法的核心思想是计算每个样本点到各个中心点的距离，并将该样本点分配给距离最近的中心点代表的类别。在一次迭代完成后，可以根据聚类结果与所更新的每个类别的中心点，重复之前的操作，再次迭代，直到前后两次分类结果没有差别。图 7-28 所示的简单案例解释了 KMeans 算法的原理，该案例的目的是将 10 个样本点聚合成 2 个类别（K=2）。

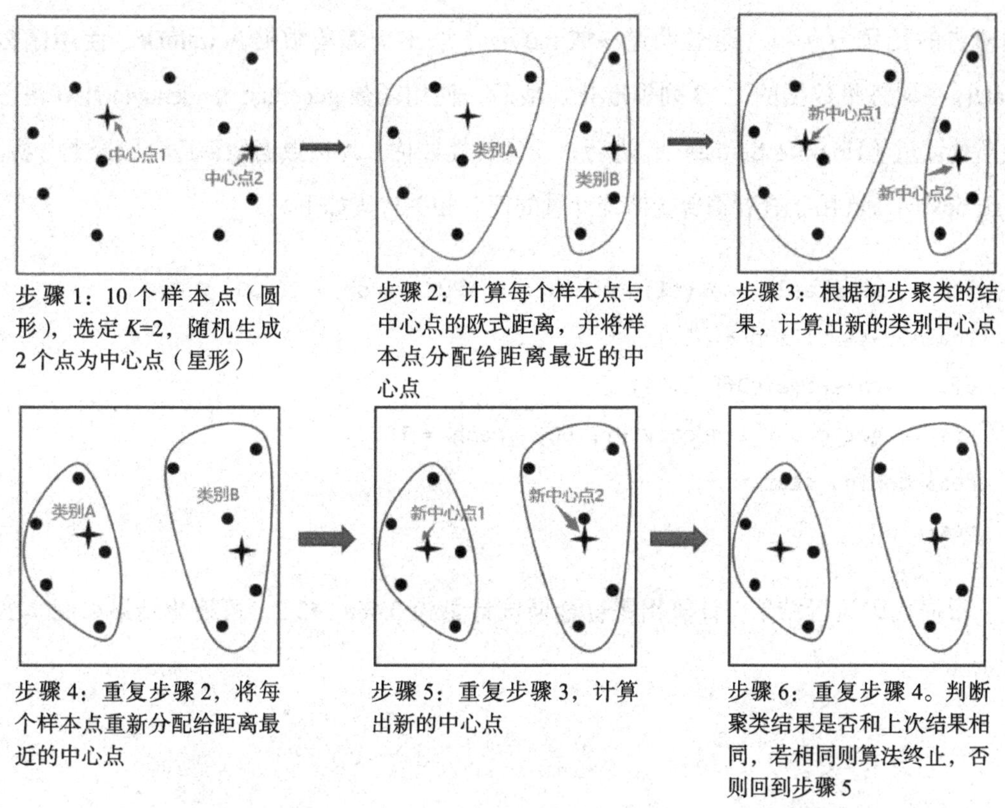

图 7-28　KMeans 算法模型简图

7.7.2　KMeans 算法图形绘制案例

本节处理的数据与 7.3 节逻辑回归可视化图形制作所用的数据相同。首先，导入需要的程序包 factoextra、cluster、ggplot2 和 plyr 包。factoextra 包的功能是进行数据分析和优美图形的显示；cluster 包用于聚类分析；plyr 包用于数据整形。使用函数 aggregate() 将数据整合为 t1，使用函数 cbind() 将向量按列合并。相关代码如下。

```
library(factoextra)
library(cluster)
```

```
library(ggplot2)
library(plyr)
data<-read.csv('data1003.csv')
t1=aggregate(cbind(seller_star_id,shop_long)~seller_id,data=data,mean)
```

接着，使用函数 sample() 将数据随机分成两个部分——训练数集和测试数集，它们所占的比例为 9 : 1。通过设置参数 ind == 1 取出训练集数据为 trainDf，使用函数 scale() 将训练集数据的 2、3 列标准化。最后，使用函数 get_clust_tendency() 计算霍普金斯统计量（Hopkins Statistic），进行数据集群性评估，评估数据是否适合做聚类分析。res$hopkins_stat 用于查看霍普金斯统计量的值。相关代码如下。

```
ind <- sample(2, nrow(t1), replace = TRUE, prob = c(0.9, 0.1))
trainDf <- t1[ind == 1,]
df <- scale(trainDf[,2:3])
res <- get_clust_tendency(df, 60, graph = TRUE)
res$hopkins_stat
res$plot
```

根据代码运行结果，计算出霍普金斯统计量为 0.468,853,2，可视化结果如图 7-29 所示。

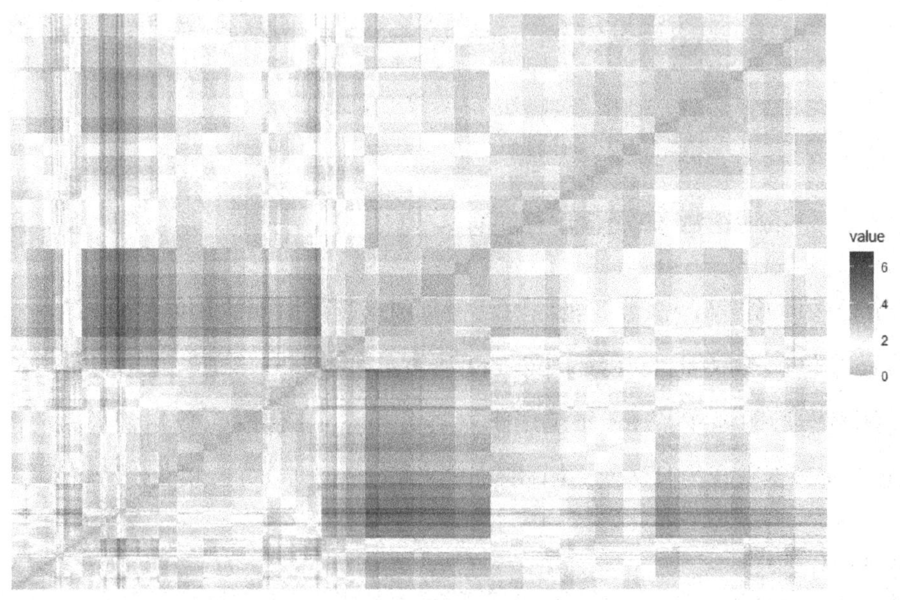

图 7-29　霍普金斯统计量图

霍普金斯统计量的值 <0.5，表明数据是高度可聚合的。另外，从图 7-29 中也可以看出数据是可聚合的。

然后，使用函数 clusGap() 计算测试集 df 的差距统计量，估计出最优的聚合簇数。fviz_gap_stat 用于可视化。相关代码如下。

```
gap_stat <- clusGap(df, FUN = kmeans, nstart = 2, K.max = 5,B = 2)
fviz_gap_stat(gap_stat)
```

代码运行结果如图 7-30 所示。

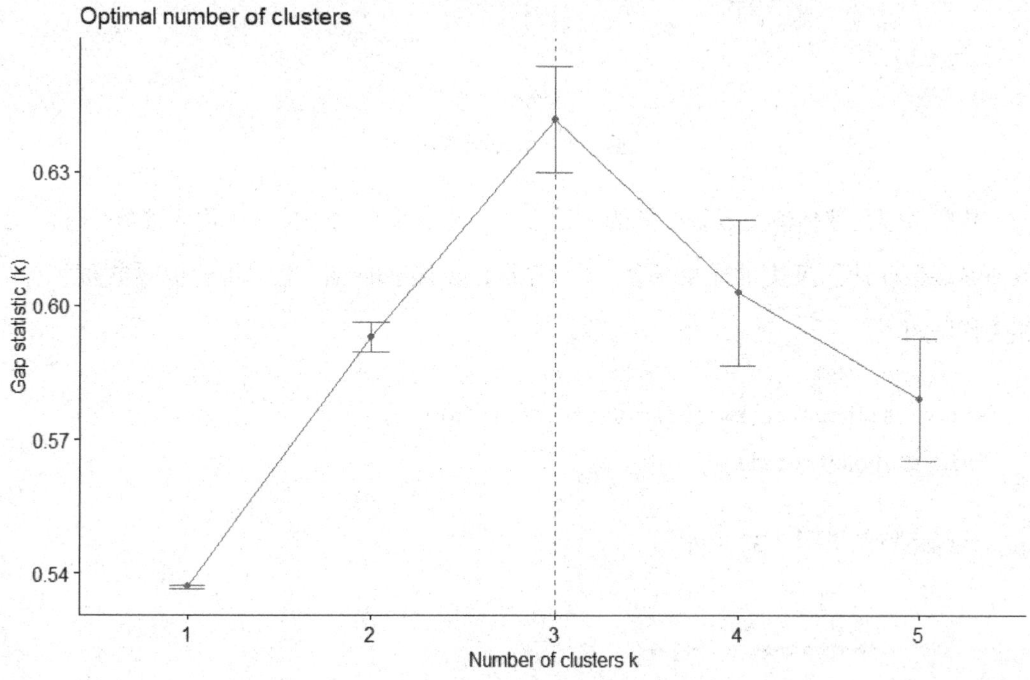

图 7-30　不同 K 值的差距统计量图

使用函数 kmeans() 对数据进行聚类分析，分为 3 类，参数 nstart = 25 用于指定重复 KMeans 算法 25 次。使用函数 fviz_cluster() 将聚类的结果可视化。相关代码如下。

```
km.res <- kmeans(df, 3, nstart = 25)
fviz_cluster(km.res, trainDf)
```

代码运行结果如图 7-31 所示。

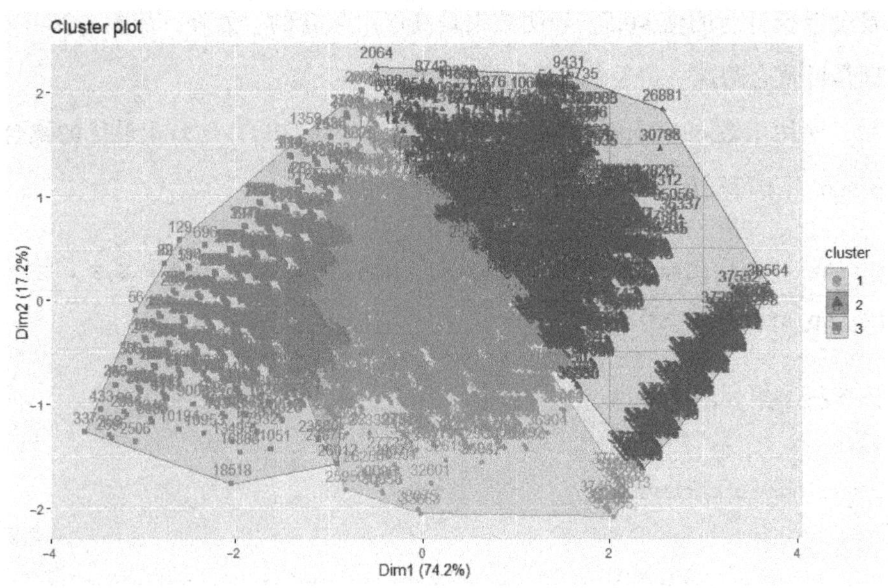

图 7-31　集群结果图

轮廓系数是评估聚类效果好坏的一种方式，轮廓系数的值接近 1 说明聚类合理。函数 silhouette() 计算聚类的轮廓系数 sil。函数 fviz_silhouette() 用于将轮廓系数可视化。相关代码如下。

```
sil <- silhouette(km.res$cluster, dist(df))
fviz_silhouette(sil)
```

代码运行结果图 7-32 所示。

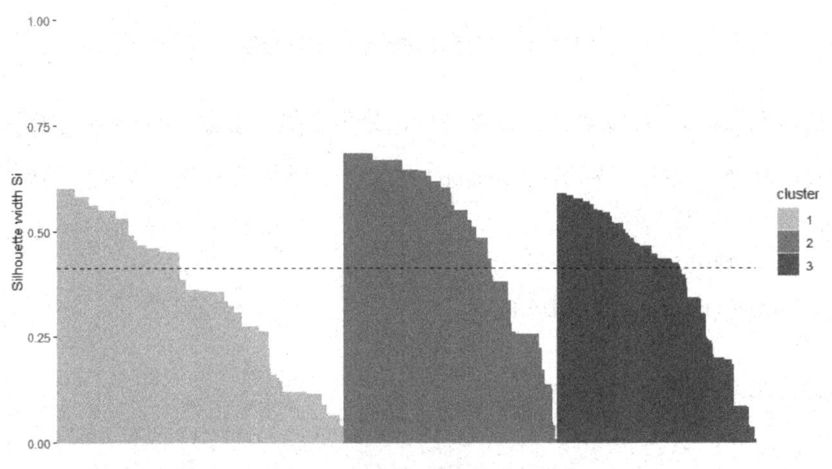

图 7-32　聚类评估轮廓系数图

7.8　主成分分析可视化图形制作

什么是数据维度灾难？

我们来看这样一条记载年龄和工资的数据：{246,000}。该数据有两个特征，表示该员工 24 岁，收入为 6,000 元，所以这是一个二维数据。图像和视频这类数据的维度通常都是上千或上万的，即有上千或上万个特征。当我们遇到特征数据维度过多的情况时，如果将所有特征数据都用拟合模型表示，就会提高模型的复杂度，造成拟合风险增大，且不同的特征数据间可能存在关联性。遇到这种情况，就需要进行数据降维，以浓缩特征向量。主成分分析是最常见的数据降维算法，将数据由高维向低维投影，进行坐标的线性转换。本节将讲解数据降维的常见算法主成分分析的原理和代码实现，并绘制主成分分析图形。

7.8.1　主成分分析的基本原理

本小节先介绍从二维数据降维成一维数据的计算思路，再推广到任意维度（n）空间的数据降维。理解本小节内容需要具备一定的线性代数基础。

1. 二维数据降维

假设在二维坐标系中有一组数据：$A(1, 1)$、$B(2, 3)$。我们需要做的就是将二维数据变成一维数据。

如图 7-33 所示，对二维数据降维，只需要将点 A、B 往直线上投影，这条直线可以理解为基。那么，如何投影比较好呢？我们希望降维后的数据能够保留原始数据尽可能多的信息，这样的降维效果越好。我们可以从图中直观地看出 A、B 两点在 L_2 这条线上投影的离散程度大于在 L_1 这条直线上投影的离散程度，所以我们选择 L_2 为基。

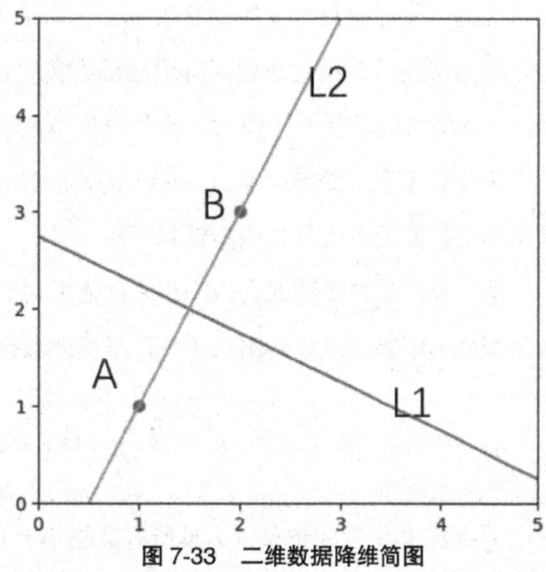

图 7-33　二维数据降维简图

再从数学计算上看，我们需要在二维空间寻找这样的基，然后将点进行基变换计算。

假设我们找到了这样一个基：$\left(\frac{1}{\sqrt{5}},\frac{2}{\sqrt{5}}\right)$。

那么，降维计算过程如下：

$$A'=\left(\frac{1}{\sqrt{5}},\frac{2}{\sqrt{5}}\right)A^T=\frac{1}{\sqrt{5}}\times 1+\frac{2}{\sqrt{5}}\times 1=\frac{3}{\sqrt{5}},$$

$$B'=\left(\frac{1}{\sqrt{5}},\frac{2}{\sqrt{5}}\right)B^T=\frac{1}{\sqrt{5}}\times 2+\frac{2}{\sqrt{5}}\times 3=\frac{8}{\sqrt{5}}.$$

经过这样的线性组合计算，就将原本二维的数据变成一维数据了。

在大多数情况下，进行实际数据降维之前需要对特征数据进行标准化处理，以消除量纲的影响，也就是用每个特征维度的数据减去该特征的均值，再除以该特征的标准差。二维到一维的数据降维的本质是为标准化后的数据寻找合适的线性组合系数，进而将二维数据转换成一维数据。

2. N 维数据降维

在实际的运用中，数据的维度是远远大于 2 维的。如果数据的原始特征有 N 个，那么就是 n 维数据。N 维数据降成 K 维数据的思路和二维数据降成一维数据是一致的，都是寻找合适的线性组合系数。将一组 N 维向量降为 K 维 $(0<K<N)$，目标是选择 K 个单位正交基，使原始数据变换到这组基上，保证各字段协方差为 0，方差尽可能大。将 K 个正交基与这组 N 维向量做矩阵乘法即可实现要降成 K 维的目标。

下面结合线性代数知识对主成分分析做数学推导。

假设有 S 个 N 维数据集：$data=[A_1, A_2, \cdots, A_i, \cdots, A_S]$，而 $A_i=[a_{i1}, a_{i2}, \cdots, a_{ij}, \cdots, a_{in}]^T$。这组高维数据的主成分分析步骤如下。

第一步：通常在数据进行降维之前需要对数据进行标准化，以消除不同量纲对降维效果带来的影响，也就是用每个特征维度的数据减去该特征的均值，公式如下：

$$a_{ij}^*=\frac{a_{ij}-\mu_j}{\sigma_j}(1\leqslant i\leqslant s,1\leqslant j\leqslant n) \tag{7.37}$$

a_{ij}^* 是标准化后的结果，μ_j 是所有数据第 j 个特征的均值，σ_j 是所有数据第 j 个特征的标准差。计算公式如下：

$$\mu_j = \frac{1}{s}\sum_{i=1}^{s} a_{ij}, \tag{7.38}$$

$$\sigma_i = \sqrt{\frac{1}{s-1}\sum_{i=1}^{s}\left(a_{ij} - \mu_j\right)^2}\,. \tag{7.39}$$

为了保证符号的简单性，这里重新用 a_{ij} 来表示规范化后的 a_{ij}^*，且下文所有 a_{ij} 均是标准化后的数据。这里把所有数据用矩阵形式表示：

$$DATA = \begin{pmatrix} a_{11} & a_{21} & \cdots & a_{s1} \\ a_{12} & a_{22} & \cdots & a_{s2} \\ \vdots & \vdots & \ddots & \vdots \\ a_{1n} & a_{2n} & \cdots & a_{sn} \end{pmatrix} \tag{7.40}$$

第二步：构造协方差矩阵，同一元素的协方差就表示该元素的方差，不同元素之间的协方差就表示它们的相关性。设 $a_j=[a_{1j}, a_{2j}, \cdots, a_{Sj}]$ 为二次图像 A 的行向量，表示的是某个特征的所有数据集合，每个数据共有 n 个特征，数据集可以表示为 $DATA=[a_1, a_2, \cdots, a_n]^T$，数据集的协方差矩阵公式如下：

$$C = \begin{bmatrix} cov(a_1,a_1) & cov(a_1,a_2) & \cdots & cov(a_1,a_n) \\ cov(a_2,a_1) & cov(a_2,a_2) & \cdots & cov(a_2,a_n) \\ \vdots & \vdots & \ddots & \vdots \\ cov(a_n,a_1) & cov(a_n,a_2) & \cdots & cov(a_n,a_n) \end{bmatrix} \tag{7.41}$$

第三步：协方差矩阵 C 是实对称矩阵，根据线性代数的知识可知，C 必可相似对角化。求解 C 的特征值与特征向量，将协方差矩阵对角化，即除对角线外其他元素化为 0，并且在对角线上将特征值按大小从上到下排列，协方差矩阵对角化公式如下：

$$P^{-1}CP=\Lambda \tag{7.42}$$

其中，P 是所有的特征向量组成的矩阵，Λ 是对角矩阵。

第四步：计算特征值的贡献率，确定合适的降维维度。令 $\varepsilon_j(1 \leqslant j \leqslant n)$ 为前 j 个特征值的贡献率，计算公式如下：

$$\varepsilon_j = \frac{\sum_{j=1}^{j} \lambda_j}{\sum_{j=1}^{n} \lambda_j} \tag{7.43}$$

其中，λ_j 是协方差矩阵 C 的第 j 个特征值（从大到小排列）。

第五步：根据贡献率确定降维目标 K，选取前 K 个特征值对应的特征向量 $p_j(1 \leqslant j \leqslant k)$ 从上到下依次排列构造特征向量矩阵 $p^{(k)}$（基），$p^{(k)}$ 是一个 $k \times n$ 的矩阵，数据集 $data$ 是一个 $n \times s$ 的矩阵，将 $p^{(k)}$ 与 $data$ 做矩阵乘法即可得到降维后的目标数据集 $data^{(k)}$，降维过程公式如下：

$$p^{(k)} \times data = data^{k} \tag{7.44}$$

7.8.2 主成分分析图形绘制案例

本小节实验数据与 7.2 节线性回归可视化图形制作所用的数据相同。首先，导入程序包 mlbench、lattice、caret 和 ggplot2。mlbench 包用于数据降维和特征分析。相关代码如下。

```
library(mlbench)
library(lattice)
library(ggplot2)
library(caret)
data<-read.csv('data0606.csv')
```

x 是 data 中第 3 个变量 Z00014 和第 4 个变量 Z00002；y 是 data 中第 9 个变量 combination。使用函数 featurePlot() 绘制特征变量矩阵散点图，相关代码如下。

```
x <- data[,3:4]
y <- data[, 9]
featurePlot(x, y, "pairs")
```

代码运行结果如图 7-34 所示。

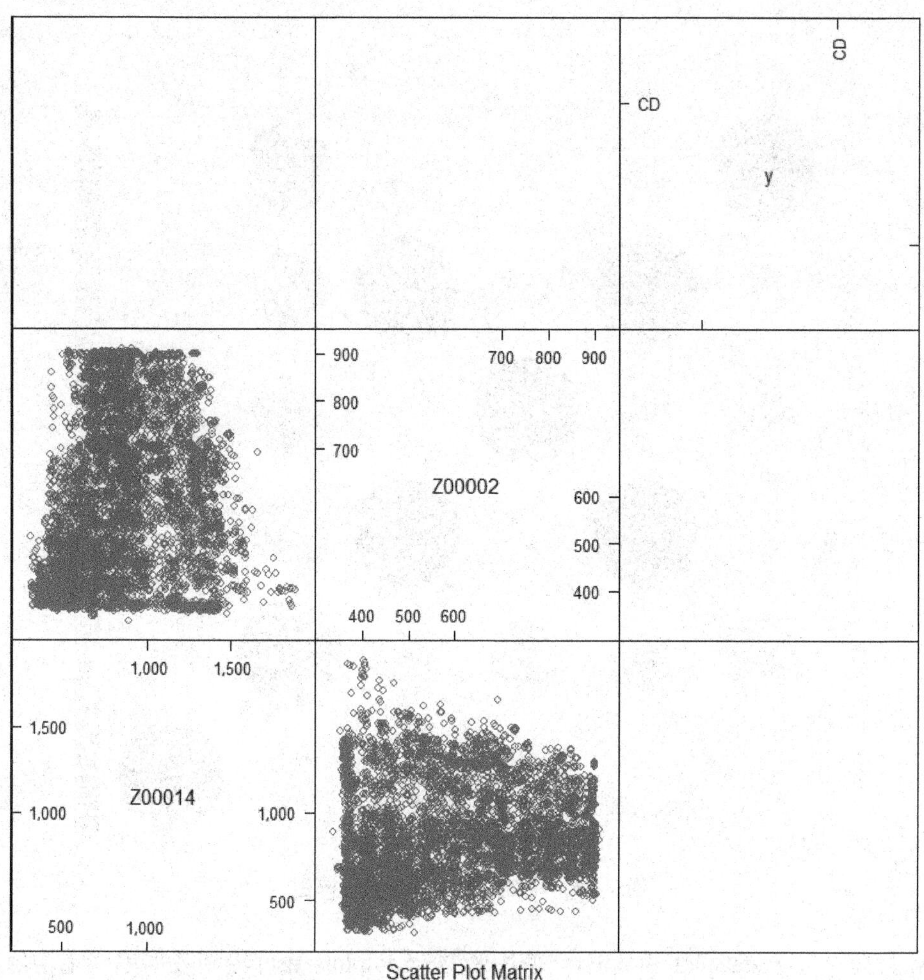

图 7-34　特征变量矩阵散点图

然后，导入 corrplot 包。使用函数 as.data.frame() 将 data 中第 3 个到第 8 个变量的数据提取并转化为 frame 格式的 data2，函数 as.numeric() 将数据全部转换为数值型。cor 函数用于计算不同特征变量之间的相关系数矩阵；函数 corrplot() 用于生成特征变量相关系数矩阵图。图中的圆越大代表相关系数越大，变量之间的相关性也就越高。相关代码如下。

```
library(corrplot)
data2=as.data.frame(lapply(data[,3:8],as.numeric))
correlationMatrix = cor(data2[,1:6])
corrplot(corr=correlationMatrix)
```

代码运行结果如图 7-35 所示。

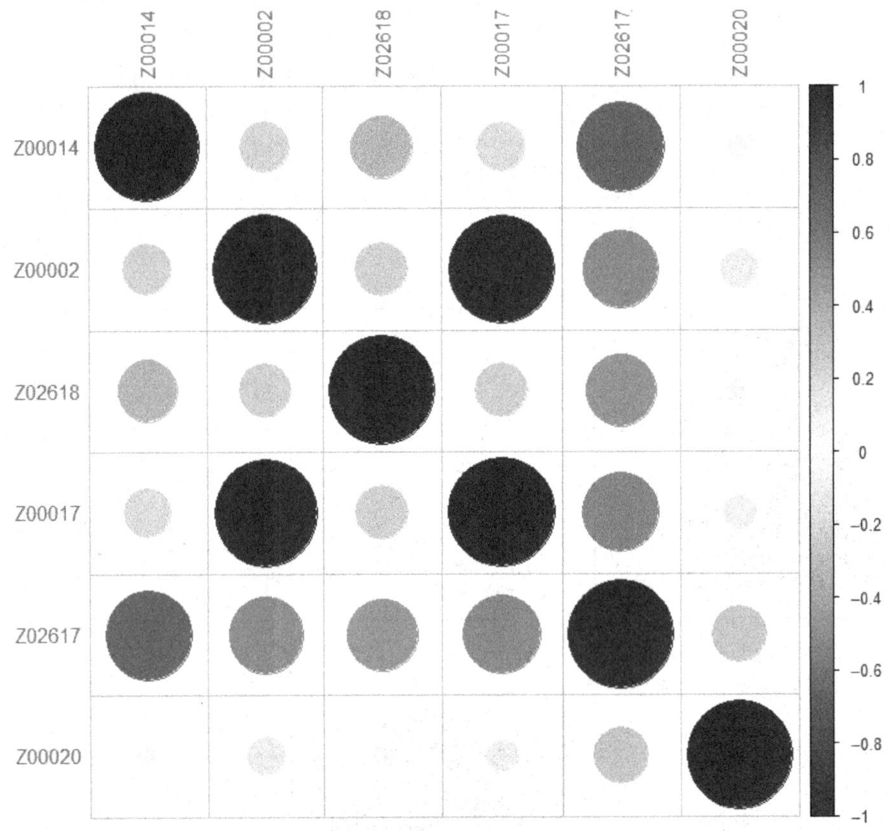

图 7-35 特征变量相关系数矩阵图

导入程序包 ggstatsplot 和 dplyr。使用函数 ggdotplotstats() 绘制数据单样本均值比较图。参数 centrality.para = F 表示不显示集中趋势统计，参数 results.subtitle = F 表示不在图中以副标题的形式显示统计结果，ggtheme = ggplot2::theme_classic() 用于设置主题。相关代码如下。

```
library(ggstatsplot)
library(dplyr)
ggdotplotstats(data, x = Z00014, y =combination,
               centrality.para = F,
               results.subtitle = F,
               ggtheme = ggplot2::theme_classic(),
               messages = F
)
```

代码运行结果如图 7-36 所示。

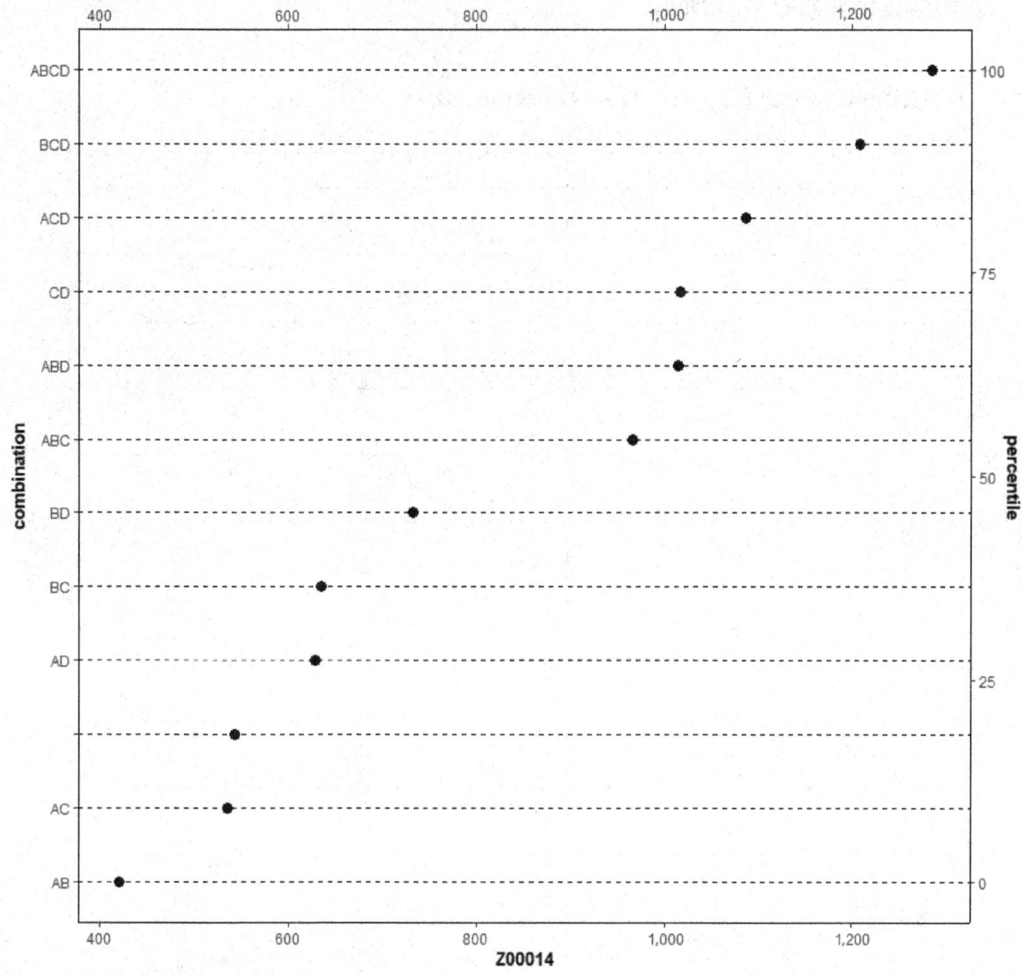

图 7-36　单样本均值比较图 1

继续使用函数 ggdotplotstats() 绘制不同的样本均值比较图。参数 centrality.para = 'mean' 表明集中趋势选择均数，参数 test.value = 800 表明进行比较的值，test.value.line = T 画出比较值的垂直线，test.value.size = 1.2 指定垂直线的宽度为 1.2 倍。相关代码如下。

```
ggdotplotstats(data, x = Z00014, y = combination,
               centrality.para = 'mean',
               test.value = 800,
               test.value.line = T,
               test.value.color = 'red',
               test.value.size = 1.2
)
```

代码运行结果如图 7-37 所示。

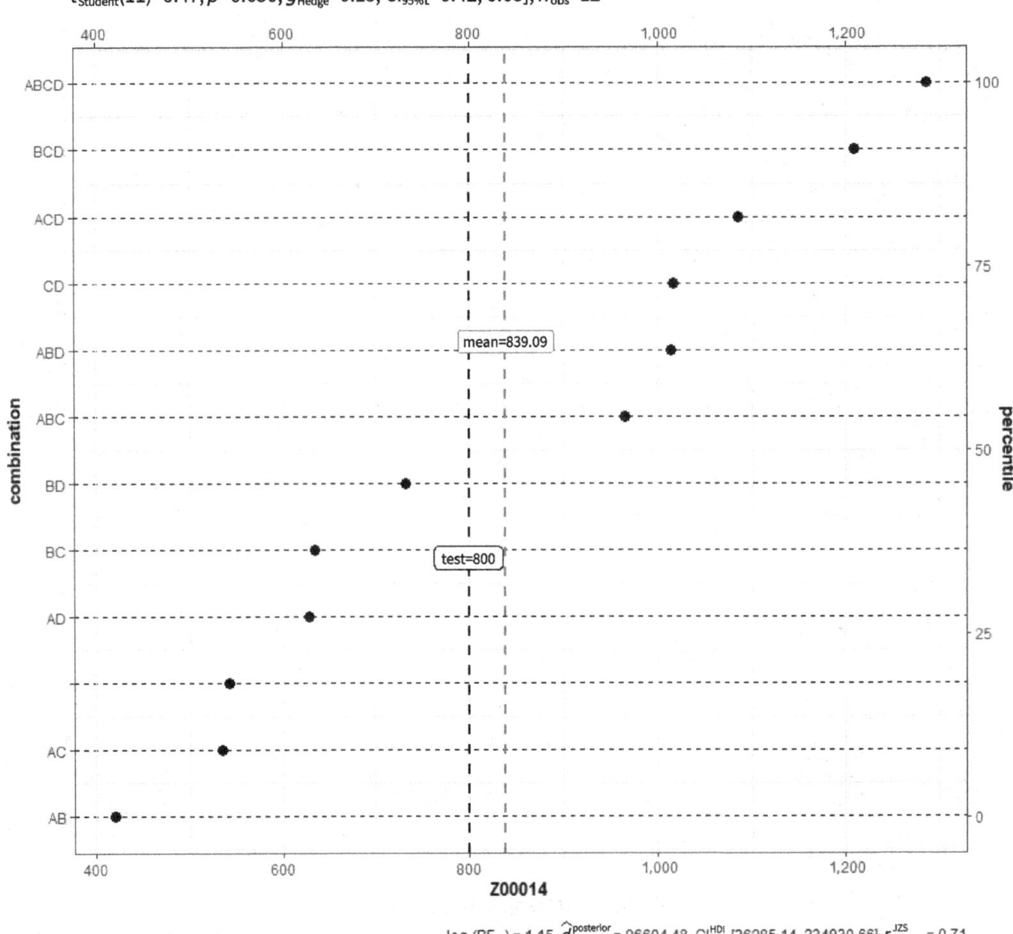

图 7-37 单样本均值比较图 2

下面绘制特征变量 Z00020 的直方图，用函数 aes() 建立坐标轴，函数 geom_histogram() 堆叠出柱图。相关代码如下。

```
data <- data.frame(data)
ggplot(data, aes(data$Z00020)) + geom_histogram(bins = 30)
```

代码运行结果如图 7-38 所示。

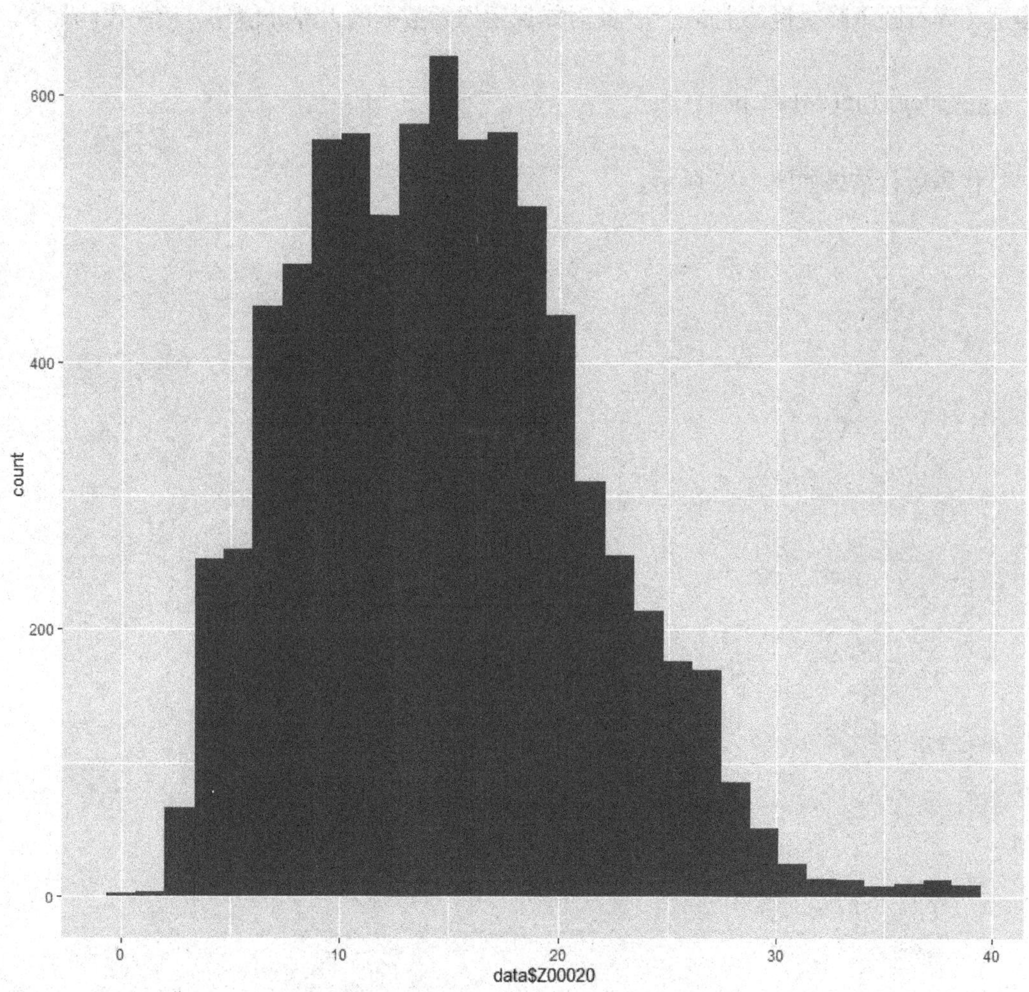

图 7-38　数据柱图

导入需要的程序包 scales、grid 和 ggbiplot。scales 包的函数可以设置图像的标尺；grid 包是一个底层的绘图系统，能够灵活地控制图形输出的外观和布局；ggbiplot 包用于主成分分析降维和生成相关图像。函数 prcomp() 用于做主成分分析。相关代码如下。

```
library(scales)
library(grid)
library(ggbiplot)
data2.pca <- prcomp(data2, scale. = TRUE)
```

先使用函数 ggscreeplot() 绘制碎石图。碎石图表明主成分分析数与已解释方差的关系，我们可以看到第一到第六主成分的贡献率。观察碎石图可知，数据降维到 5 维比较合适（碎石图下降缓慢的主成分），此时能保留原始数据的大部分信息。相关代码如下。

```
ggscreeplot(data2.pca)
```

代码运行结果如图 7-39 所示。

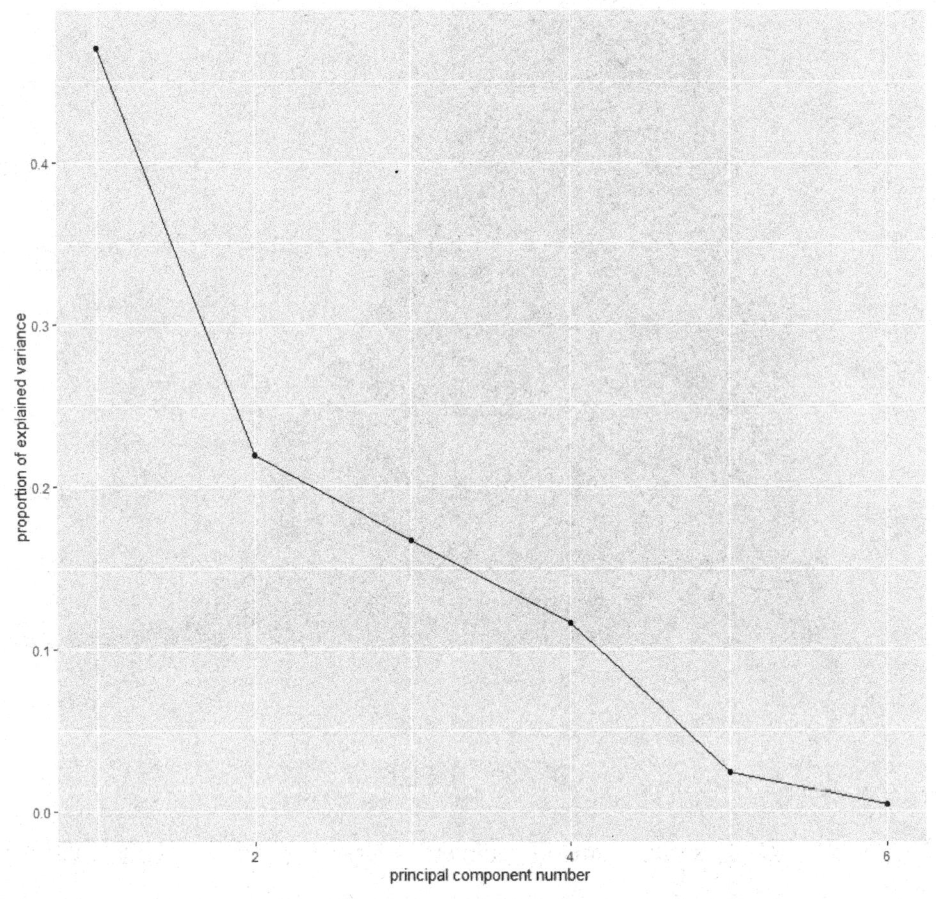

图 7-39　碎石图 1

然后，使用 ggbiplot 绘制特征变量与第一、二主成分的关系图。关系图中的箭头代表特征变量，箭头的方向代表了该特征变量与主成分的相关性，长度代表该特征变量对主成分的贡献率，不同箭头之间的角度代表两个特征变量之间的相关性。相关代码如下。

```
ggbiplot(data2.pca, = 1,
         ellipse = TRUE, circle = TRUE) +
  scale_color_discrete(name = '') +
```

```
theme(legend.direction = 'horizontal', legend.position = 'top')
```

代码运行结果如图 7-40 所示。

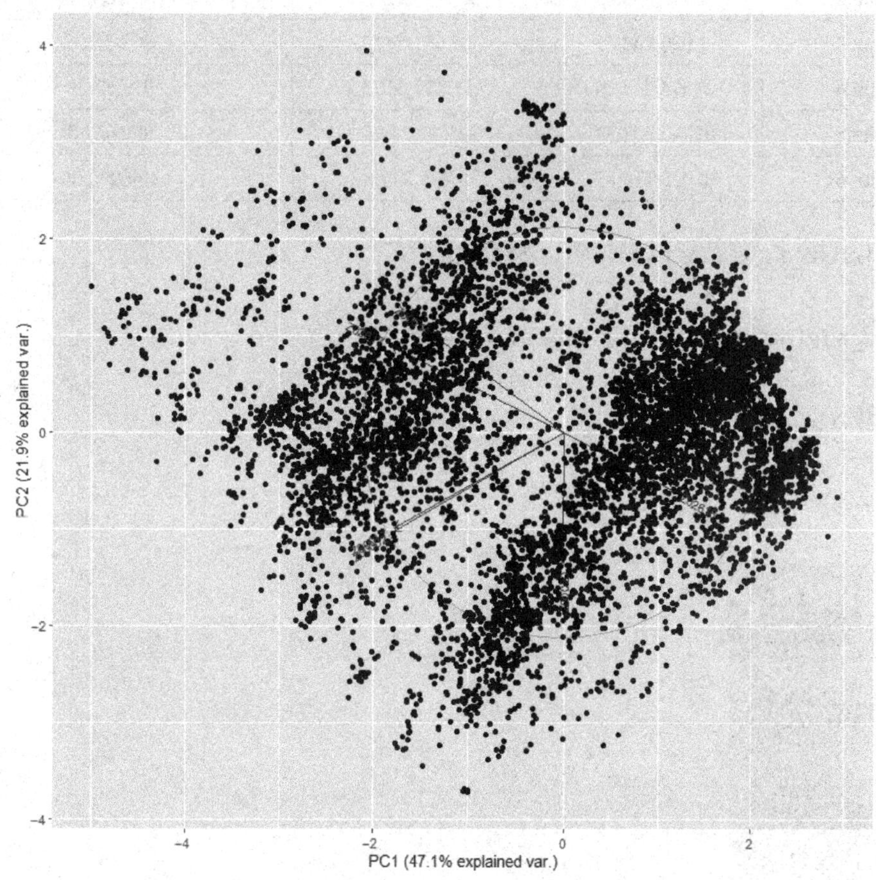

图 7-40　第一、二主成分关系图

继续导入程序包 factoextra 和 FactoMineR，采用另一种主成分分析降维可视化方法。使用函数 PCA() 对数据进行降维，参数 ncp 用于指定最后保留的维数；函数 get_eigenvalue() 可以提取主成分的贡献率。相关代码如下。

```
library(factoextra)
library(FactoMineR)
data2.pca2 <- PCA(data2,scale.unit = T, ncp=5,graph = T)
get_eigenvalue(data2.pca2)
```

代码运行结果如表 7-11 所示。

表 7-11　主成分贡献率与方差表

	eigenvalue	variance.percent	cumulative.variance.percent
Dim.1	2.824,715,80	47.078,596,6	47.078,60
Dim.2	1.315,573,03	21.926,217,1	69.004,81
Dim.3	1.000,964,65	16.682,744,2	85.687,56
Dim.4	0.694,778,79	11.579,646,6	97.267,20
Dim.5	0.140,252,87	2.337,547,8	99.604,75
Dim.6	0.023,714,87	0.395,247,8	100.000,00

使用 fviz_eig 函数绘制碎石图，相关代码如下。

```
fviz_eig(data2.pca2, addlabels = TRUE)
```

代码运行结果如图 7-41 所示。

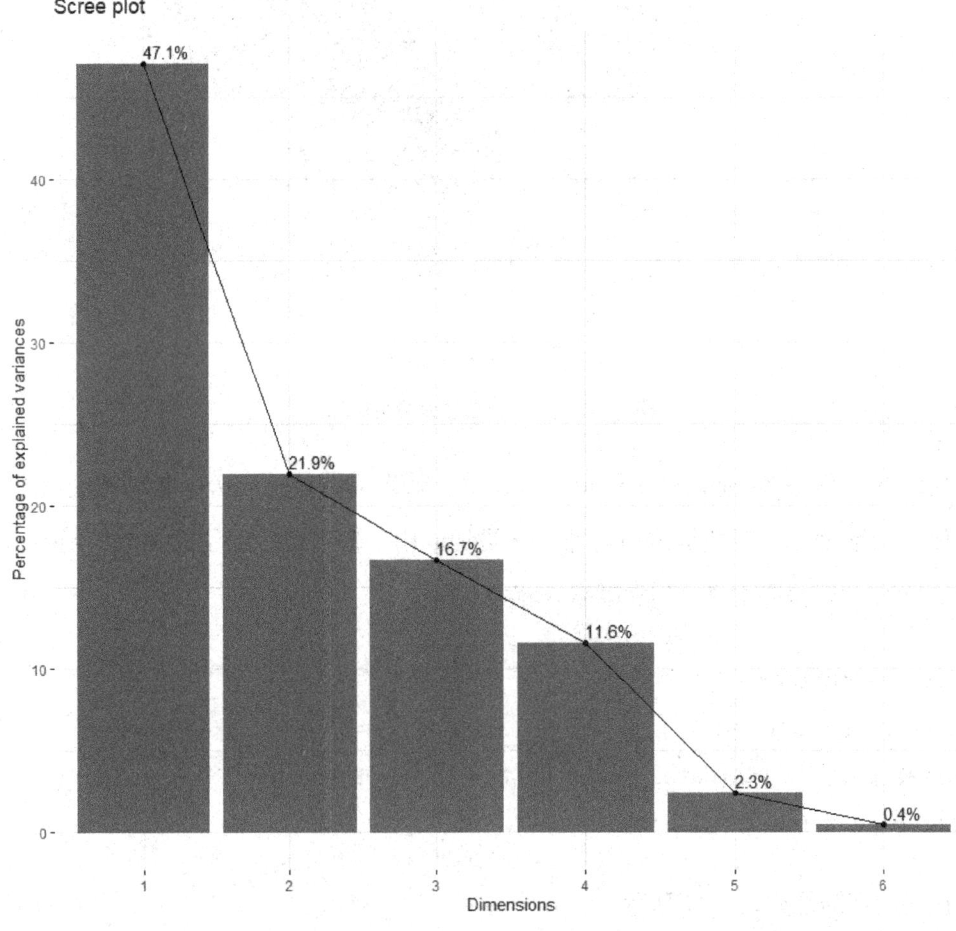

图 7-41　碎石图 2

然后，使用函数 fviz_pca_var 绘制变量相关图，变量相关图展示了变量组内的关系及和主成分之间的关系，正相关的变量是彼此靠近的，负相关的变量是背离的，而从中心点到变量的长度则代表变量在这个维度所占的比例。相关代码如下。

```
fviz_pca_var(data2.pca2)
```

代码运行结果如图 7-42 所示。

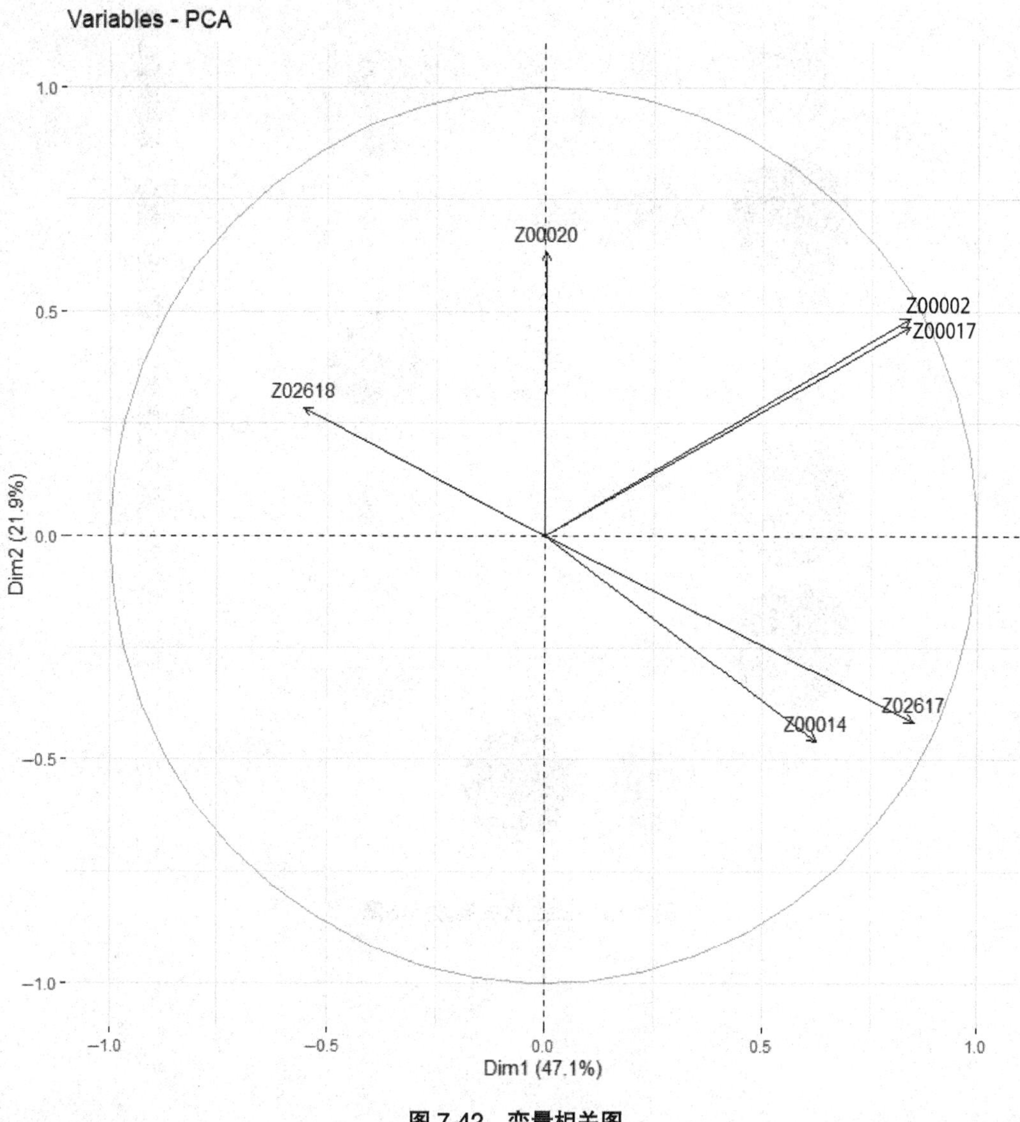

图 7-42　变量相关图

最后，导入程序包 corrplot。使用函数 get_pca_var() 计算 cos2 相关系数，并生成 cos2 相关系数矩阵图。cos2 是 coord 的平方，表征特定变量在所有 PC 上的代表性，某个变量的所有 cos2 总和为 1。相关代码如下。

```
library("corrplot")
corrplot(get_pca_var(data2.pca2)$cos2, is.corr=FALSE)
```

代码运行结果如图 7-43 所示。

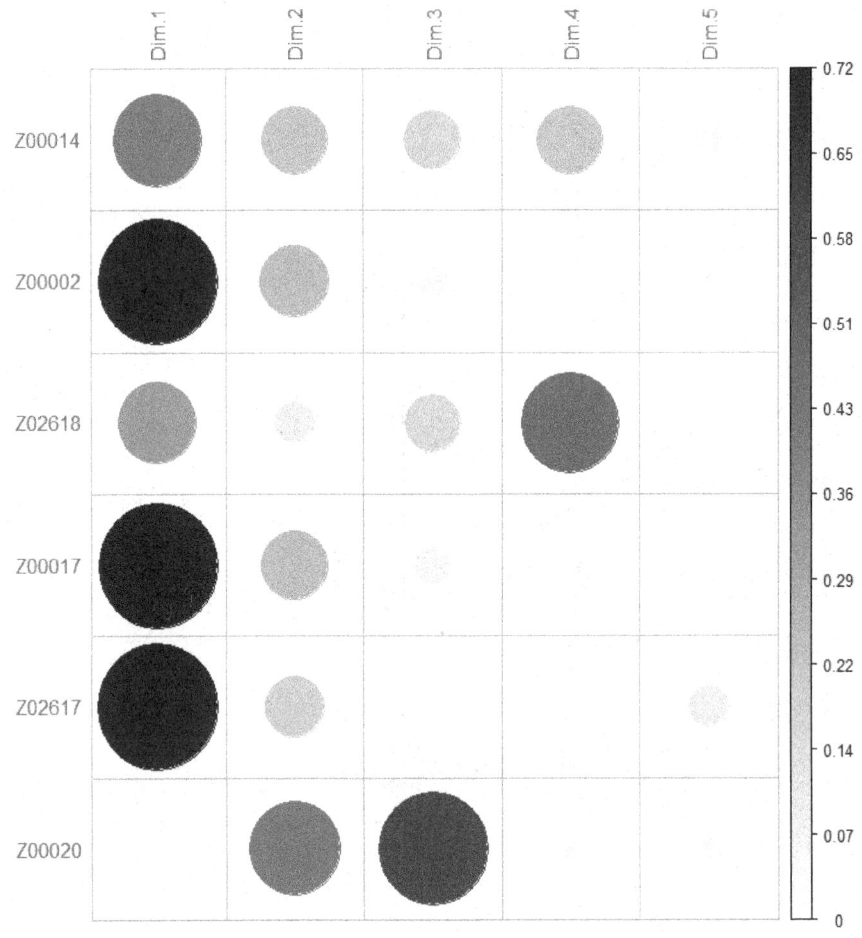

图 7-43　cos2 相关系数矩阵图

7.9　小结

机器学习的发展速度极快，目前已经成为一个涵盖范围极广的学科。机器学习有众多的分支领域，我们很难对有关机器的所有知识有深刻的理解。本章在内容上尽可能涵盖机器学习的基础知识，但更侧重于机器学习的数据可视化分析。读者可以将此章作为机器学习的入门内容，本章对模型的解释较为浅显，未能覆盖更前沿的内容，更多的内容还需要读者进一步学习。

7.10　习题

1. 请简述机器学习的定义和分类。
2. 请说明线性回归模型与逻辑回归模型有何异同。
3. 请画出混淆矩阵，并解释其中的含义。
4. 请举例本章没有介绍的聚类算法、数据降维算法。
5. 请推算支持向量机的计算公式。

第8章

进阶图形制作

8.1 关系图

8.1.1 关系图介绍

关系图可以形象地描述各个要素之间的连接关系，以便找出要素之间的因果关系，进而统观全局、分析研究及拟订解决问题的措施和计划。下面介绍如何使用 Pyecharts 实现节点关系图、人物关系图和微博转发关系图。

8.1.2 关系图绘制案例

1. 绘制节点关系图

节点关系图是最基础的关系图之一，节点与节点之间用直线相连，简单明了地展示了各节点之间的关系。

首先导入 Pyecharts 库的 opts、Graph 模块。相关代码如下。

```
from pyecharts import options as opts
from pyecharts.charts import Graph
```

我们在列表 nodes 中使用 Pyecharts 的 options 模块的 GraphNode 方法设置节点的名字和大小。相关代码如下。

```
nodes = [
```

```
        opts.GraphNode(name=" 节点 1", symbol_size=10),
        opts.GraphNode(name=" 节点 2", symbol_size=20),
        opts.GraphNode(name=" 节点 3", symbol_size=30),
        opts.GraphNode(name=" 节点 4", symbol_size=40),
        opts.GraphNode(name=" 节点 5", symbol_size=50),
    ]
```

我们在列表 links 中使用 Pyecharts 的 options 模块的 GraphLink 方法将节点连接，参数 value 用于指定关系边的值，参数 linestyle_opts 用于指定关系边的线条样式。相关代码如下。

```
    links = [
        opts.GraphLink(source=" 节点 1", target=" 节点 2", value=2, linestyle_
    opts=opts.LineStyleOpts(width=2),),
        opts.GraphLink(source=" 节点 2", target=" 节点 3", value=3, linestyle_
    opts=opts.LineStyleOpts(width=3),),
        opts.GraphLink(source=" 节点 3", target=" 节点 4", value=4, linestyle_
    opts=opts.LineStyleOpts(width=4),),
        opts.GraphLink(source=" 节点 4", target=" 节点 5", value=5, linestyle_
    opts=opts.LineStyleOpts(width=5)),
        opts.GraphLink(source=" 节点 5", target=" 节点 3", value=6, linestyle_
    opts=opts.LineStyleOpts(width=6)),
    ]
```

我们将设置好的 nodes 和 links 使用函数 add() 添加到图像中。参数 repulsion 用于指定斥力因子的大小，最后通过 render 方法以 html 文件的形式生成关系图。相关代码如下。

```
    c = (
        Graph()
        .add("", nodes, links, repulsion=4000,
        edge_label=opts.LabelOpts(is_show=True,position="middle",formatter="
    {c}")
            )
        .set_global_opts(title_opts=opts.TitleOpts(title="Graph-GraphNode-
```

```
GraphLink"))
    .render("graph_with_options.html")
)
```

代码运行结果如图 8-1 所示。

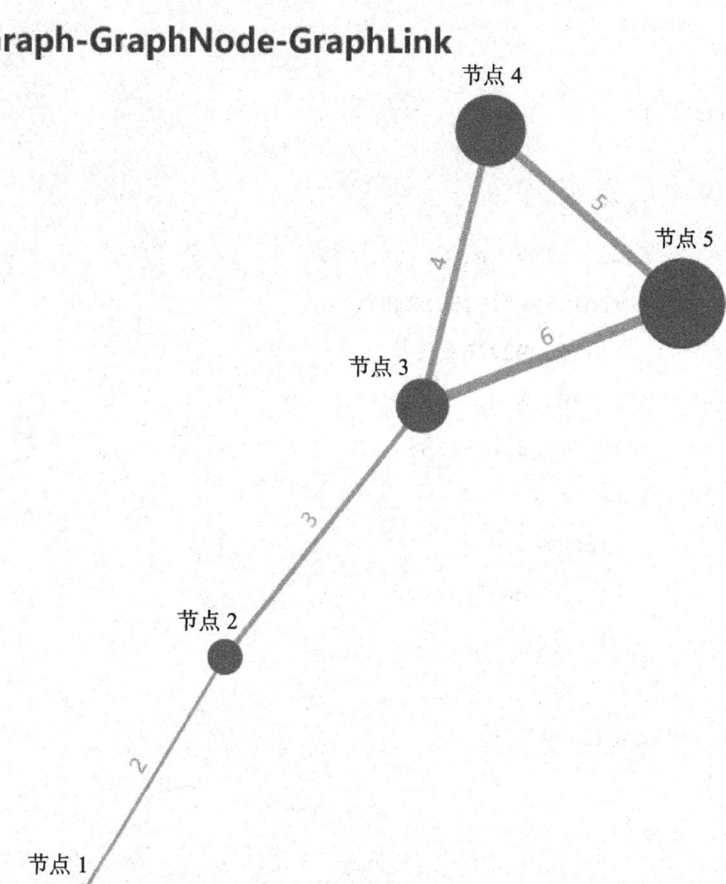

图 8-1　节点关系图

2. 绘制人物关系图

JSON（JavaScript Object Notation）是一种轻量级的数据交换格式。JSON 具有简洁和清晰的层次结构，这使其成了理想的数据交换语言。JSON 易于人们阅读和编写，同时也易于机器解析和生成，能够有效地提高网络传输效率。

用于生成图像的数据是存储在 json 文件中的，json 文件记录了类别、节点及节点之间的连接关系，具体内容如下（数据未完全展示）。

```
{
    "categories": [
        {
            "name": " 类目 0"
        },
            ......
    ],
    "nodes": [
        {
            "id": "0",
            "name": "Myriel",
            "symbolSize": 19.12381,
            "x": -266.82776,
            "y": 299.6904,
            "value": 28.685715,
            "label": {
                "normal": {
                    "show": true
                }
            },
            "category": 0
        },
            ......
    ],
    "links": [
        {
            "id": "0",
            "source": "1",
            "target": "0"
        },
            ......
    ]
}
```

接下来是Python文件内容。首先导入json库，导入Pyecharts库的opts、Graph模块。相关代码如下。

```
import json
from pyecharts import options as opts
from pyecharts.charts import Graph
```

打开json文件，解码方式为"utf-8"。读取josn文件中的nodes、links和categories。相关代码如下。

```
with open("les-miserables.json", "r", encoding="utf-8") as f:
    j = json.load(f)
    nodes = j["nodes"]
    links = j["links"]
categories = j["categories"]
```

把设置好的nodes、links和categories使用函数add()添加到图像中。参数layout="circular"用于指定采用环形布局方式，参数is_rotate_label=True用于设置标签旋转，参数linestyle_opts用于设置关系边样式，参数label_opts用于设置标签配置项。使用函数set_global_opts()设置标题和图例。最后，通过render方法以网页形式生成关系图。相关代码如下。

```
c = (
    Graph(init_opts=opts.InitOpts(width="1000px", height="1000px"))
    .add(
        "",
        nodes=nodes,
        links=links,
        categories=categories,
        layout="circular",
        is_rotate_label=True,
        linestyle_opts=opts.LineStyleOpts(color="source", curve=0.3),
        label_opts=opts.LabelOpts(position="right"),
    )
```

```
    .set_global_opts(
        title_opts=opts.TitleOpts(title="Graph-Les Miserables"),
        legend_opts=opts.LegendOpts(orient="vertical", pos_left="2%",
pos_top="20%"),
    )
    .render("graph_les_miserables.html")
)
```

代码运行结果如图 8-2 所示。

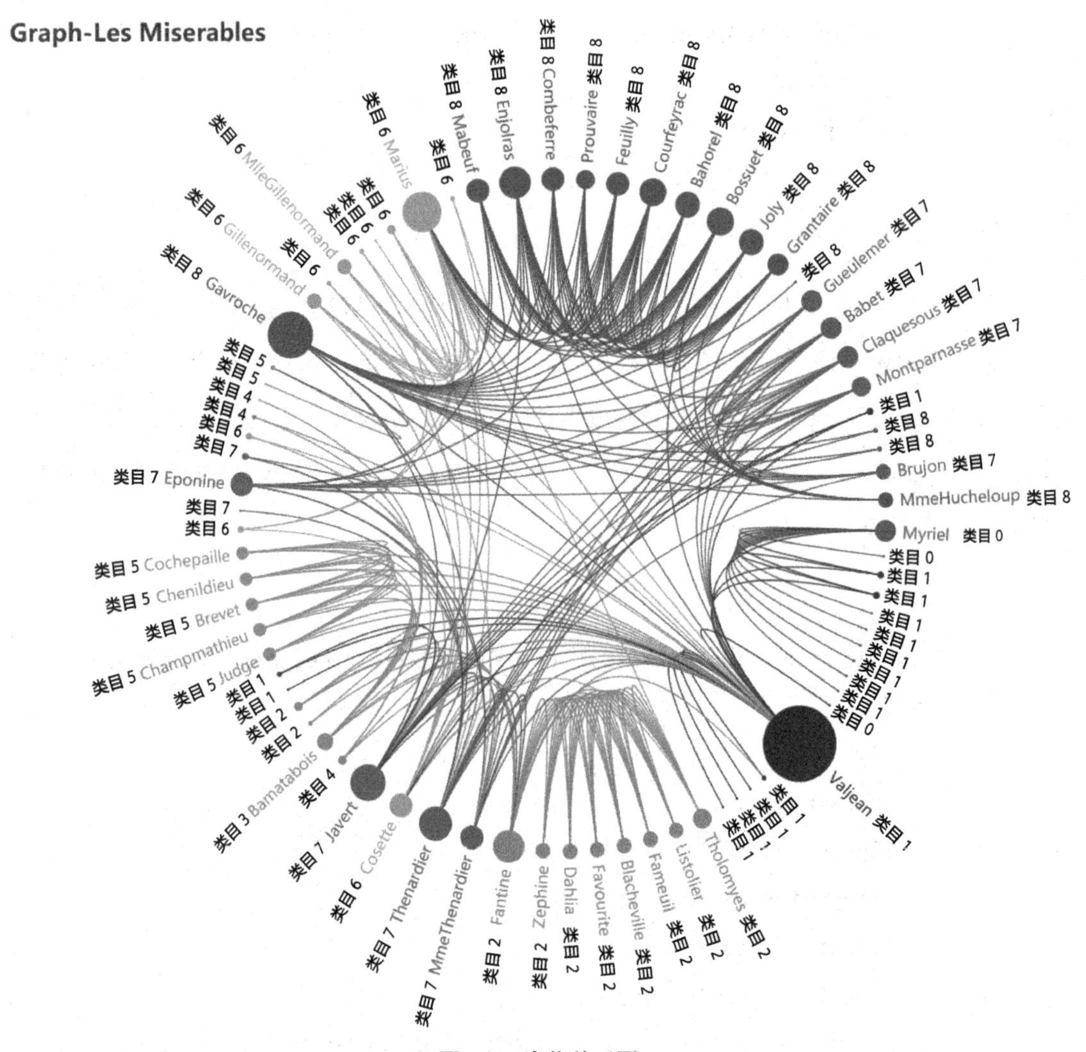

图 8-2　人物关系图

3. 绘制微博转发关系图

微博的转发关系可以形成一个特别复杂的网络，对转发关系的研究很有意义。

与节点关系图和人物关系图一样，用于生成图像的数据存储在 json 文件中，json 文件记录了节点和分支的信息及它们之间的连接关系，内容如下（数据未完全展示）。

```
[
    [{
            "name": "",
            "symbolSize": 5,
            "draggable": "False",
            "value": 1,
            "category": "",
            "label": {
                "normal": {
                    "show": "True"
                }
            }
        },
    ......
    ],
    [{
            "source": "新浪体育",
            "target": "阿根廷人小马"
        },
    ......
    ],
    [{
            "name": "Camel3942"
        },
    ......
    ]
]
```

接下来是 Python 文件内容。首先导入 json，导入 Pyecharts 库的 opts、Graph 模块。

相关代码如下。

```
import json
from pyecharts import options as opts
from pyecharts.charts import Graph
```

打开 json 文件，解码方式为“utf-8”。相关代码如下。

```
with open("weibo1.json", "r", encoding="utf-8") as f:
    j = json.load(f)
nodes, links, categories, cont, mid, userl = j
```

使用网页形式生成关系图。相关代码如下。

```
c = (
    Graph()
    .add(
        "",
        nodes,
        links,
        categories,
        repulsion=50,
        linestyle_opts=opts.LineStyleOpts(curve=0.2),
        label_opts=opts.LabelOpts(is_show=False),
    )
    .set_global_opts(
        legend_opts=opts.LegendOpts(is_show=False),
        title_opts=opts.TitleOpts(title="Graph- 微博转发关系图 "),
    )
    .render("graph_weibo.html")
)
```

代码运行结果如图 8-3 所示。

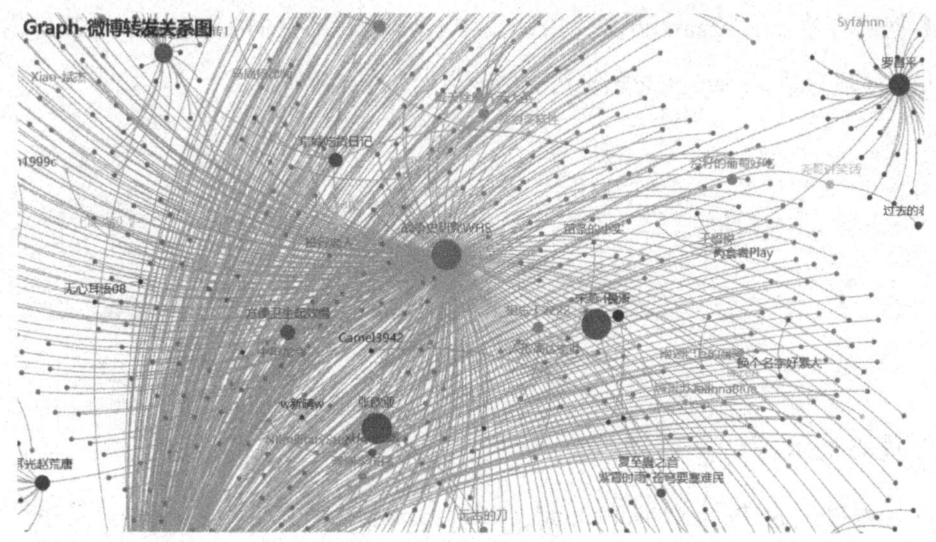

图 8-3　微博转发关系图

8.2　词云

8.2.1　词云介绍

“词云”这个概念是由美国西北大学新闻学副教授、新媒体专业主任里奇·戈登（Rich Gordon）提出的，是数据可视化的一种新形式。词云是指通过形成关键词云层或关键词渲染，对网络文本中出现频率较高的关键词进行视觉上的突出。

8.2.2　词云绘制案例

这里引用第 7 章的朴素贝叶斯模型，基于 R 语言实现垃圾短信分类的经典模型，并将数据中的关键字以词云的形式可视化。

1. 数据源展示

在 GitHub 上获取公开数据源。数据源地址如下。

```
http://box.ptpress.com.cn/y/58414
```

数据保存在 sms_spam.csv 文件中，其中 type 代表邮件的类型，text 是邮件内容，ham 是非垃圾短信，spam 是垃圾短信。部分数据如图 8-4 所示。

type	text
ham	Go until jurong point, crazy.. Available only in bugis n great world la e buffet... Cine there got amore wat...
ham	Ok lar... Joking wif u oni...
spam	Free entry in 2 a wkly comp to win FA Cup final tkts 21st May 2005. Text FA to 87121 to receive entry question(std txt rate)T&C's apply 08452810075over18's
ham	U dun say so early hor... U c already then say...
ham	Nah I don't think he goes to usf, he lives around here though
spam	FreeMsg Hey there darling it's been 3 week's now and no word back! I'd like some fun you up for it still? Tb ok! XxX std chgs to send, 拢1.50 to rcv
ham	Even my brother is not like to speak with me. They treat me like aids patent.
ham	As per your request 'Melle Melle (Oru Minnaminunginte Nurungu Vettam)' has been set as your callertune for all Callers. Press *9 to copy your friends Callertune
spam	WINNER!! As a valued network customer you have been selected to receivea 拢900 prize reward! To claim call 09061701461. Claim code KL341. Valid 12 hours only.

图 8-4 短信数据图

2. 代码展示

导入程序包 NLP、tm、wordcloud、RColorBrewer、e1071 和 gmodels。其中，NLP 是自然语言处理，tm 是文本挖掘包，wordcloud 是词云包。参数 encoding = "UTF-8" 用于指定解码方式，防止数据读取乱码。使用函数 factor() 将 data$type 转化为因子。相关代码如下。

```
library(NLP)
library(tm)
library(wordcloud)
library(RColorBrewer)
library(e1071)
library(gmodels)
data <- read.csv("D:\\sms_spam.csv", header = TRUE, stringsAsFactors =
FALSE, encoding = "UTF-8")
data$type <- factor(data$type)
```

首先将数据 data 划分为训练集 data_train 和测试集 data_test。使用函数 subset() 在训练集筛选出垃圾邮件 spam 和非垃圾邮件 ham。相关代码如下。

```
data_train <- data[1:4169,]
data_test <- data[4170:5574,]
spam <- subset(data_train, type == "spam")
ham <- subset(data_train, type == "ham")
```

使用函数 wordcloud() 绘制垃圾短信中出现最多的词语的词云。参数 max.words=40

指定词云最多出现 40 个词，参数 scale 规定了最大字号为 3 号和最小字号为 0.5 号。相关代码如下。

```
wordcloud(spam$text, max.words=40, scale=c(3,0.5))
```

代码运行结果如图 8-5 所示。

图 8-5　垃圾短信词云

使用函数 wordcloud() 绘制非垃圾短信中出现最多的词语的词云。相关代码如下。

```
wordcloud(ham$text,max.words=40,scale=c(3,0.5))
```

代码运行结果如图 8-6 所示。

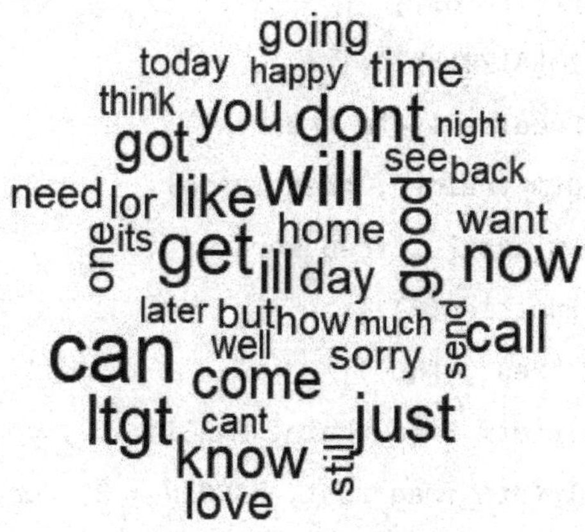

图 8-6　非垃圾短信词云

以上对词云的介绍已经结束。下面回到第 7 章的 7.5 节，实现朴素贝叶斯模型预测垃圾短信。

首先使用函数 Corpus() 创建语料库，然后使用函数 tm_map() 对 data 中的 text 变量进行数据清洗。清洗操作包括：将所有字母转化为小写；去除数字；去除停用词，如 and、or 和 until 等；去除标点符号；去除空格。相关代码如下。

```
corpus <- Corpus(VectorSource(data$text))
corpus_clean <- tm_map(corpus, tolower)
corpus_clean <- tm_map(corpus_clean, removeNumbers)
corpus_clean <- tm_map(corpus_clean, removeWords, stopwords())
corpus_clean <- tm_map(corpus_clean, removePunctuation)
corpus_clean <- tm_map(corpus_clean, stripWhitespace)
```

使用函数 DocumentTermMatrix() 将清洗后的语料库 corpus_clean 标记化，并返回一个稀疏矩阵 data_dtm，然后就可以对 data_dtm 分析包括词频在内的信息。首先将 data_dtm 划分为训练集 dtm_train 和测试集 dtm_test，再使用函数 findFreqTerms() 在训练集中找到出现最少 5 次的单词 freq_words，然后在 dtm_train 和 dtm_test 中搜寻这些高频单词。对于一句中多次出现同一个单词的情况，可以定义函数 convert_counts()，其功能是将出现次数大于 0 次转化为 Yes，使用函数 apply() 将语料库中的不是 0 次全部替换为 Yes。相关代码如下。

```
data_dtm <- DocumentTermMatrix(corpus_clean)
dtm_train <-data_dtm[1:4169,]
dtm_test <- data_dtm[4170:5574,]
freq_words <- findFreqTerms(dtm_train, 5)
dtm_freq_train <- dtm_train[ , freq_words]
dtm_freq_test <- dtm_test[ , freq_words]
convert_counts <- function(x) {
x <- ifelse(x > 0, "Yes", "No")}
final_train <- apply(dtm_freq_train, MARGIN = 2, convert_counts)
final_test  <- apply(dtm_freq_test, MARGIN = 2, convert_counts)
```

最后，使用函数 naiveBayes() 构建朴素贝叶斯模型，使用函数 predict() 对测试集 final_test 进行邮件类型的预测，使用函数 CrossTable() 评估模型的性能。相关代码如下。

```
classifier <- naiveBayes(final_train,data_train$type)
prediction <- predict(classifier, final_test)
CrossTable(prediction,data_test$type,prop.r=FALSE,prop.t=FALSE,
         dnn=c("predicted","actual"))
```

代码运行结果如图 8-7 所示。

```
   Cell Contents
|-------------------------|
|                       N |
| Chi-square contribution |
|           N / Col Total |
|-------------------------|


Total Observations in Table:  1405


             | actual
   predicted |       ham |      spam | Row Total |
-------------|-----------|-----------|-----------|
         ham |      1216 |        28 |      1244 |
             |    16.603 |   110.869 |           |
             |     0.995 |     0.153 |           |
-------------|-----------|-----------|-----------|
        spam |         6 |       155 |       161 |
             |   128.287 |   856.649 |           |
             |     0.005 |     0.847 |           |
-------------|-----------|-----------|-----------|
Column Total |      1222 |       183 |      1405 |
             |     0.870 |     0.130 |           |
-------------|-----------|-----------|-----------|
```

图 8-7　朴素贝叶斯模型分类结果

观察结果可知：通过朴素贝叶斯模型，预测集中 1,045 条短信的预测结果里仅有 6+28=34 个邮件的判断结果是错误的，其准确率达 96% 以上。

8.3　小结

如今，数据的类型越来越丰富，数据的表现形式也应该更加丰富。本节介绍了关系图和词云这两种进阶图形。与传统图形不同，关系图和词云更加直观、更具有视觉冲击力，能让用户更方便地把握住数据的重点。我们在进行数据可视化时，应将传统图形和进阶图形结合起来使用。

8.4 习题

1. 请说明 json 文件的作用。
2. 请根据 8.1.2 节中的介绍制作节点关系图。
3. 请结合 8.2.2 节的词云可视化代码，查阅资料，学习生成彩色的词云。
4. 请举出三个除关系图和词云以外的进阶图形的例子。

参考文献

[1] 菲尔·西蒙.大数据可视化：重构智慧社会 [M]. 北京：人民邮电出版社，2015.

[2] 任磊，杜一，马帅，等.大数据可视分析综述 [J]. 软件学报，2014，25（9）：1909-1936.

[3] 周苏，王文.大数据可视化 [M]. 北京：清华大学出版社，2016.

[4] 陈明.大数据可视化分析 [J]. 计算机教育，2015（05）：94-97.

[5] 刘芳芳，张锦涛，黄杰.基于大数据的城市交通可视化技术研究 [J]. 数字技术与应用，2019，37（05）：92+94.

[6] 兰兹.机器学习与R语言 [M]. 李洪成，许金炜，李舰，译.北京：机械工业出版社，2015.

[7] 崔庆才.Python 3 网络爬虫开发实战 [M]. 北京：人民邮电出版社，2018.

[8] 郑煜.结构化数据异构同步技术的研究 [D]. 北京林业大学，2013.

[9] 吴甲.结构化数据的挖掘算法研究 [D]. 扬州大学，2009.

[10] 马惠芳.非结构化数据采集和检索技术的研究和应用 [D]. 东华大学，2013.

[11] 谢华成，陈向东.面向云存储的非结构化数据存取 [J]. 计算机应用，2012，32（07）：1924-1928.

[12] 陈金水，王崟.非结构化数据存储管理的实用化方法 [J]. 计算机与现代化，2006（08）：25-28+31.

[13] 胡健，杨炳儒，宋泽锋，等.基于非结构化数据挖掘结构模型的 Web 文本聚类算法 [J]. 北京科技大学学报，2008，30（02）：217-220.

[14] 罗青松，罗蕾.内存数据库的一种数据组织方式 [J]. 计算机应用，2008，28（S1）：318-320.

[15] Kent D. Lee，李亚宁.采用程序设计语言 Python 语言编程的数据结构与算法 [J]. 国

外科技新书评介，2015（06）：23.

[16] 刘利君．探讨大数据时代下的数据可视化 [J]. 科研，2016（22）：308.

[17] 唐懿芳，钟达夫，严小卫．基于聚类模式的数据清洗技术 [J]. 计算机应用，2004，24（05）：116-119.

[18] 丹尼斯·J. 斯威尼，托马斯·A. 威廉斯，戴维·R. 安德森．商务统计（第四版）[M]. 北京：清华大学出版社，2008.

[19] 同济大学数学系．高等数学（第六版 上册）[M]. 北京：高等教育出版社，2007：144-145.

[20] 吉根林，韦素云，曲维光．基于平行坐标的关联规则可视化新技术 [J]. 计算机工程，2005，31（24）：87-89.

[21] 翟旭君，李春平．平行坐标及其在聚类分析中的应用 [J]. 计算机应用研究，2005（08）：124-126.

[22] 刘勘，周晓峥，周洞汝．基于平行坐标法的可视数据挖掘 [J]. 计算机工程与应用，2003（05）：193-195.

[23] 秦建秀．流行术语“大数据”究竟知多少 [J]. 软件和信息服务，2014（12）：64.

[24] 孙丽军．大数据营销 大有可为 [J]. 成功营销，2016（11）：6-7.

[25] 续扬．大数据时代的新媒体发展 [J]. 中国传媒科技，2013（07）：20-21.

[26] 李昊朋．基于机器学习方法的智能机器人探究 [J]. 通讯世界，2019，26（04）：241-242.

[27] 陈海虹，黄彪，刘峰，等．机器学习原理及应用 [M]. 成都：电子科技大学出版社，2017：2-19.

[28] 周昀锴．机器学习及其相关算法简介 [J]. 科技传播，2019，11（06）：153-154+165.

[29] 潘颖辉．大数据下的机器学习算法探究 [J]. 电脑知识与技术，2020，16（32）：187-188+201.

[30] 谢花林，李波．基于 logistic 回归模型的农牧交错区土地利用变化驱动力分析——以内蒙古翁牛特旗为例 [J]. 地理研究，2008，27（02）：294-304.

[31] 姜广辉，张凤荣，陈军伟，等．基于 Logistic 回归模型的北京山区农村居民点变化的驱动力分析 [J]. 农业工程学报，2007，23（05）：81-87.

[32] 王彩霞，鲁宗相，乔颖，等．基于非参数回归模型的短期风电功率预测 [J]. 电力系统自动化，2010，34（16）：78-82+91.

[33] 王培刚，周长城．当前中国居民收入差距扩大的实证分析与动态研究——基于多元线性回归模型的阐释 [J]. 管理世界，2005（11）：34-44+171-172.

[34] 张郁山，梁建文，胡聿贤．应用自回归模型处理 EMD 方法中的边界问题 [J]. 自然科学进展，2003，13（10）：1054-1059.

[35] 金浩，高素英．最佳多元线性回归模型的选择 [J]. 河北工业大学学报，2002，31（5）：10-14.

[36] 于立勇，詹捷辉．基于 Logistic 回归分析的违约概率预测研究 [J]. 财经研究，2004，30（09）：15-23.

[37] 朱丽，王声湧，范存欣，等．高校青年教师亚健康危险因素 Logistic 回归分析 [J]. 中国公共卫生，2003，19（05）：595-596.

[38] 王阶，李军，姚魁武，等．冠心病心绞痛证候要素和冠脉病变的 Logistic 回归分析 [J]. 辽宁中医杂志，2007，34（09）：1209-1211.

[39] 郭秀艳，杨治良．实验心理学 [M]. 北京：人民教育出版社．2004：292-295.

[40] 邹媛．基于决策树的数据挖掘算法的应用与研究 [J]. 科学技术与工程，2010，10（18）：4510-4515.

[41] Jiawei Han，Micheline Kamber. 数据挖掘概念与技术 [M]. 北京：机械工业出版社，2007.

[42] 朱军，胡文波．贝叶斯机器学习前沿进展综述 [J]. 计算机研究与发展，2015，52（01）：16-26.

[43] 马刚．朴素贝叶斯算法的改进与应用 [D]. 安徽大学，2018.

[44] 张学工．关于统计学习理论与支持向量机 [J]. 自动化学报，2000，26（01）：32-42.

[45] 李元诚，方廷健，于尔铿．短期负荷预测的支持向量机方法研究 [J]. 中国电机工程学报，2003，23（06）：55-59.

[46] 李晓黎，刘继敏，史忠植．基于支持向量机与无监督聚类相结合的中文网页分类器 [J]. 计算机学报，2001，24（01）：62-68.

[47] 李建民，张钹，林福宗．支持向量机的训练算法 [J]. 清华大学学报（自然科学版），2003，43（01）：120-124.

[48] 陆文聪，陈念贻，叶晨洲，等．支持向量机算法和软件 ChemSVM 介绍 [J]. 计算机与应用化学，2002（06）：697-702.

[49] 楼俊钢，蒋云良，申情，等．软件可靠性预测中不同核函数的预测能力评估 [J]. 计

算机学报，2013，36（6）：1303-1311.

[50] 刘明 . 支持向量机中 Sigmoid 核函数的研究 [D]. 西安电子科技大学，2009.

[51] 王华忠，俞金寿 . 核函数方法及其在过程控制中的应用 [J]. 石油化工自动化，2005（1）：25-30.

[52] 张思懿 . 基于核方法的异常检测技术的研究 [D]. 江南大学，2012.

[53] 周志华. 机器学习 [M]. 北京：清华大学出版社，2016：229.

[54] 杜子芳. 多元统计分析 [M]. 北京：清华大学出版社，2016：240-241.

[55] 韩小孩，张耀辉，孙福军，等 . 基于主成分分析的指标权重确定方法 [J]. 四川兵工学报，2012，33（10）：124-126.

[56] 林海明，杜子芳 . 主成分分析综合评价应该注意的问题 [J]. 统计研究，2013，30（08）：25-31.

[57] 陈涛，谢阳群 . 文本分类中的特征降维方法综述 [J]. 情报学报，2005，24（6）：690-695.

[58] 宋枫溪，高秀梅，刘树海，等 . 统计模式识别中的维数削减与低损降维 [J]. 计算机学报，2005，28（11）：1915-1922.

[59] 王成山，谢莹华 . 基于双层同构贝叶斯网络模型的配电网可靠性评估 [J]. 电网技术，2005，29（07）：41-46.

[60] 肖奎喜，王满四，倪海鹏 . 供应链模式下的应收账款风险研究——基于贝叶斯网络模型的分析 [J]. 会计研究，2011（11）：65-71.

[61] 李启青，马建文，哈斯巴干，等 . 基于贝叶斯网络模型的遥感图像数据处理技术 [J]. 电子与信息学报，2003，25（10）：1321-1326.

[62] 秦小虎，刘利，张颖 . 一种基于贝叶斯网络模型的交通事故预测方法 [J]. 计算机仿真，2005，22（11）：230-232.

[63] 张凌宇，马宗民，严丽 . 一种基于贝叶斯网络模型及多策略计算的本体映射方法 [J]. 小型微型计算机系统，2012（11）：2385-2391.

[64] 吴晓婷，闫德勤 . 数据降维方法分析与研究 [J]. 计算机应用研究，2009，26（08）：2832-2835.

[65] 张斌，庄池杰，胡军，等 . 结合降维技术的电力负荷曲线集成聚类算法 [J]. 中国电机工程学报，2015，35（15）：3741-3749.

[66] 陈涛，谢阳群 . 文本分类中的特征降维方法综述 [J]. 情报学报，2005，24（06）：

690-695.

[67] 赵凤，焦李成，刘汉强，等．半监督谱聚类特征向量选择算法 [J]. 模式识别与人工智能，2011，24（01）：48-56.

[68] Adams Robert，Christopher Essex. Calculus: a complete course Eighth[M]. Newmarket：Pearson Canada Inc，2013.

[69] Bruce Follett Torrence, Eve Torrence. The Student's Introduction to Mathematica[M]. Cambridge：Cambridge University Press，2009.

[70] C. E. Rasmussen, C. K. I. Williams. Gaussian processes in machine learning[M]. Cambridge：the MIT Press，2006.

[71] Peter J. Rousseeuw. Silhouettes: a graphical aid to the interpretation and validation of cluster analysis[J]. Journal of Computational and Applied Mathematics, 1987，20：53-65.